化学工程与环境伦理

主　编　杨　帆
副主编　田晓娟　郭春梅　陈春茂

科学出版社
北　京

内 容 简 介

本书共 4 章：第一章为绪论，第二章为工程中的伦理问题，第三章为化学工程伦理，第四章为环境工程伦理。全书主要讨论工程、伦理、工程伦理的基本概念、研究进展、研究方法和工程中的伦理问题，以及深入探讨化学工程和环境相关领域涉及的伦理问题。本书将国内新案例和国外经典案例融入相应章节，根据每章重点内容设计了思考与讨论。

本书可作为高等学校化学工程与工艺、环境工程及相关专业本科生、研究生工程伦理教育的教材，也可供相关领域教学、科研人员及工程技术和管理人员参考。

图书在版编目（CIP）数据

化学工程与环境伦理/杨帆主编. —北京：科学出版社，2021.8

ISBN 978-7-03-067827-0

Ⅰ. ①化… Ⅱ. ①杨… Ⅲ. ①化学工程②环境科学–伦理学 Ⅳ. ①TQ016②B82-058

中国版本图书馆 CIP 数据核字（2020）第 265947 号

责任编辑：侯晓敏/责任校对：何艳萍
责任印制：张 伟/封面设计：迷底书装

科 学 出 版 社 出版
北京东黄城根北街 16 号
邮政编码：100717
http://www.sciencep.com
北京中石油彩色印刷有限责任公司 印刷
科学出版社发行 各地新华书店经销
*
2021 年 8 月第 一 版 开本：787×1092 1/16
2023 年11月第二次印刷 印张：13 3/4
字数：352 000

定价：79.00 元
（如有印装质量问题，我社负责调换）

前　言

随着经济发展和社会进步，现代工程对人类和自然的影响越来越深远，对工程科技人才提出了更高的要求，一方面要掌握扎实的理论技术，另一方面职业道德和工程伦理也成为必备的重要素养。20世纪70年代，工程伦理学在一些发达国家开始兴起。经历了20年的发展，工程伦理学的教学和研究逐渐走入建制化阶段。我国开展这方面的研究晚于发达国家，近年来学者们已经注意到了工程伦理的重要性，并通过积极探索和研究，取得了一定的成果。国务院学位委员会2018年下发文件，工程类硕士专业学位必须将“工程伦理”课程纳入工程类硕士专业学位研究生公共必修课。目前，越来越多的高校在相关专业开设了此课程，但工程伦理学的教材与其他学科的教材相比数量较少，尤其是特定专业工程伦理学教材的深度和广度还有待拓展，可选择性不强。

为了适应学科发展的要求，加强高等院校工科专业学生的工程伦理教育，促进工程建设的良性发展，结合国家教材建设规划，中国石油大学（北京）化学工程与环境学院组织编写了本书。本书首先阐述工程、伦理及工程伦理的基本概念、内容、任务及研究进展，根据工程领域的特殊职业要求，提出工程中的伦理问题，在此基础上，本书重点讨论了化学工程领域中石油化工、生物化工、精细化工、新材料化工的伦理问题和环境领域中的环境伦理及环境工程涉及的伦理问题。在每节的开篇设计了引导案例，引导学生结合案例进行理论学习，章后设计了思考与讨论，供学生分析和思考，提高学习效果。

本书由杨帆和陈春茂确定编写大纲，由杨帆（第1章、第2章）、田晓娟（第3章）、郭春梅（第4章）编写。全书由杨帆和陈春茂统稿。在本书编写过程中，编者指导的研究生协助完成了文献检索整理和图表设计，对本书的编写做出了很大贡献，在此向他们表示感谢；本书编写的过程中参考了国内外学者的文献，得到了中国石油大学（北京）化学工程与环境学院、研究生院及科学技术处相关领导的大力支持，在此一并致以衷心的感谢。

由于编者水平有限，书中难免有疏漏和不妥之处，希望同行专家和广大读者不吝赐教。

杨　帆

2020年6月

目　录

第1章 绪 论

工程实践在人类的活动中具有悠久的历史，人类生活质量的提高和社会进步始终伴随着各种类型的工程行为。然而，工程活动所带来的生态问题、社会问题不可避免地涉及人与自然、人与社会、人与人的关系问题，其中涉及复杂的人、自然、社会三者间的伦理关系。因此，研究和发展工程伦理能为工程实践提供良好的伦理准则与规范，从而为工程技术人员处理特定情境下的伦理困境提供具体的指导。

本章将重点讨论工程和伦理的概念，工程伦理的起源、内容、任务及其相关的伦理理论和应用，通过案例分析和研究现状调研，分析在工程设计与实践过程中伦理困境的起因，基于伦理学的基本原则与规范，针对当前存在的伦理困境提出处理工程实践中伦理问题的方法。

1.1 工程概论

引导案例：都江堰工程

中华文明源远流长，中国人民勤劳智慧。在古老的中华大地上，中国人民凭借自己的勤劳和智慧创造出许多震古烁今的伟大工程，它们为人们的生产、生活服务了千百年，直至现在仍造福着人类。世界文化遗产都江堰位于四川省都江堰市岷江干流，是世界上现存历史最长的无坝引水工程，集灌溉、供水、航运、旅游等功能于一体，其巧妙的结构成就了“水旱从人，不知饥馑”的天府之国，促进了成都平原两千余年来政治、经济、社会和文化的兴盛繁荣。可见，好的工程所带来的经济、社会高质量发展从来不是以牺牲生态环境为代价换来的，绿色发展是当今经济增长和社会发展的指导思想，也是必然的历史选择。要引导工程实践走向绿色发展，工程的参与者们需要认真进行计划和实施，对工程实践所产生的各方面影响负责。

想要梳理近现代工程实践与人的伦理关系的变迁脉络，探讨人类工程实践中出现的道德判断与抉择，首先要把握“工程”的本质及其特点。现代社会中，人类的工程活动是科学、技术和社会各因素动态整合的复杂系统。对工程互动进行理性的分析和探讨，不仅是哲学家的任务，还是工程师的任务。理清科学、技术与工程间的相互区别与联系，有助于从本质上讨论工程伦理的相关问题。

1.1.1 科学、技术与工程

“科学”（science）与“技术”（technology）这两个名词在英语中一般是分开或并列称谓的，但是在中国（在日本也有类似情况），二者往往被连用或混用为“科学技术”，甚至简称为“科技”，这一复合概念是对科学与技术相互渗透、一体化的反映。

从词源上讲，英语和法语中的 science（科学）一词源于拉丁语 scientia，最初这个词的含义是“知识”和“学问”。science 在 14 世纪初进入英语词汇，但直到 19 世纪，如今称为科学的概念在当时的正式场合和官方声明中使用的都是 philosophy（哲学）一词。现在普遍所称的 science 在 19 世纪不常用于指自然科学。培根（Bacon），被马克思称作“英国唯物主义和整个现代实验科学的真正始祖”，常把拉丁语 scientia 译为 knowledge（知识）、learning（学问），有时译为 sciences。但在法国，远在 17 世纪中期，science 就具有科学的意义。法国人从来没有称修习科学的人为哲学家，科学和哲学也从来不是同义词。而对于汉字“科学”一词，各家有不同的溯源，一般认为是 19 世纪下半叶日本明治时期将这一术语的意义确定为现在所用的近代自然科学。在中国，康有为是最先从日本引入并使用“科学”一词的人。中国近代科学的奠基人之一任鸿隽曾在《科学方法讲义》中介绍：德语的 wissenschaft（科学）包括自然、人文各种学科。英语的 science 却偏重于自然科学方面，如政治学、哲学、语言等一般不算在科学内。此外，俄语的 Наука（科学）大体与德语的 wissenschaft 同义，即包括一切有系统、有组织的学问或知识，而不仅仅指物理学、生物学等自然科学。

与科学关系比较密切的一个范畴是技术——现代技术是科学的主要副产品。英语中的 technology（技术）一词在 17 世纪首次出现，仅指各种应用技艺（arts）。近代以来，技术对自然科学理论的应用导致了技术的理论化取向，产生了技术科学。因此在技术的构成要素中，技能、经验等主观因素不再占主导地位。到 20 世纪后半叶，它被定义为“人类改变或控制客观环境的手段或活动”。对技术的狭义认识主要从人与自然的关系理解，对技术的广义认识是把技术扩展到任何讲究方法与手段的有效活动，认为技术存在于全部人类活动中。现代技术可以定义为借助应用科学研究取得的成果，设计可能对某些团体有用的人工制品或工艺程序，其基本内涵是对自然过程的控制和对人工过程的改造。

随着科学技术的发展和人类社会实践的不断深化，“工程”作为一个历史范畴慢慢发展起来。从词源上看，现代英语中 engineering（工程）一词源于拉丁语 ingenerare，包含“创造”的意思。由此可以看出，工程被认为是着眼于“创造”的人类活动，它的目的和任务不是获得新知识，而是要将人们头脑中观念形态的东西转化为现实，并以物的形式呈现出来，其核心在于观念的物化。

我国著名科学家钱学森在《社会主义现代化建设的科学和系统工程》一书中提出，现代科学技术体系在纵向结构上应分成基础科学、技术科学、工程技术三个层次，简称科学、技术、工程。其中，基础科学是技术科学、工程技术的先导，也是衡量一个国家科技水平与实力的重要标志。技术科学是 20 世纪初至第二次世界大战前才涌现出的一个中间层次，它侧重揭示现象的机理、层次、关系，并提炼出工程技术中普遍适用的原则、规律和方法。技术科学作为科学发现和产业发展之间的桥梁，推动工程技术的迅速进步。工程技术侧重将基础科学和技术科学知识应用于工程实践，并在具体的实践过程中总结经验，创造新技术、新方法，使科学技术迅速转化为社会生产力[1]。

综上所述，现代科学技术体系中，科学、技术和工程之间是相互区别又密切联系的，主要表现在以下几个方面：

（1）科学、技术和工程都是协调人和自然关系的重要中介，三者都反映了人对自然的能动关系及其成果，这是它们的共同本质之一。科学活动是以发现为核心的人类活动[2]，是由实践探索认识，其产生的认识再指导实践的过程；技术活动是以发明为核心的人类活动，它使一种崭新的人工自然的诞生成为可能；工程活动是以建造为核心的人类活动，科学、技术以此为载体与社会互动，实现其价值。

（2）在科学、技术和工程走向一体化的同时，它们与社会的关联度越来越高，出现了科学、技术、工程的社会化特征和趋势。其作为人类活动的社会化：从 19 世纪开始，特别是 20 世纪以来，大量的科学研究、技术开发和工程实践活动已从分散的、单纯的个人活动（或短暂的合作）转化为社会化的集体活动，科学、技术、工程均已建制化。其作用的社会化：当代科学、技术、工程的应用领域已扩展到社会生活的各个方面，并不断地转化为政治上的影响力、军事上的威慑力、经济上的推动力和生活质量的提升力。科学、技术、工程从来没有像现在这样强烈、全方位地影响着社会，社会也从来没有像现在这样关注它们。

（3）科学、技术、工程的研究取向和价值观念存在区别。科学以探索为取向，形成知识形态的理论或知识体系，与社会现实联系相对较弱，在某种意义上可以说是价值中立的，或者说其本身仅蕴含很少价值成分。技术则多以任务为取向，与社会现实关系密切，在技术中处处渗透价值，时时体现价值。因此，对技术的评价标准是利弊得失，开始包含功利尺度。在研究取向和价值观念上，工程则显示出更强的实践价值依赖性。一项工程的实施不仅与科学技术有关，还与资源利用、环境、经济等问题相关。一项工程不可能在各个方面都做到最优，要在各方利益间权衡，这种带有妥协意味的价值性是很多工程问题产生的根源之一。

1.1.2　工程的历史发展与定义

尽管工程作为一个独立概念首次出现在中世纪后期，但工程活动作为一个历史范畴，其历史却可以追溯到大约公元前 3000 年的人类文明开端时期。古代的工程有比较明显的“军事”特色，那时工程主要指作战兵器的制造和执行服务于军事目的的工作。

古代工程进一步发展，开始进入直接影响国计民生的领域。到公元前 700 年，由于城市供水设备的解决，都市的发展达到了新的水平。公元前 600 年左右，罗马人发展了刚刚兴起的市政工程事业，使其成为后来工程进步的主导因素。“条条大路通罗马”就是对当时道路建设工程辉煌成就的写照。在中国的古代社会，也有许多工程领域的杰作，主要表现在水利工程和建筑工程。战国末期，李冰父子于公元前 250 年左右在四川主持兴建了闻名中外的都江堰水利工程，这项宏伟工程的规划和实施体现了系统科学思想，是世界水利史上的典范。此外，秦国的“郑国渠”、汉代的“龙首渠”、隋代的“大运河”，也都是水利工程史上的杰作。值得注意的是，万里长城虽是世界建筑奇迹之一，但以其为代表的一些古代工程仍只是以雄伟壮观、工程浩大而闻名于世。受当时主客观条件的限制，古代大多数工程所应用的技术仍然是手工工艺，“科技”的作用并不明显，动力也仅限于人力和畜力，并且是以临时征召劳动力的方式进行，这种工程活动仅是一种社会的“暂态”。

19 世纪后，工程逐渐转向民用，民用工程（civil engineering）开始出现[3]。1818 年，英国土木工程师协会的成立标志着工匠与工程师在职业划分上的明确分离和现代意义上的工程师的出现。1828 年，莱德古德（Tredgold）写给英国土木工程师协会的信中，把工程定义为“驾驭自然界的力量之源，以供给人类使用与便利之术”。这一定义在后来几十年里被英美工程师普遍接受，成为这一时期比较有代表性的经典定义。

第二次世界大战后，自然科学基础理论飞速发展，建立在其基础上的工程活动更加依赖现代技术手段。由此，我们把工程看作是一个制造的过程，在制造的过程中涵盖了设计的过程。美国工程师职业发展委员会将工程定义为：把通过学习、经验及实践所获得的数学与自然知识，加以选择地应用到开辟合理使用天然材料和自然力的途径上，为人类谋福利的专业的总称。

如今对于“工程”这一概念仍有多种理解，一种狭义的定义是《现代汉语词典》的释义：“土木建筑或其他生产、制造部门用比较大而复杂的设备来进行的工作，如土木工程、机械工程、化学工程、采矿工程、水利工程等”。一种更广义的定义，如中国科学院研究生院的李伯聪教授在2002年出版的《工程哲学引论》中将其定义为：对人类改造物质自然界的完整的、全部的实践活动和过程的总称。当然，还有更广义的定义，即把人类的一切活动都看作工程，包括社会生活的许多领域，如211工程、安居工程、希望工程等。根据上述对工程的理解，在本书中将工程界定为：人们综合运用科学理论和技术方法与手段，有组织、系统化地改造客观世界的具体实践活动，以及所取得的实际成果。

1.1.3 工程的本质和特征

工程是一种目的性和计划性极强的活动方式，其目标是追求价值的实现，随着工程的不断进展，在其过程中发挥核心作用的因素是动态变化的。由此，工程的过程可以分为计划、设计、建造、使用、结束这五个环节。工程活动之初的计划环节，主要考虑是否要做，是否能做，即解决必要性和可行性两个问题。在工程计划通过后，工程的设计环节负责具体的施工方案设计，以保证达到预期目标。工程的思路和理念形成于设计环节，其后的步骤都应该受它指导。工程的建造环节包括计划的实施、结果的验收等步骤，是通过相关技术的协同支撑对自然进行改造和重构的过程。建造环节虽依赖于设计，但超越了设计，最终使建造出来的人造物体现了工程的价值和意义。工程通过验收后，工程在使用环节通过运营应该实现相应的自身价值。在使用期过后，也需要对其进行后处理，这就是结束环节。

从过程的角度认识工程特点、把握工程本质，设计和建造是工程实践的两个关键环节，它们相互交织、影响，这两个关键环节完成了“观念的物化”这一工程的核心步骤。

此外，在科学、技术和工程“三元论”的基础上，从“自然-科学-技术-工程-产业-经济-社会”的“知识链”和“价值链”的网络中认识工程[4]，工程的实施一方面是以科学、技术的知识作为支柱群，经过集成优化成为集成的工程平台；另一方面是以一系列集成的工程平台作为推动产业、经济发展的支柱和支柱群，进而构成社会发展的平台。从这个角度可以较为准确地把握工程的本质：工程是一种实践活动，它能够将相关知识集成起来转化为生产力，从而促进社会发展。

作为社会实践的工程，具有强烈的社会性特征：首先，工程所追求的目标是社会实现，是最大限度地满足社会上的某种特定需求、获得自身价值的实现[5]，工程的规划和设计都是围绕这一目的进行的。由工程这一特性所决定，科学、技术转化为现实生产力的功能可以通过工程这一实践活动实现。世界上一些国家的发展实践证明，是否重视工程转化这一环节，决定着科学技术能否有效地推动国家经济社会发展。英国尽管拥有大量的科研理论成果，但由于缺乏有效的工程转化，结果使科学研究成为孤立的行为。与英国相比，日本、韩国等国家虽然科研理论成果不如英国多，但它们在工程转化上效率高，在战后不长的时间内就实现了崛起。其次，工程活动本身就具有社会性，它是工程共同体通过实践将工程设计和知识应用于自然的过程。这一工程共同体具有动态性，它的组成会随着工程进入不同环节而发生动态变化。

工程活动是一个具有创新性特征的技术集成过程，它不是单纯的科学技术的应用，也不是相关技术的简单堆砌，工程追求的是在选择和组合各类技术、组织协调各类资源的过程中创造出全新的存在物。

工程本身是一个具有复杂性特征的系统，它按照一定目标和规则对科学、技术和社会等要素进行动态整合。由于工程的社会性和创新性，工程还将面临很多不确定因素和限制因素，对此也必须做出充分的估计。在工程活动中，这种复杂的多因素、多方案决策也是出现工程问题的根源之一。

1.1.4 不同视角下的工程活动

工程作为一个包含多种因素的动态过程，试图从单一视角理解工程是比较片面的。因此，需要从多个角度认识工程活动（图 1.1）。

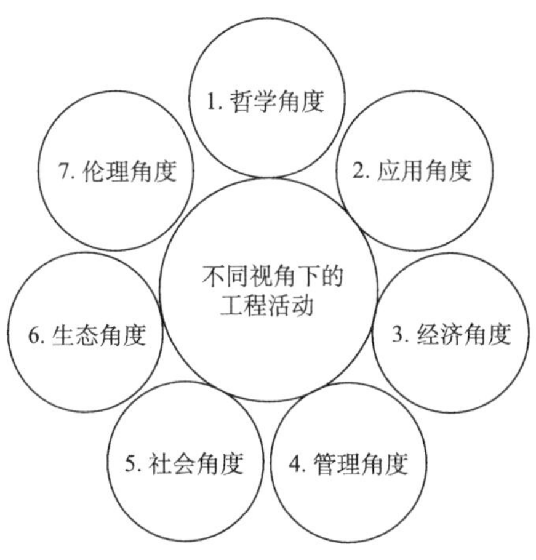

图 1.1　不同视角下的工程活动

1. 哲学角度

从哲学的角度理解工程，主要从工程的本质、成果性质、评价标准、价值观念等方面入手，即什么是工程，其目的是什么，如何达到这些目的。这种哲学角度的思考有助于工程师及其他工程活动参与者理解自己的使命、审视自己的行为，更好地履行自己的职责。从哲学的角度观察工程的本质和意义有助于解决工程活动面临的各种判断与决策问题。

2. 应用角度

现代工程可以看作是科学技术的应用活动，而且越来越依赖于自然科学理论和技术手段。值得注意的是，工程并不只是简单的应用科学技术，而是创造性地把各种先进技术集成起来，与各种外部因素共同实现新的人工建造物。而且在这个过程中，也可能发现新的、能够用以指导科学技术的知识和经验。都江堰水利工程作为中国古代水利的智慧缩影和工程典范，不但巧妙利用了科学技术与生活、生产经验，而且重视工程与环境之间的相互联系和协调。既满足工程本身的需求，又为后世水利工程技术的应用提供了指导。

3. 经济角度

从建造目标和应用价值方面来说，工程是一种经济活动。从经济视角出发，我们主要关心工程活动的经济价值和经济性。尽管工程的实施还必须充分考虑社会、生态等多方面因素，但经济利益无疑是激发人们开展工程活动的重要动力。很多工程实施的目的就是获得经济利益，但有时个体与个体、个体与整体之间会产生利益的矛盾，如一家工厂向当地一条河流排放一种污染物，而这条河里的鱼摄入了该物质，渔业产量明显减少，人们吃了这些鱼也将出现严重的健康问题。而消除这种污染的代价是昂贵的，以致工厂将无利可图或被迫关闭。而允许它继续排放污染物则会为当地居民保留工作岗位，甚至会使当地社区保持良好的经济发展势态。这样，该工厂排放的污染物只是对当地很少一部分人（吃鱼或捕鱼的那部分人）产生负面影响。在这些条件下，如果要满足大多数人的需求，就需要牺牲少部分人的利益，这是不公平的。此外，如何以尽可能小的投入获得尽可能大的收益，也是作为经济活动的工程所需要考虑的问题。

4. 管理角度

工程是一个动态整合的过程，常涉及人力、资金、资源、信息等诸多方面，从管理角度出发，如何根据工程需要高效地协调不同因素和环节是工程实践中极为重要的问题。在长期实践的基础上，通过不断反馈与经验积累，各个领域已经形成了一些富有成效的管理模式和方法，工程管理逐渐成为一个工程技术与管理复合的交叉学科。

5. 社会角度

如前所述，工程实践具有广泛的社会性特征。从广义的工程参与者角度来说，工程的投资者、管理者、设计者、实施者，甚至受工程影响的社会公众等诸多相关人员在特定的目标下构成了工程共同体。工程能否顺利实施，取决于如何满足这个共同体的各种诉求，如何处理各种社会关系。例如，由于快速的社会发展，我国 PX（对二甲苯）供应缺口极大，PX 项目对于整体国民的公共效用毋庸置疑，但项目的安全与健康隐患却主要由项目周边居民承担，这导致我国 PX 项目频频引发邻避效应（指居民或当地单位因担心建设项目对身体健康、环境质量和资产价值等产生诸多的负面影响，从而激发出嫌恶情结，滋生“不要建在我家后院”的心理）。

6. 生态角度

人类认识自然、改造自然，既是自然的人化过程，同时又是自然对人的异化过程。在工程目的、受益者需求、经济投入与产出之外，工程参与者必须从生态的视角评估工程对自然环境和生态平衡造成的影响，寻求解决人类社会发展和环境优化问题的出路。

7. 伦理角度

工程的实施除了经济、资源、科学技术等客观条件的限制，还受到工程实施主体的个人承诺、职业规范、行业原则等理念上的约束。工程实践伦理视角聚焦的首先是工程师这一主体，即研究工程师在职业活动中对雇主、公众、环境、社会所担负的责任。此外，工程主体的多元化构成使工程伦理应从更广义的视角予以考虑，即“关于工程的伦理”，注重对工程共同体的决策伦理、管理伦理和工程活动的政治、经济、社会、环境伦理问题的研究。

1.2 伦 理 学

引导案例：思想实验“电车难题”

“电车难题”由福特（Foot）在 1967 年发表的《堕胎问题和教条双重影响》中首次提出：假设你是一名电车司机，电车因刹车坏了，无法停下来。这时，你发现这条轨道的前方有五个工人正在施工，而且他们已经无论如何都来不及躲避。解救他们的唯一办法就是转向，使电车驶上另一条轨道岔路。但现在有一个问题是，另一条轨道上也有一个工人，如果你转变电车方向的话，他也来不及躲避。也就是说，你现在的选择只有两个：不转向让电车撞向那五个工人，或者转向让这五个工人获得生存下去的机会，但同时也会使另一条轨道岔路上的工人丧命。你会做出何种选择？

假设你不是电车司机，而是轨道上施工的一名工人。你解救自己的办法是将轨道分开，这样电车就可以转向另一条轨道岔路，但是另一条轨道岔路上有五个工人在施工，如果你分开轨道他们无论如何也来不及躲避。这种情况下你会做出何种选择？

1.2.1 什么是伦理学

在西方“伦理”（εθος）这一概念最早出现在古希腊名著《荷马史诗》中的《伊利亚特》一书，本意是指一群人同住的地方，后来引申为住在一起的人们所形成的性格、气质，以及风俗习惯。而“道德”（moral）一词来源于拉丁语 moralis，在古罗马人征服古希腊后，古罗马思想家西塞罗把希腊语 εθος 翻译为拉丁语 moralis。从起源上可见，“伦理”和“道德”两个概念有着紧密相连的关系，都具有传统习俗、行为习惯的含义。随着社会的发展，这两个概念在含义上发生了一定的变化，“道德”更多地指人们的美德、德性和品行，而“伦理”则偏向于处理人与人、人与社会、人与自然相互关系应遵循的规则。在中国文化中，“伦理”一词最早见于《礼记・乐记》：“乐者，通伦理者也”。其中，“伦”是辈分、人伦、条理和次序的意思，即人的血缘辈分关系；“理”即道理、原则，也即伦类的道理。而“道德”这一概念可追溯到中国古代思想家老子的《道德经》。老子说：“道生之，德畜之，物形之，势成之。是以万物莫不尊道而贵德。道之尊，德之贵，夫莫之命而常自然”。其中的“道”可引申为自然的力量及其生成、变化的规则与轨道，“德”则意味着遵循这种对自然力的规则并加以利用。

伦理学是以道德现象为研究对象，探讨道德的本质、起源、发展、道德最高原则、道德评价标准、道德规范体系、道德教育和道德修养规律的学说，即关于道德的科学，也称为道德学、道德哲学或道德科学。从传统意义上来讲，道德主要是一种社会意识形态，即在社会与自然一切生存与发展的利益关系中，用来协调人与人或人与自然之间关系的社会规则的外在表现，侧重约束道德活动及其主体的行为。而伦理则是高度概括人性及人伦关系基本问题的相关原则，关注的是反映和维持人伦关系所需要的社会规则。从基本定义讲，伦理与道德有着不同内涵的社会属性，伦理是社会客观形成的，道德则是个体自律主观形成的[6]。

随着社会的发展，伦理道德理念发生了新的改变，伦理思想更注重理性、科学等社会属性，而道德思想更多地蕴含着感性、人文等情感属性。

概而述之，伦理学是一门价值性与事实性、规范性与应用性相统一的科学。伦理学研究的是道德伦理的生成根源及其发展规律，并提供符合人类发展需要和社会发展现实需求的道德价值规范和伦理价值系统[7]。因此，伦理学是一门价值科学。而道德价值规范和伦理价值系统都是基于人类现实生活中出现的“道德事实矛盾”和“伦理现实困境”而产生的，所以伦理学又具有事实性。伦理学需要解决的问题不仅是让人认识到什么是道德，更为重要的是让人知道遵循何种规范去践行道德。伦理学为人提供的道德价值原则和伦理价值规范用于指导人实践，归根结底还是需要实行某种道德规范，故规范性和应用性是伦理学的又一重要性质。

1.2.2　伦理学研究的历史和现状

伦理思想的产生和发展有相对独立的历史。从伦理思想史的整体发展来看，主要有三种形式：第一种是以“仁”为核心，以“孝”为主要内容的中国古代儒家的伦理思想，它将修身与齐家、治国、平天下联系起来，较重视个人品德修养；第二种是从古希腊罗马到现代西方的伦理思想，形成了以强调个人幸福、人的至善为特点的伦理思想；第三种是古代埃及和印度的伦理思想，通常与宗教相结合，探讨人生意义和人的精神生活。

1. 中国伦理学研究的历史和现状

中国有着极为丰富的伦理思想。在 2000 多年的封建社会里，以儒家为代表、具有民族特色的封建地主阶级的伦理思想体系一直处于统治地位，成为以维护宗法等级制度为最终目的的伦理思想传统。中国伦理思想一开始就和政治、哲学思想紧密结合在一起，宋明以后，伦理学家更是试图把哲学和伦理学融为一体，使哲学成为道德哲学。中国伦理思想的发展大体可分为 4 个阶段：

（1）中国伦理思想的开端及封建伦理思想取代奴隶主阶级伦理思想的阶段。道德概念从殷商时代开始萌芽。西周初年，周公姬旦提出了以“敬德保民”为核心的伦理思想，与此同时，又萌发出“孝”“悌”“敬”等维护等级制度的道德规范或范畴，从而为中国伦理思想的发展奠定了基础。春秋战国时期，伦理思想呈现出“百家争鸣”的局面：基本表明地主阶级长远利益的儒家伦理思想；反映小生产者道德要求的墨家伦理思想；代表社会大变动时代的道家伦理思想；说明地主阶级激进派利益的法家伦理思想。其中，道家伦理思想强调“返朴归真”，主张无为、无欲；法家伦理思想重视人各“自为”，认为人和人之间都是一种“计数”关系，否认道德的社会作用。这段时期涉及道德起源、人性善恶、道德最高原则、道德评价标准及道德与利益的关系等各种伦理学重要问题，因此成为中国古代伦理思想发展的一个高峰。

（2）封建伦理思想的发展、演变、成熟直至衰败阶段。此阶段是中国封建阶级伦理思想进一步发展、巩固和系统化的时期。秦汉时期，随着封建中央集权制的建立和封建经济的发展，儒家伦理思想占据主导地位。后来，儒家伦理思想因“天人感应说”带上了神学色彩。

“三纲五常”始终是封建社会的道德原则和规范，“忠”“孝”“义”等封建道德进一步强化；三纲领八条目的确立，使修身成为齐家、治国、平天下的基础和基本原则。魏晋时期，战争频繁，国家长期分裂，加之佛教传入和玄学盛行，此时提出了有关品德与才能到底哪个更为重要的“才性”问题，享乐主义思想开始泛滥。隋唐时期，中国封建社会再次统一。儒、道、释伦理思想互争短长、相互吸收并逐渐融合。封建地主阶级的思想家汲取佛教自我修养等方面的知识来发展儒家的伦理思想，巩固它在封建社会中的主导地位。宋元明清时期是封建地主阶级伦理思想从成熟到僵化并逐渐转向衰败的时期。为了维护封建统治，以程颢、程颐、朱熹为代表的程朱学派建立了一套以“理”为最高范畴的伦理思想体系；以陆九渊、王守仁为代表的陆王学派建立了以“致良知”和“知行合一”为主要内容的“心学”。明代中叶以后，随着资本主义的萌芽，部分具有启蒙意识的思想家揭露和批判了封建地主阶级的“三纲五常”等道德教条和伦理原则。从此，封建地主阶级的伦理思想走向衰败。

（3）中国近代伦理思想的形成和发展。鸦片战争以后，中国沦为半殖民地半封建社会。在西方资产阶级伦理思想的影响下，中国资产阶级思想家为了取代封建道德学说和伦理纲常，提出了既不成熟也不彻底的自由、平等、世界大同、天下为公等伦理思想，这在中国近代伦理思想史上产生了一定的影响。

（4）中国现代伦理思想的发展。自 20 世纪 70 年代以来，随着互联网、基因技术等科学技术的发展，伦理研究者密切关注着所产生的环境破坏和生态危机等现实问题。20 世纪 80 年代初，长期的自我封闭和西方人本主义思潮的冲击，造成了人们思想僵化和对西方伦理思想的恐惧、排斥，大部分有影响力的伦理研究者和社会群体对西方伦理学都持有一种本能的排斥，认为西方伦理思想没有任何可取之处。20 世纪 80 年代中期，人们对待西方伦理学从恐惧、排斥心理转变为崇洋媚外心理，对西方伦理学的片面肯定占据了主导地位。20 世纪 90 年代以来，随着我国经济实力、综合国力、国际地位的大幅提高，大部分伦理学者和社会群体开始自我肯定、自我认同，既不排外也不媚外，既不自傲也不自卑，而是能较为客观、中正、平和地正视自己和他人。与此同时，伦理学的研究从古代转向近代和现代，从以西方为中心转向东西方兼顾，从理论伦理学转向应用伦理学；研究内容开始从纯粹的伦理学扩展到基因工程与生命伦理、计算机伦理、环境伦理或生态伦理、经济伦理与政治伦理等方面的研究，并力图把西方伦理学的研究与马克思主义伦理学的研究结合起来。

2. 西方伦理学研究的历史和现状

西方伦理思想从古希腊罗马发展到现代，出现了众多学说、理论，形成了完全不同于东方伦理思想的传统。按社会变迁与发展，西方伦理思想可分为古希腊罗马伦理思想、中世纪神学伦理思想、近代西方伦理思想和现代西方伦理思想 4 个阶段。

（1）古希腊罗马伦理思想。公元前 6 世纪以后，随着古代科学的兴起和希腊社会各阶级之间的斗争，不少思想家的眼光逐渐从自然界转向人自身。智者普罗泰戈拉（Protagoras）曾说“人是万物的尺度”，反映了当时人们对自身地位和价值的认识。苏格拉底（Socrates）和柏拉图（Plato）探讨了“至善”问题，建立了理念论的道德理论体系。亚里士多德（Aristotle）继承和发展了前人的伦理思想成果，正式使用了“伦理学”这一概念，并建立了一个以城邦整体利益为原则的、比较完整的幸福论伦理思想体系。在希腊化时期，出现了具有自然主义倾向的伊壁鸠鲁学派和带有理性主义倾向的斯多亚学派的伦理思想，前者把快乐和幸福作为人生追求的目标，后者要求人们遵循自然法则过一种合乎理性的禁欲主义的生活。

（2）中世纪神学伦理思想。由于封建专制主义和教会神权的统治，超自然主义的基督教伦理学在整个欧洲中世纪占绝对的统治地位。奥古斯丁（Augustine）首先为神学伦理思想奠定了理论基础。后来由意大利哲学家阿奎那（Aquinas）改造了古希腊亚里士多德的伦理思想，使中世纪神学伦理思想系统化、理论化。

（3）近代西方伦理思想。随着欧洲资本主义的兴起，伦理思想逐渐从神学的禁锢下解放出来。资产阶级思想家主张满足个人需要和利益，深入探讨了人的价值、尊严、自由以及善的本质、道德评价的根据等问题，并以不同的方式提出了调解人与人、人与社会利益关系的道德原则。此时期出现了各种反映资产阶级利益和要求的伦理学说，如 18 世纪法国唯物主义者的利己主义道德理论，19 世纪英国边沁（Bentham）的功利主义思想，康德（Kant）从先验理性出发的自律伦理学，黑格尔（Hegel）的整体利益原则等，在西方伦理思想中都有重要的理论价值和影响。

（4）现代西方伦理思想。19 世纪中后期，特别是 20 世纪以来，西方资本主义的高度发展带来了各种复杂的社会问题，新的科学技术革命以及两次世界大战使西方伦理思想的探讨对象和理论方面发生了许多变化。现代西方伦理的观点多变，学派众多，大致可分为三种主要思想：第一种是受实证科学影响较大的元伦理学或分析伦理学流派，包括直觉主义伦理学、感情主义、语言分析、伦理自然主义等学派。它抛弃现实的道德问题，侧重于分析道德语言中的逻辑，解释道德术语及判断的意义，将道德语言与道德语言所表达的内容分开，主张对任何道德信念和原则体系都要保持“中立”，并在此基础上研究问题，带有形式主义的特征。第二种是受人文科学影响较大、常被分析伦理学家归为形而上学的流派，如存在主义等。它以人为主体，重点讨论人的命运和出路，排斥人的理性，而诉诸感情或直觉，其主要特征表现为非理性主义，并常堕入悲观主义。第三种是沿袭基督教神学伦理思想传统的学派，包括新托马斯主义、新正统派伦理学等。它把善的本质、道德的起源及道德评价的最高标准归于上帝。

1.2.3　伦理学的研究意义及方法

1. 伦理学的研究意义

纵览古今中外的伦理思想理论体系，可以看到任何一个源远流长的伦理思想理念都是以符合时代发展要求的伦理道德精神为基础的。就其最重要的部分来说，伦理学是如何治国的科学，是治理社会的最高级、最重要、最关键的科学。就其全部内容来说，伦理学则是关于道德价值的科学，是关于优良道德的科学。伦理学的研究意义通常表现为以下三个方面：①通过研究“是与应该”的关系，提出确立道德价值判断的真理和制定优良的道德规范的方法，即关于优良道德规范制定方法的伦理学。②通过研究社会制定道德的过程，从人的行为“事实如何”的客观本性中，制定出人的行为“应该如何”的优良道德规范，即关于优良道德规范制定过程的伦理学。③通过研究优良道德如何由社会的外在规范转化为个人内在美德，而使优良道德有实现的途径，即关于优良道德实现途径的伦理学。

2. 伦理学的研究方法

（1）西方伦理学的研究方法。摩尔（Moore）是 20 世纪西方伦理学史上划时代的人物，伦理学的最终目的是善，因此摩尔以“什么是善”的问题作为伦理学的基元与起点探讨研究伦理学的一般真理。其采用以下方法探讨研究伦理学：①直觉主义分析法。摩尔认为，某些伦理命题的真实性是可以直接确定的，而不需借助任何证据来证明。也就是说，在摩尔看来，对善的最终认识和理解依赖于直觉，它是公认为因其自身而善的事物，无须借助它之外的事物来证明。例如，“快乐是善的”是完全正确的，但如果把“快乐是善的”这一命题作为“善”这一概念的定义，那将是完全错误的。“快乐是善的”则指出了快乐具有某种道德的性质，这种道德的性质不同于快乐，它可以存在于快乐中，也可以存在于人们的言论和行为中，还可以存在于音乐和绘画等事物中，即人们无法通过分析、定义的方式说明善，只能依赖于直觉。从这个意义上讲，摩尔对直觉的运用进行了划界，即在什么情况下是需要直觉的，什么情况下是直觉命题。②绝对孤立法。绝对孤立是指在完全脱离外物的情况下，某些具有内在价值的事物的价值依然可以独立存在。摩尔用此法既考察了“哪些事物是因其自身善的”问题，也驳斥快乐主义。摩尔认为，要确定具有内在价值的事物的相对独立存在，必须要考虑它在孤立存在时所具有的相对价值，这是考察具体个别事物时必须遵循的方法。怎样判断事物本身是善的？摩尔从价值学科的层面，把善分为目的善和手段善，通过绝对孤立法的推断，得出目的善的价值层次高，因为它本身是善的事物；手段善只有工具价值而没有内在价值和目的价值，因为它不是因其自身而成为善的事物。③有机统一法。有机统一法考察了整体与部分的关系，认为部分可以作为整体的部分存在，但当它脱离整体而孤立存在时，虽然会丧失其作为整体的部分的一些功能，但无论如何，它仍然具有其不可变更的内在价值。从而否定和批判了黑格尔等的“有机整体”和“有机关系”的学说。在摩尔看来，通过绝对孤立法原则进行考察，部分也有其内在价值，能够独立地实存，整体与部分的关系不能混同于目的与手段的关系，把两类具有价值属性的善区分开，使其各自具有相对独立的实存意义。

（2）中国伦理学的研究方法。罗国杰对中国伦理思想史的研究使中国伦理思想史成为一门独立的学科，并融通古今中西建构了伦理学体系、形成德性论思想，推动了当代中国伦理学事业的发展[8]。其采用以下方法探讨研究伦理学：①梳理中国伦理思想史的源流，总括其内容，提炼其精华，把握其精神，分析其特点，继承、弘扬与创新发展。他坚持认为现代伦理思想是历史伦理思想合目的与合规律的发展。因此，他自觉注重伦理思想的传统与现代的承接发展，其中既注重古代传统道德，也关注革命传统道德；既注重对各家各派总体思想的概括，也注重对影响最大的学派思想的提炼；既注重对传统道德义理内含的分析挖掘，也注重对其精神价值的现代阐释。他徜徉于经史子集之间，贯通史料、流派、古今，做了许多开拓性工作。②以中国伦理思想史研究为重要基础和立足点，广纳不同学术资源，创新发展，建立中国马克思主义伦理学体系和“新德性论”。罗国杰在 20 世纪 80 年代将中、西伦理思想史研究同步进行，并把两者结合起来，兼收并蓄，开放包容，以马克思主义为指导，建立独立的伦理学体系，成为新中国伦理学事业的重要开拓人和奠基人。③以中国伦理思想史为重要价值资源，创新理论、传承文明、资政育人，创建了市场经济条件下社会主义道德建设理论。在分析研究中国社会主义道德建设面临的形势和阶段性特征、道德生活变化的趋势、道德发展的特点、道德建设的重点等问题的基础上，系统阐述了市场经济条件下道德建设的若干关键性问题。④秉承弘道立德、躬行实践的古学传统和道德精神，立德、立功、立言，学为人师，行为世范。他研究中国传统伦理的一贯认识是通经致用、德行一体，践行和修养德性不仅是伦理学研究的根本，更是人生所求。

1.2.4　伦理学的分类

在林林总总的人类知识中，人们出于交流、学习、研究、传播等应用目的，总是想把它们分门别类。因此，学科的划分和论述不可胜数，仁者见仁，智者见智。通常，人们将人类知识分为自然科学、社会科学和人文科学三大部类。社会科学是以社会现象为研究对象的科学，其目标在于认识各种社会现象并尽可能找出它们之间的关联。社会科学是实证性的科学，是运用自然科学的方法研究社会问题。而人文科学是关于人与人的特殊性的学科群，主要研究人本身或人与个体精神直接相关的情感、道德、意义、价值等的各门科学的总称，其涵盖的科学包括美学、宗教学、伦理学、文学、艺术学等。人文科学和社会科学难以明确区分，有些学者也把人文科学归于社会科学，二者都与人的教养和文化、智慧和德性有关。其区别在于人文科学直接研究人的需要、情感和意志，强调人的主观心理、文化生活等个性方面；社会科学强调人的社会性、关系性、组织性、协作性等共性方面。伦理学作为哲学的分支是研究人的行为“对”和“错”的学问，大致分为三类（图 1.2）：规范伦理学、后设伦理学和应用伦理学。

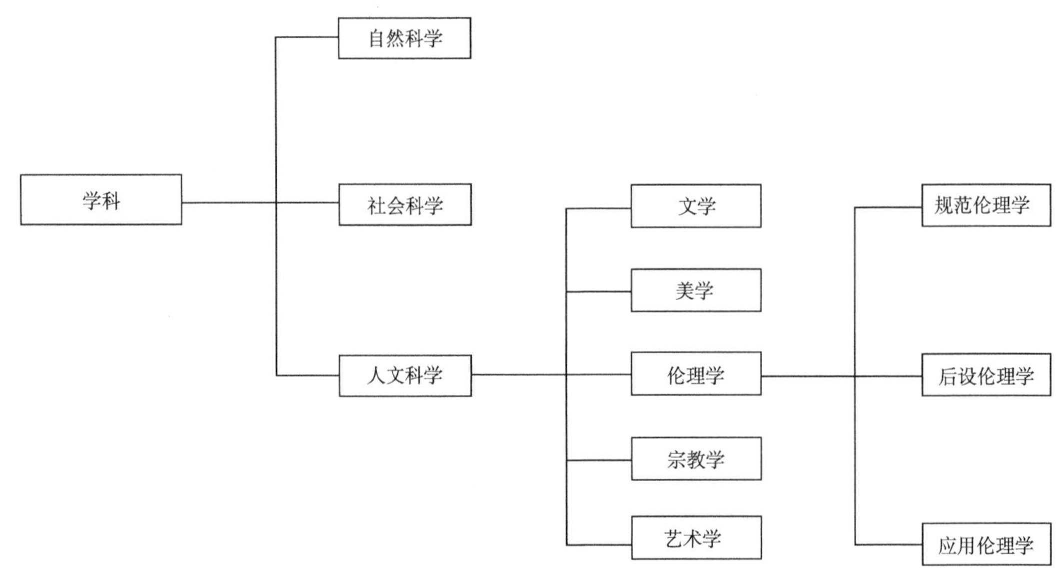

图 1.2　伦理学的分类

1. 规范伦理学

在 20 世纪元伦理学出现以前，规范伦理学始终都是西方伦理学的基本理论形式。规范伦理学是关于义务和价值合理性问题的一种哲学研究。规范伦理学以人类行为的合理性作为研究重点，试图找出一套普遍有效的应然规范，指出什么是真正的善恶对错。例如，对何种行为的性质是善、何种行为的选择是对、何种行为是应该受到惩罚或奖赏等一系列一般性问题的批判性研究。规范伦理学的任务主要是为了说明人类本身应该遵循什么样的道德标准，才能使人类的行为做到道德上的善。从伦理学研究者对道德本质所持的观点来看，他们把规范伦理学区分为两种不同的理论：目的论伦理学和非目的论伦理学。目的论伦理学始终主张一种行为的结果决定该行为是否是道德的。换言之，如果一个行为导致坏的结果，那么此行为是不道德的、错误的。在这个意义上，目的论伦理学又称为结果论伦理学。非目的论伦理学始终认为一种行为是否道德，受其结果以外的东西决定。在这个意义上，非目的论伦理学又称为非结果论伦理学。

2. 后设伦理学

后设伦理学主要用语言学的观点分析探讨伦理学，承袭了语言分析的特点，重点分析道德话语的意义及道德推理的逻辑。以“同学之间要相互团结、相互友爱、互帮互助”这句话为例，后设伦理学就会提出：这句话里面的“同学”指的是什么？同在一个班级的在校生吗？那在同一个校外辅导班的学生算不算同学？另外，只有同学需要吗？职员之间需不需要相互团结、相互友爱、互帮互助？家人呢？这时就呈现了许多指涉、范畴性等的问题。此外，后设伦理学对于伦理道德的证成问题也有许多讨论。

3. 应用伦理学

20世纪60年代末至70年代初，应用伦理学在西方兴起。首先，应用伦理学从伦理学的角度直接介入实际生活过程中，对现实社会中不同分支领域里的问题进行研究，致力于解决已经出现和可能出现的各种技术性与专业性的道德难题与道德困境。其次，应用伦理学不仅是从伦理学的角度去解决社会现实问题，而且根据人类更好地生存的需要，致力于把哲学和伦理学的理念、原则和准则应用于构建具体领域的价值体系，为规范和引导社会现实服务。最后，应用伦理学不是要为解决社会生活实践中的问题提供具体的解决方案，而是从伦理学的独特视角认识和研究现实问题的性质、原因、后果，以及对人类生存和发展的现实影响和可能影响，并根据人类生存发展的根本需要确定解决问题的方向和原则，为问题的最终解决提供价值取向和思维方式。应用伦理学的目的在于探讨如何使道德要求通过社会整体的行为规则与行为程序得以实现[9]，以成就基本价值观与程序方法论的统一[10]。应用伦理学所谓的应用是通过集体理性决策程序以获得道德方案的现代解决。围绕什么是应用伦理学而形成的主要观点包括：综合论、当代论、超越论或转换论、应用论、反思论等[11]。在这些观点中，成果最大的是综合论，其代表人物为甘绍平。综合论以伦理程序正义的方式完成对基本价值观与程序方法论二者的综合统一为核心主张。赵敦华为当代论代表人物，其认为应用伦理学属伦理学的当代形态，是传统伦理学在新的现实条件下完成的应用伦理学转向[12]。吴新文为超越论或转换论的代表人物，其认为应用伦理学是对传统伦理学的扬弃与超越，使伦理学研究的范式发生了根本性的转换[13]。廖申白与江畅是应用论代表者，他们认为应用伦理学属确立一种原则应用模式[14]的伦理学，从而与理论伦理学相对而立。卢风为反思论代表者，他强调应用伦理学的批判性[15]，主张应用伦理学是出于对传统伦理学的局限及现实生活需要的双重反思而生成的一门新兴学科。工程伦理学就是一种应用伦理学。

1.2.5 伦理理论

伦理学是一门科学，而道德是一种客观存在的社会现象，是伦理学的研究对象。道德是一种随着历史变化而变化的社会现象，不同时代、不同阶级有不同的道德，同样伦理学研究者的阶级立场、世界观也不一样，对道德的内涵和外延的理解也就各不相同。因此，伦理学就形成了各种各样关于道德的伦理理论。大体上可以将这些伦理理论概括为功利主义、义务论、社会契约论和德性论。

1. 功利主义

功利主义学说由边沁创立，后来被穆勒（Mill）第一次系统地论证和阐述。功利主义重视利益，并且用利益解释人们的行为，但功利主义是一种关于道德的哲学。它回答的问题是人们应当做什么，这里的应当是指在道德上是正确的。

传统功利主义分为两种：第一种是主张能够产生最大幸福的行为是道德上正确的行为的行为功利主义，但它违反了人们的道德直觉，并没有可应用性；第二种是主张道德上正确的行为是能够产生最大幸福的规则功利主义，但在大多数情况下，遵循道德规则不一定能带来最大幸福，这两种功利主义各有弊端。此时，黑尔（Hare）提出了一种兼顾行为功利主义和规则功利主义各自优点的新功利主义，即双层功利主义[16]。在 20 世纪 60～70 年代，罗尔斯（Rawls）和大多数其他的哲学家认为功利主义总是考虑自己利益的最大化。黑尔认为：首先，功利主义者没有充足的时间计算选择何种行为使自己的利益最大化；其次，在多数情况下，道德和利益并不矛盾，如勇气、忠诚、谦虚等美德，不论它的动机是什么，这是人们所需要的；最后，人们在追求自己利益的行动中是遵守道德原则的，因为遵守道德原则符合人们的最大利益和长远利益。

2. 义务论

义务论与功利论的不同之处在于功利论聚焦于行为的后果，而义务论更倾向于关注人们行为的动机，产生好结果的行为不一定就是正确的，正确的行为是遵循道德准则的，即行为本身也具有道德意义。义务论的主要代表康德早在其《伦理学讲义》中就提出了有关义务的思想，直到《道德形而上学》的发表，他最终形成了一个完整的义务论思想体系。康德认为，除了善良的意志，任何事物都不是绝对善良的。他将意志理解为按照道德原则行事而不关心利益和后果的人具有的独特能力。在康德看来，人是理性的存在，理性追求的是理想至善，道德法则的使命就是自己为自己立法[17]，人的自由意志就是要实践道德法则。

康德的义务论主要是针对把怎样实现最大幸福作为伦理学最高目标的幸福论提出来的。他想通过幸福的概念引出道德原则。然而，伦理学不是一门教人们怎样取得最大幸福的学说，而是教人们怎样行动才配得上享受幸福的学说。因此，伦理学必须立足于理性而确立义务原则，来规定人们应该做什么或不应该做什么，这里提到的不是实现幸福的方式或手段，而是享受幸福的道德资格。在康德之后，罗斯（Ross）提出了直觉主义义务论的思想，以克服康德的绝对主义的弊端。罗斯认为，人应该遵循的道德原则是自明的，人们通常可以依赖直觉发现正确的道德原则。

3. 社会契约论

社会契约论是指近现代西方政治格局和思想文化中，用契约关系解释社会和国家起源的政治哲学理论。它通过把社会和国家看作人们之间订立契约的结果，说明政治权威、政治权利和政治义务的来源、范围和条件等问题。虽然只是理论假设，但是人们约定的社会契约给国家或政府权威的合法性提供了一个合理的逻辑解释。社会契约论还提出人权、平等、法治、自由和民主等观念。人们普遍认为社会契约论为近代民主政治发展和民主国家的概念提供了理论支撑。

西方社会契约论被认为起源于公元前 4 世纪的柏拉图时代。在 17～18 世纪，霍布斯（Hobbes）、洛克（Locke）、卢梭（Rousseau）等进一步丰富拓展了契约论的思想并正式提出了社会契约论。三位思想家在运用社会契约论时，都预先假设了在国家成立之前，人们均生活在自然状态下，但他们对自然状态的预设不同，因此社会契约论的内涵也不尽相同。霍布斯认为在自然状态下的每个人都是平等的、自由的、自私的，每个人都想保全一切属于自己的权利，这就不可避免地产生争斗。为了结束这种争斗状态，每个人都希望得到一个安全的自然法，这样人们就需要一个社会契约。霍布斯提出，人们应该拿出自己的自然力量，增强公权力，使每个人都服从于一个人，以遏制人们的私欲。而洛克认为自然状态中的人们是理性的，主动把公共权力让出来，不会侵犯他人的财产、生命及权利，也就是说霍布斯所说的战争状态不会发生，即国家不会拥有绝对的权力，而是受到契约的制约。卢梭认为在原始社会即物质文明低的自然状态下，人们是野蛮的、智力低的，倾向于感性。随着自然状态的发展，人们学会了通过契约建立新制度。由于人类不能在同样的状态下产生出新的力量，因此只能通过彼此结合起来的方式来运用现有的力量[18]。卢梭的社会契约论体现了鲜明的人民性，这是人与人之间产生契约的关系，显示了人与人之间的平等关系和自主权利。虽然三位思想家对自然状态的预设及产生契约的理念有所不同，但是三者倡导的社会契约论是反对封建主义的理论基础。20 世纪社会契约论的主要代表人物罗尔斯主张定契约是为了确立一种指导社会基本结构设计的根本道德原则，即正义。在西方思想史上，社会契约论对民主国家的发展和民主革命运动产生了深远的影响。例如，卢梭的主权在民思想很好地体现在美国《独立宣言》中。

4. 德性论

德性论有时被称为美德伦理学或德性伦理学。在传统意义上，德性论是以德性或美德概念为伦理学的中心或基础，重点探讨应当做一个什么样的人。与功利主义和义务论相比，德性论的关注中心是行为者，强调的是我应该成为何种品德的人，与功利论和义务论以及探讨应当做什么的规范伦理学有明显的区别。德性论把道德落实于人的内在品质，功利主义和义务论把道德落实于人的外在行为。德性论关注的是人的内在品质，以人的道德品质作为道德评价的中心，是实质主义；功利主义和义务论关注的是人的外在行为，它们不再强调人的内在品质，而以行为是否符合普遍的规范形式作为道德评价的中心，是形式主义。

德性思想可追溯到古希腊，苏格拉底毕生以认识自己为己任，意味着从探索自然的知识转变为寻求自我的智慧[19]。苏格拉底提出美德即知识，美德是指人们具有的幽默、真诚、宽容、慷慨等一切高尚的人格品质，知识是指与人们生活息息相关的善的知识。柏拉图在批判和继承苏格拉底思想的基础上，提出了四德性说：智慧、勇敢、节制、正义。在此基础上，亚里士多德指出，德性的内涵主要包括四个方面的内容：①德性是理性灵魂，是一种使人善良并获得其优秀成果的品质。他认为德性并不是肉体的德性，而是灵魂的德性，德性就在灵魂中[20]。②德性是非理性与理性灵魂相互融合具有温良等优秀心理品质的伦理德性，也是纯理性灵魂发挥自身功能的优秀品质，如明智、谅解等。③德性的最终目标是追求人的幸福。④德性的评判准则是适度、合理。亚氏德性论体系支撑点是幸福论，以公民为中心，以人生幸福为最终目的。随后麦金泰尔（MacIntyre）继承并发展了亚氏德性论思想。麦金泰尔认为，德性只有通过实践才能达到自我实现，体现了人们生活的实践智慧，承载了文明的传统，也是维系人们生存的力量。

1.3　工 程 伦 理

引导案例：PX项目系列事件

PX，英文全称为 para-xylene，化学品中文名称为 1,4-二甲苯（对二甲苯），属芳烃的一种，常温下为无色透明液体，密度比水小，具有可燃、低毒、气味芬芳等特点，其蒸气与空气接触后容易引起爆炸，是化工生产中非常重要的原料之一。PX的产量可以反映一个国家的化工水平，从国家的经济发展战略来讲也十分重要。

厦门市海沧 PX 项目，由厦门市政府于 2006 年引进，该项目选址于厦门市海沧投资区南部工业园区，拟定于 2008 年投产，计划年产对二甲苯 80 万吨，总投资预计达到 108 亿元人民币，工业产值预计每年达到 800 亿元人民币，在当时被称为厦门“最大工业项目”。

该项目于 2004 年 2 月经国务院立项，2005 年 7 月通过了国家环境保护总局审查。国家发展和改革委员会将其纳入“十一五”PX 产业规划 7 个大型 PX 项目中，并于 2006 年 7 月核准通过项目申请报告，11 月开始正式动工建设。但厦门 PX 项目的中心地区距离国家级风景名胜区鼓浪屿只有 7 km，距离拥有 5000 名学生（大部分为寄宿生）的厦门外国语学校和北京师范大学厦门海沧附属学校仅 4 km。不仅如此，项目 5 km 半径范围内的海沧区人口超过 10 万，居民区与厂区最近处不足 1.5 km。而 10 km 半径范围内覆盖了大部分九龙江河口区、整个厦门西海域及厦门本岛的 1/5。而项目的专用码头就在厦门海洋珍稀物种国家级自然保护区，该保护区的珍稀物种包括中华白海豚、文昌鱼、白鹭。

2007 年 3 月召开的“两会”中，以中国科学院院士赵玉芬为代表的 105 位全国政协委员联名签署了“关于厦门海沧 PX 项目迁址建议的提案”，成为本届政协头号提案。随着此事件进入公众视野，项目引起了民众的强烈反响。12 月 26 日，经过一系列审查、投票、座谈、专项会议等，福建省政府和厦门市政府最终决定顺从民意，将该项目由厦门迁往漳州市漳浦县的古雷港开发区。2013 年 6 月漳州 PX 项目建设完成并试投产，自此之后该项目不断发生爆炸事故，国家安全生产监督管理总局新闻发言人黄毅指出，PX 设施在安装过程中仍存在巨大隐患。

自 2007 年厦门发生公众集体抵制 PX 项目事件后，大连、宁波、茂名等地群众也针对当地 PX 项目向政府表达诉求，引起了社会的广泛关注，各方争议很大。

值得思考的是：

（1）一个通过各项审查、评估的化工项目，为何会引发如此大的争议？

（2）当工程项目满足现有安全标准但仍存在安全、污染风险时，工程工作者应如何处理？

从厦门 PX 项目事件来看，无论是政府、投资者还是技术人员，与工程实施密切相关的各方利益主体必须肩负起自身角色所赋予的伦理责任，携手共进，才能在确保生态环境不被破坏，经济、社会稳步发展的前提下，更好地实现工程目标。

工程作为集体事业，需要工程师、投资者、管理者等多元行动主体的共同参与，他们通过工程过程将伦理准则与特定技术关联起来运用到实践中。由此，本节以工程共同体作为伦理解释的主体。

1.3.1　工程伦理的概念及起源

从词源上看，英语 engineer（工程师）是从拉丁语 ingenero 演变而来的。在中世纪，ingeniator 被用来称呼破城槌、抛石机和其他军事机械的制造者，有时也用于称呼其操作者。1755 年出版的《约翰逊英语词典》把工程师定义为“指挥炮兵或军队的人”，1828 年出版的《韦伯斯特英语词典》说“工程师是有数学和机械技能的人，他形成进攻或防御的工事计划和划出防御阵地”。虽然词义仍限于军事方面，但是后者已经不那么强调工程师是操作者，而更加强调工程师是“形成计划”的人。到了更晚的时期，工程师和军人的联系就更加弱化了。

18 世纪下半叶，英国出现了最早的民用工程，如运河、道路、灯塔、城市上下水系统等土木工程。第一次工业革命期间，纺织机械技术革新和蒸汽机的发明、改进带动了化工、染料、冶金、能源、机械制造等产业部门的大力发展，同时出现了受雇于各产业部门的技术人员，他们只对雇主负责，单纯地服从上级命令。

随着近现代产业革命和经济发展，工程师作为一个特殊的工作和职业群体逐步分化、形成并发展壮大。为了促进技术知识的发现和传播，19 世纪中后期，美国工程界陆续成立了几个代表工程科学的社团。这些社团为了处理好工程师与雇主、客户及社会公众之间的关系，制定了一系列规则章程。由此，随着工程活动的发展，这些社团开始肩负促进职业伦理的责任。

职业伦理是社会正常运转的基石，任何职业活动都必须有自己的伦理[21]。除工程师外，将工程作为自己职业的工程共同体都应受工程伦理的约束。大约在 20 世纪 70 年代，工程伦理学在欧美发达国家开始创立[22]，经过半个世纪的积累、发展和蓄势，工程伦理学在世界范围内开始加速发展，进入建制化时代。工程活动不是单纯的技术活动，也不是单纯的经济活动，它是包含了经济、技术、社会、管理、伦理等多方面要素并对其进行了“系统集成”的活动，它不仅改造自然，更会对社会生活产生影响。工程伦理的核心问题是思考工程的影响“应该”产生什么效果，工程主体在这个过程中负有什么责任，由此伦理标准也应该成为评价工程活动的一个基本标准。

1.3.2　工程伦理的内容与任务

虽然工程的实施有时也受投资者、管理者等的影响，但不得不承认工程师在工程活动过程中占据着首要、核心的位置，其伦理道德取向就显得分外关键。美国哲学家赫克特（Herkert）将工程伦理分为微观和宏观两个层面，前者涉及的是工程师个体的伦理道德和行为，后者涉及的是工程师团体的社会角色和社会伦理，二者应该有机结合，以便进行更深入的研究。赫克特的这种观点实际上代表了美国学者普遍的整体性认识。从研究对象和范围分析，工程伦理的内容包含两个层面：前者关注的是工程从业者个体的责任问题，包括职业伦理和技术伦理；后者关注的是工程师团体代表工程共同体对整个社会的责任。

首先，工程伦理作为职业伦理，应当区别于个人伦理和公共道德，其任务即依靠自己的职业素养将伦理责任与特定的社会身份相联系，专注于承担特定的责任或义务，否则极易陷入“责任黑洞”的虚无中。职业伦理之所以必要，源于当人们运用“能他人所不能”的专业技能提供服务时，就必然要承担对使用其服务者的关照责任[23]。例如，医疗保密是医生应遵守的职业伦理，当人们选择做一名医生时，这种医疗保密要高于一般的伦理和道德，甚至允许与一般道德规定产生一定的偏离。

其次，工程从业者应该对一项技术的研究、开发及应用负起“实用性”的责任，从技术伦理角度来看，除了要关注其使用价值外，还应该考察其伦理风险。例如，2018 年的基因编辑婴儿事件，南方科技大学原副教授贺建奎宣布经过基因编辑的双胞胎女孩露露和娜娜已于 11 月在中国健康诞生，成为世界首例免疫艾滋病的基因编辑婴儿。其研究引起巨大争议，贺建奎本人也被捕入狱。基因编辑技术的发展使其研究成为可能，虽然贺建奎表示已经进行了动物实验，但其动物实验结果并未发表，学术同行无法进行数据的验证。因此，其进入临床研究的条件不足，其研究风险极高。虽然基因编辑技术引起了许多基于伦理方面的反对，但是基因编辑技术可能成为未来医疗的重要组成部分。

最后，从社会伦理角度来看，无论是个人还是集体，都受到一定社会结构和社会关系的约束，在工程过程中应当将工程对包括政治、经济、文化、环境等的广义社会环境的影响都考虑在内。其任务是指导工程师形成符合社会发展规律的工程理念和工程意识，实现最佳决策。

1.3.3　工程伦理教育的目的及意义

反思过去的工程教育，更多注重的是工程化和技术化的教育。爱因斯坦曾经说过：“用专业知识教育人是不够的。通过专业教育，他可以成为一种有用的机器，但是不能成为一个和谐发展的人。使学生对价值有所理解并且产生热烈的感情，那是最基本的。他必须对美和道德上的善有鲜明的辨别力”。现在的工程界与教育界逐渐将工程教育扩展为具有人文精神和社会关怀的、在工程与人文社科交融影响下的工程教育。

工程伦理教育是在工程实践活动的基础上得以产生和发展的，随着现代工程实践活动带来越来越多的负面影响，人们开始反思工程活动引发的各种问题，工程伦理受到了高度重视。工程伦理教育是工程从业者从以往案例中学习如何成为一个负责的工程参与者的有效途径，人们通过教育不仅能够认识到自己曾经犯的错误，还能系统学习如何处理自己从未遇到的、不同种类的工程伦理危机。

首先，工程伦理教育可以培养伦理意识。大多数工程参与者之所以会陷入伦理困境，并非其道德修养上有瑕疵，而是因为他们可能缺乏伦理敏感性，未能意识到摆在自己面前的工程实践其实蕴藏着丰富的伦理诉求。通过工程伦理教育，他们应该对工程实践过程中的伦理问题有整体性认识（包括工程伦理的概念、工程伦理问题的主体、不同伦理立场的主要观点及区别与联系等），应该学会辨识工程实践中的伦理问题。

其次，工程伦理教育可以培养解决伦理问题的能力。工程参与者应该学会给出解决工程实践中伦理问题的基本思路，学会理论联系实际，运用工程伦理规范和基本思路解决工程中遇到的各种伦理问题，具有一定的工程伦理决策能力。

1.3.4　工程伦理的主要思想

从对象、方式和目的等角度分析工程伦理的主要思想：工程伦理以工程共同体为研究对象，而不仅局限于具有专业知识的工程师，以此为基础，工程伦理在理论层面主要体现其预防性，在具体操作中主要体现其职业化，最终达到把好的工程做好的目的。

工程伦理作为一种预防性理论，案例的使用是培养技能的一个重要环节。通过案例研究，培养从事建设性伦理分析所必需的能力——能够预判工程实践的结果，并在判断的基础上进一步做出相应的决策。例如，在患上严重的疾病之前，通过细心地关注健康，人们可以预防疾病的发生。类似地，通过预见尚未引起注意的可能导致伦理危机的问题，人们可以预防这类危机的发生。工程伦理作为一种职业伦理，区别于个人伦理和公共道德，其适用主体是具有一定职业素养和专业知识的工程参与者。

工程伦理最终要解决的问题是把好的工程做好，包含两个层次的意思：一是获得识别能力，要促进善的工程的实现。工程伦理在培养工程人员伦理敏感、决策能力等方面效果显著，能避免工程人员陷入伦理抉择的两难困境。二是指引工程向善的方向发展。作为具有复杂性和创造性的实践活动，即使是善的工程，其过程也需要摸索和尝试，要应用科学原理最优化地将自然资源转化为工程产品，工程伦理能为其提供抉择依据。

1.3.5　工程伦理学相关的伦理理论

1. 工程伦理的生态伦理

生产实践活动是人类社会生存与发展的前提，自然是人类生产实践活动的必要条件，即自然提供给人类生产实践活动场所、生产劳动对象及物质生活资料。因此，人类的生活必定受到自然的影响和制约。正如罗尔斯顿（Rolston）所说，人们应该拥有某种与环境有关的伦理，只有那些压根就不相信伦理学的人才会怀疑这一点[24]。也就是说，从文明产生开始，人类就拥有与自然有关的伦理实践观念。

现代社会的快速发展，尤其是工业化体系的建立，给自然生态环境带来了巨大影响，最终形成生态环境危机。生态环境危机是指工业生产排放的大量 CO_2 引起的全球变暖，无节制地开垦土地造成土地的沙漠化等，由于人们不合理的实践方式对生态环境直接造成影响。这一观点早在 20 世纪 70 年代就被提出，康芒纳在《封闭的循环》一书中思考现代生态环境危机的产生根源，“环境紊乱的错误不在于自然，而在于人，是人类在地球上的活动中的某种错误所引起的”[25]。由此可见，生态环境危机的出现是工业文明及其实践方式的直接后果，根本原因在于工业文明及其实践方式在价值追求上具有反生态的实质。科技的发展、自然资源的开采、物质资料的生产使社会生活水平大大提高。同时，也滋生出人们无限扩张的物质欲望，很难被有限的自然资源满足。再加之，起始于笛卡儿理性主义机械自然观，确立人与自然主客二分二元对立的认知实践思维关系，人成为认知实践活动的绝对主体，而自然客体化导致认知实践中自然只是受动的对象，控制自然，天然合理[26]。在某种程度上，生态环境危机不只是人与自然之间的矛盾，还是因为人类不恰当的生产生活方式、偏颇的价值观念以及长期对人与自然关系的不全面认识，造成生态平衡的破坏、生存空间环境的恶化，导致自然资源枯竭、物种灭绝等一系列危机。

随着生态伦理学的发展，生态伦理学的理论形态呈现出多样性，如顺应自然、解放自然、关怀自然等生态理论形态，但它们都有共同点：反对控制自然，与自然和谐共生。生物圈是地球最大的生态系统，而人是生物圈的组分之一，因此人的活动必定会受其他组分的制约。人要想获得相对的自由，就要处理好与生态共同体其他组分的关系。人对自然的实践遵循着人类与自然界和谐共生的规律，自然、社会和人类构成的有机体协调发展的规律，人的能动性和受动性相统一的规律，人类不尊重自然界必定遭到报复的规律[27]。工程生态伦理学就是将道德融入生态系统中的社会实践方式。概而述之，工程生态伦理关键在于生态觉悟是在日常生产生活的生态实践中，经历了由自发到自觉过程，实现着生态忧患意识的自觉觉醒、生态文明观念成立的自觉觉醒和生态责任担当的自觉觉悟[28]。从实践哲学的角度深刻反思产生生态危机的根本原因，培养人们良好的生态道德意识，塑造人们的生态伦理自觉，确立人与自然和谐共生的伦理文化价值和生活方式。

2. 工程伦理的环境伦理

人的社会化过程与自然的历史化过程之间存在和谐共生的生态伦理关系。人类社会发展的最终目标是达到人与自然的和谐共生。地球是人类赖以生存的场所，生态系统能否正常运转直接关系着地球上的其他系统。长期以来，生态系统供给人类各种资源，成为人类生存发展必不可少的物质基础和保障。所以，人们必须重视和重新审视人与自然的关系。环境伦理学就是在由于人类在进行和生态环境有关的生产活动过程中造成环境日益恶劣的情况下，去构建实现人与自然和谐共生状态的关系和道德行为原则的学说。我国在社会主义现代化建设过程中面对环境保护问题提出了绿色发展理念。党的十九大报告提出“我们要建设的现代化是人与自然和谐共生的现代化”，并且指出社会主义现代化建设要在尊重自然、顺应自然、保护自然的基础上推进绿色发展[29]。

在工程实践活动中，保护环境成为工程实践活动的重要目标。由于保护环境的诉求和依据不同，在各种利益冲突的情况下，结果就会大相径庭。传统意义上的环境伦理思想是以人类为中心主导的发展观，自然界中除了人以外其他任何物种不可以获得道德关怀，即工程的出发点和目的以及道德原则的确立都要首先考虑人的利益，而其他物种没有利益可言。相反，也有更多考虑自然环境利益的伦理思想，它认为人类不是一切价值的源泉，所以人的利益不能成为衡量一切事物的标准。人类只是大自然整体的一部分，人类只有正确地理解人与自然的关系，才能客观地认识自己存在的意义和价值。这种认识认为自然界中的任何物种都可以获得道德关怀，包括动物、植物、微生物等一切有生命的及无生命的自然事物，如大气、土壤、水等。辛格（Singer）的动物解放论和雷根（Regan）的动物权利论主张把动物纳入道德关怀对象范围中；施韦泽（Schweitzer）和泰勒（Taylor）的生物中心主义主张把一切有生命的自然事物纳入道德关怀对象范围中，倡导尊重生命；利奥波德（Leopold）和深层生态学主张把整个自然界的所有事物和生态过程都纳入道德关怀对象中。传统意义上，人类通过各种各样的形式进行物质资料的生产来满足自身需要，造成不同地域的生物种群直接或者间接地迁徙到没有食物供给的自然环境中，导致物种灭绝，严重危害当地生态系统的有序发展，最终形成生态环境危机。

党的十九大报告提出的绿色发展理念中蕴含的环境伦理思想，就是要纠正传统人类发展的思维，调整人类传统的生产生活方式，把污染环境、资源浪费严重的企业淘汰，朝着顺应自然的方向发展。把自然生态环境本身视为生产力，视为推动社会经济发展的重要动力，让生产力发展顺应自然生态过程，实现自然界与社会发展同向而行。

1.3.6 工程伦理与其他学科的关系

1. 工程伦理与哲学

从哲学的角度理解工程伦理，主要涉及对工程伦理的本质、工程伦理的价值及工程伦理的思想等问题的反思。例如，什么是工程伦理？工程伦理的思想是什么？工程伦理的意义和价值又是什么？这就是工程伦理的三个基本哲学问题。哲学是工程伦理学的理论基础。一定的世界观、历史观对一定的工程伦理原则和道德观有直接或间接的制约和指导作用。不同的世界观和历史观，甚至是对立的世界观和历史观，也常导致不同的甚至对立的工程伦理思想。历史上工程伦理思想常与哲学思想同步发展，道德认识不但受哲学思想的制约，而且还往往同哲学结合在一起，并且有的思想家认为二者是密不可分、融为一体的。但是，工程伦理学作为哲学的一个分支学科，又有其相对独立的意义。工程伦理学研究的是一个特殊的社会现象领域，主要揭示社会中工程实践活动与道德关系的性质及其发展的规律性。它不但有自身的特点，而且有作为一门学科存在的性质和价值。

2. 工程伦理与其他学科

工程伦理与教育学、社会学、心理学等也有相互影响、相互渗透的关系。教育学、社会学、心理学的共同点是都把道德纳入自己的研究范围。工程伦理研究人类社会历史中的工程实践活动的道德现象，教育学、社会学、心理学等也是研究道德现象，但是它们着眼的角度不同。教育学涉及的主要是品德教育和共产主义道德教育过程中的某些客观规律；社会学关注的是社会道德面貌、风尚习俗及婚姻、家庭中的许多道德问题；心理学特别是社会心理学，总是把人的道德情感、道德意志作为重要的研究内容。

（1）工程伦理学与教育学的关系尤为密切。教育学是以教育现象、教育问题为研究对象的一门社会科学。教育广泛存在于人类社会生活中，是有目的地培养人才的活动。工程伦理学是关于人们在工程实践活动中的行为规范和道德观念、情感、意志等的研究成果。教育学的德育理论为工程伦理学提供了可靠的根据。教育学有关社会教育和教育的客观过程等方面的研究，有助于工程伦理学中的规范教育、理想教育的研究。

（2）工程实践中存在广泛的社会学问题。在工程实践和研究中涉及的伦理问题正受到社会越来越多的关注。首先，工程需要很多人参与实施，如工程建设的技术人员、管理者、设计者、投资者及受到工程影响的社会公众等。在具体的工程项目中，工程参与者为了实现工程活动项目的目标紧密关联在一起，称为工程共同体。怎样处理工程共同体中的不同社会关系，决定了工程是否能够顺利地相互协作实施。其次，以不同类型专业协会的形式从事工程实践活动的工程师共同体有类似的目标追求，他们探索并遵循共同的职业准则和行为规范。最后，工程过程牵涉到不同利益群体，有些利益相关者直接介入工程过程中，有些虽然没有直接参与，但却是工程实施或完成后产生的实际后效承担者。怎样处理好这些利益关系是社会学需要考虑的重要问题。

（3）工程伦理学和心理学都研究人的行为动机。工程伦理学主要从道德品质上考察人的心理现象，对心理学特别是社会心理学的研究有一定帮助；心理学主要揭示和提供人心理现象的本质，如行为动机、性格等。心理学为工程伦理学的研究提供了必要条件。

1.3.7　工程伦理学的应用

工程活动是一项集体性活动，同时也是经济的基础单元，工程本身就具有社会特性。与古代工程不同，现代工程具有产业化、集成化和规模化的特性，工程与科技、经济、教育、社会、医疗及环境之间都建立了极为紧密的联系。也正因为如此，以工程为核心形成的社会行动者网络日趋多元化。换句话说，一项工程的实施会牵涉到多种群体利益。以厦门 PX 化工项目为例，其中有一部分作为该工程的直接参与者构成的社会群体，如工程项目的投资者、管理者、设计者、建设项目的工程师、技术工人等，他们分别有着不同的利益出发点；另一部分则是没有直接参与决策的群体，如 PX 项目选址周边的厦门市民，由于 PX 项目属于化工项目，存在危险性和污染环境的风险，因此厦门市民也是该工程的直接受益或受损者。由此可见，工程伦理的应用是着力解决怎样使围绕在工程组成的社会网络中各群体之间的利益均衡，实现公平与效率的统一；怎样公正地处理各种社会群体的利益关系，特别是注重公众的安全、健康和福祉。

1.4　国内外工程伦理研究进展

引导案例：“挑战者号”悲剧

1986 年 1 月 27 日晚，固体助推器制造商 Morton Thiokol 公司的工程师们以对 O 形环（火箭推进器密封装置的一部分）在低温下密封性能的担忧为基础，建议马歇尔航天中心不要在第二天早上发射“挑战者号”航天飞机。

作为 Thiokol 公司高级副总裁的 Mason 清楚地知道，美国国家航空航天局（NASA）迫切需要一次成功的飞行。他也知道，Thiokol 公司需要与 NASA 签订一份新的合同，而发射失败可能使之前的努力毁于一旦。经过一再讨论，Mason 感觉到工程师们的数据并不是结论性的：按照一般经验，在温度相对较高时密封圈存在渗漏现象，对于是否低温条件下也会存在渗漏现象，谁也说不清楚。Mason 对工程部的监理工程师 Lund 说“收起你那工程师的姿态，拿出经营者的气概，我们需要这次发射来获得合同!”于是，更关注于管理和经营的 Thiokol 公司的经理们作出了同意起飞的决定。关于 O 形环的问题虽然也通报了 NASA 的项目主管，但该主管没有任何异议就批准了起飞。

这一决定使 O 形环设计的首席工程师 Boisjoly 十分沮丧，他的职业判断是在这次的低温发射环境下，O 形环并不可靠。因此，他向 Thiokol 公司管理层指出了低温发射的问题，试图说服公司管理层拒绝发射。但是，无人理睬他的警告，他所在的项目团体没有坚持工程师视角的技术判断，而是迫于管理层的压力做出了妥协。

第二天，发射后的第 73 s，挑战者号爆炸了，夺去了 6 位宇航员和 1 位中学女教师的生命。除了生命遭受的惨重损失外，这场灾难还摧毁了价值数百万美元的设备，并使 NASA 声誉扫地。虽然 Boisjoly 没能阻止这场灾难的发生，但他尽其所能地践行了他的职业责任。

悲剧令人感到沮丧。然而，悲剧之下，思考和改变则显得更为重要。请思考以下问题：

（1）为何工程师在明知 O 形环可能存在问题的前提下，并没有果断否决挑战者号的发射任务？

（2）如果作为该项目一名工程师兼项目管理人员，你更偏向于做出何种选择？

（3）挑战者号的发射失败反映了美国当时的工程伦理制度存在哪些方面的缺失？

虽然伦理问题一直以来就存在于工程学这门古老学科中，但作为一个新兴学科领域，工程伦理学的历史只有 40 余年。工程伦理的发展最早可追溯到 20 世纪 70 年代后期。由于工程事故的频繁发生和学术造假问题的显现，人们逐渐意识到必须通过规范制度和约束道德提高工程技术人员的道德素质和伦理意识。本节从国内外研究现状入手，分析工程伦理在不同国家、不同文化和体制下的发展模式，从而对我国的工程伦理发展问题与趋势进行分析展望。同时，基于工程实践发展中的主要伦理困境进行了详细的阐述与分析，并提出了解决工程伦理困境的出路与方法。

1.4.1　国外工程伦理研究进展

工程是与人类密切相关的实践活动，其中涉及人与自然、人与人及人与社会之间复杂的关系，而伦理问题则蕴含于这些交错的关系中。当我们对一项工程或一种新技术的可行性进行分析或试图解决某个伦理冲突或提出某种伦理时，都要首先确定事实，然后运用社会的公共道德和伦理学理论对自己的判断做出论证和辩护，以使人们可以达成共识。然而，工程伦理具有“强实践性”，并非简单搬用原则就可以解决。实践伦理开始于问题或原则之间的冲突和对抗，其目的终止于问题的解决和方法上的实践。因此，我国的工程伦理不仅需要理论的支撑，更需要在实践层面上对具体案例进行深入剖析。

伦理原则与规范是基于特定的文化核心价值观、宗教信仰、社会环境所形成的，在不同文化背景和社会背景下，所衍生出的伦理观念与准则可能存在细微的差异，在常规条件下，这种细微差异通过实践的磨合不会产生太大的冲突。然而，在极端条件下，沟通困难与理解偏差会导致严重的价值冲突。一种普适性的伦理原则与规范体系是不存在的，只依靠借鉴和应用某种特定的伦理体系原则和方法解决我国复杂工程伦理背景下的所有问题是不充分、不可靠的。

因此，系统研究国外较为成熟的工程伦理的应用背景、实践案例、理论与方法，并明确各个方法的优势和缺点，是有效整合我国工程伦理现有研究资源，促进我国工程伦理学研究与实践取得有效突破的关键所在。研究国外的工程伦理能够带动我们对职业伦理学的研究与实践，并给我们带来更多具有实践意义的经验与启发。

1. 美国工程伦理研究进展

美国作为工程伦理最初形成与发展的国家，其工程伦理的发展历史与过程在工程伦理的研究中具有代表性。

1900 年以前，美国工程学的发展与伦理学的研究是两个没有交叉的轨道，这个时期常被称为前工程伦理时代，也称为美国工程伦理的萌芽期。美国工程伦理的兴起伴随着世人所熟知的挑战者号与哥伦比亚号事故，除此之外，福特斑马车、DC-10 等深刻的工程事故也对美国的工程伦理提出了巨大的挑战。美国最初的工程教育不是在学校教育中以建制存在，而是通过师徒相传的方式培养工程人才。然而，这种方式培养出的工程师数量无法满足政府和私人公司需要。因此，早期的美国大学将培养工程人才提上了日程[30]。工程伦理教育在早期的美国呈现出多种形式，有法国军校模式、具有理工特征的英国模式、将工程伦理教育移植到传统大学文科教育中等多种方法[31]。

1）法国军校模式

在当代，工程共同体通常被作为科学共同体的延伸，它最初包含政治和军事背景，在古代社会，重大的工程项目都是由政府承担，如中国的都江堰、万里长城等，而这些工程的实施则依靠武士或官员的设计与监督施工。法国是现代工程师的起源地，17 世纪开始法国就有学校培养工程师的实践先例。在美国独立战争期间，美国士兵得到了法国军事工程师的极大帮助。因此，采用法国军校的模式培养工程师很快成为美国政府的第一选择。

西点军校是美国第一所工程学校[32]。当时世界上的各大著名高等院校都以希腊文和拉丁文的经典著作为主要课程，通过经典的哲学理论论证和宗教教育培养工程人才。而西点军校反其道而行，强调方法的实际应用，重视理论联系实际。希腊文和拉丁文都不作为其入学条件，也不列为课程，道德哲学与宗教测试都不作为重点，这在当时是具有开创性的。

2）具有理工特征的英国模式

随着法国军校模式工程教育在美国陆续传播，代表民主和大众的英国理工模式在美国高校的工程教育中也登上舞台。伦塞勒理工学院和伊利诺伊理工大学作为最具有代表性的两所美国高校最早开始工程伦理的研究。1977 年，伦塞勒理工学院这所美国历史最悠久的私立工程院校创办了一本名为《商业与职业伦理》（*Business and Professional Ethics*）的内部通讯杂志，专门用于研究职业实践中所出现的问题，并主要关注不同职业之间的相似和不同。伦塞勒理工学院放弃了原来的教学理念——把一年的工程教育加在传统的文科教育上，把一年的工程教育直接延长至三年，而且学校集中精力开设科学和工程学科。至此，工程伦理开始逐渐作为一门理工学科出现。

3）其他方式

在早期的美国，无论是具有军校特征的法国模式，还是带有理工特征的英国模式，都与传统大学教育有明显区别。传统大学教育以文科教育为基础，但在当时美国社会背景的冲击下，大多数文科学校也试验性地开设了工程教育课程，这种工程教育和文科教育结合的形式有四种：与学位脱离的兴趣课程；作为选修或必修的学位课程；科学课程的模式；大学附属模式。

从美国早期的大学工程教育中，我们不难发现：学校更注重的是科学知识的培养和工程实践的训练，而对于工程中的伦理问题却疏于考虑。为什么美国早期的工程教育都没有伦理的考虑？戴维斯（Davis）给出了一个答案，工程师没有更早地采纳伦理标准，是因为他们觉得不需要。而随着科学技术的发展，人们日益关注科研对人类社会与自然世界的影响，基于负责任研究行为（RCR）教育的美国工程伦理教育模式开始兴起。

19 世纪中后期是美国工程伦理的孕育时期，也称为工程伦理的扩展期。为了更高效地促进技术知识的传播与发展，美国工程界陆续成立了多个工程学科的社团。后来这些社团也意识到自己还肩负着促进职业伦理的责任，如工程师如何处理工程师与雇主的关系，工程师具有哪些职业责任和义务，工程师的权利、责任与义务在特定场景下该如何实现，这些明确的问题被职业社团以伦理章程的形式予以正式表述。

美国的第一家民间工程组织——波士顿土木工程师协会，组建于 1848 年，随后美国土木工程师协会（ASCE）1852 年成立，美国矿业与冶金工程师协会（ASMME）1871 年成立，美国机械工程师协会（ASME）1880 年成立，美国电气工程师协会（AIEE）也于 1884 年成立。起初这些工程社团的工作仅限于信息交流和技术沟通，直到 20 世纪才有了工程实践的行为考量标准。

1912 年，AIEE 采纳了第一部伦理章程[33]。然而，最初采用伦理章程的 AIEE 其目的在于提升社团中工程师的职业形象和社会地位，其准则中过多地考虑了公司和雇主的利益并对工程师提出了严苛的要求，过分强调工程师对于雇主或客户应负的责任。甚至不同社团伦理章程之间的内容也相互抵触，如 ASCE 章程禁止工程师“除了为客户服务所应得的之外，接受任何报酬”，而 AIEE 章程允许工程师在客户同意的情况下接受厂商或第三方的报酬[34]。

1927 年，美国工程师协会（AAE）提出了“AAE 章程”，试图提出统一的标准来满足所有工程社团在所有状况下面对的问题。类似地，美国工程委员会（AEC）也试图使所有工程社团都接受同一部伦理章程。之后，美国工程与技术鉴定委员会（ABET）的前身、创建于 1932 年的工程师职业发展委员会（ECPD）接过了这项任务。ECPD 有意识地综合了各种章程条款，并最终建立起一部对所有工程师都适用的伦理章程。

美国国家职业工程师协会（NSPE）作为最初采纳 ECPD 章程的机构，于 1964 年开始使用自己的伦理章程。NSPE 的设立在美国工程伦理建制化过程中起到了两点关键作用：首先，NSPE 下设的伦理评价委员会（BER）针对工程师提出的伦理问题进行了完整的回答与评论，成为工程师处理许多伦理问题的重要参考资料；其次，作为唯一一个经政府许可管理注册工程师的民间社团，比起其他社团章程，NSPE 的章程具有更大的约束力和适用性。

自 20 世纪 70 年代起至今，美国的工程伦理逐渐步入了建制化的阶段。作为一项法律制度，注册工程师法案得以在全美国实施；作为工程学学科教育体系的一个组成部分，工程伦理学也以不同的形式在所有的工科院校中普遍开设。工程伦理的建制主要包括四方面的内容（图 1.3）：职业注册制度、工程教育中的鉴定制度、工程社团伦理章程的完善制度及工程伦理学的形成与发展。

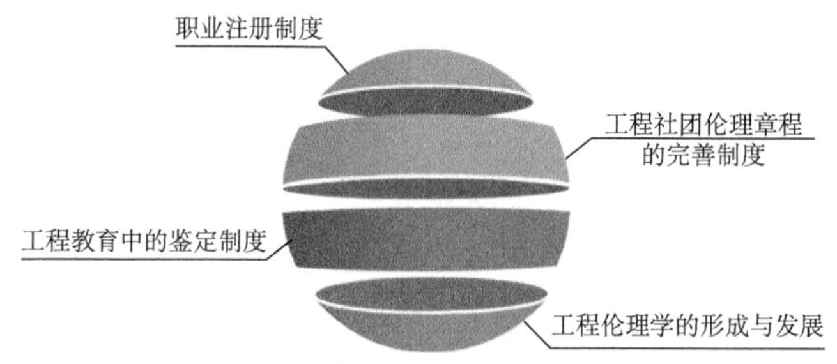

图 1.3　工程伦理的建制

在工程伦理的制度化建设方面，最重要的问题是职业注册制度问题。1907 年，怀俄明州通过了美国首部规定申请职业工程师执照（或注册）所必须满足的标准法案。该法案的目的在于试图减少怀俄明州银矿发生致命事故的数量。同样地，得克萨斯州开始使用工程执照的动机直接源自 1937 年一桩发生在得克萨斯小学校园内的锅炉爆炸事故，在这次事故中有 200 多名师生殒命。自 1907 年后，各州都颁布了类似的法律，州注册委员会负责管理该法案的实施。美国国家勘察设计考试者理事会（NCEES）现由 50 个州和 5 个特区的注册委员会的代表所组成，每个成员都享有一票投票权[35]。

高等学校的工程专业鉴定工作由 ABET 的工程鉴定委员会（EAC）负责；高等学校的技术专业鉴定工作由 ABET 的技术鉴定委员会（TAC）负责。ABET 的主要工作之一是为全国的工程教育制定专业鉴定政策、准则和程序，统管鉴定工作，并授予申请专业鉴定合格资格。ABET 在 1997 年提出高等教育工程与技术类专业质量认证体系 EC 2000，“标准 3 专业的基本要求和评价”中列举了评价学生学习成效的 11 项能力指标，即 ABET 工程教育质量标准。其中有 5 项是专业能力，其他 6 项都与伦理相关。工程师要想获得注册工程师的执照，就必须通过经由 ABET 认证的工程院校开设的课程并获得相应的学位。ABET 认证和注册工程师制度反映了工程行业对工程人才的需求，是宏观指导工程伦理教育的重要驱动力。通过对工程教育与工程技术人员的水平加以引导和监控，作为制度保障和规范，促成了工程伦理教育的课程改革、教师发展和项目评估，保证了工程人才培养、使用和管理的有机统一。

工程社团的早期工程伦理章程一开始就受到非议是因为章程过多地强调工程师对雇主的忠诚，而很少涉及工程师对公众的责任。因此，对社团的工程伦理章程进行定期的完善和修正是非常必要的。现在几乎所有的工程社团都把“公众的安全、健康和福祉”放在第一条款的位置。社团工程伦理章程的这种变化其实是社会观念变化的集中反映。早期的工程师对工程这个职业缺乏自我理解：一方面，工程师有时并不承诺工程是他们的终身职业，只是当作一种达到另一目标的方式；另一方面，工程师通常不认为自己的工作是直接服务于公众，而只是为他们的经理或雇主效力。

虽然伦理问题一直存在于工程学这门古老的学科中，但作为一个学科领域，工程伦理学的历史较短。20 世纪 70 年代后期，北美出现了一些并非完全由哲学家开设的不同形式的工程伦理课程，这标志着工程伦理学作为一个学科领域开始显现。作为一个学科领域，工程伦理研究的另一个主要推动力来自工程教育的需求和国家基金的支持。为了促进工程伦理这一新兴领域的发展，并为课堂教学提供素材，从 20 世纪 70 年代后期开始，美国国家人文基金（NEH）和国家科学基金会（NSF）陆续资助了一系列的项目来研究工程伦理学问题及开发教学素材，目的是为那些想将伦理学介绍给工科学生的教师提供教学方面的素材。

到目前为止，美国的工程伦理研究已经形成了由研究项目、出版物、网络和会议等组成的制度化学科模式。其讨论范围涉及工程师的责任、环境问题、风险、伦理章程、职业化、举报、利益冲突、保密、计算机伦理、跨文化等诸多问题。

美国工程伦理的基本目标是发展一种防御性的伦理，即培养参与工程的工程师事先考虑实践中可能出现的伦理问题的习惯，以及增强他们对这类问题的敏感性、反思能力和应对的技巧，即道德自主的能力。这种能力是在个体一般道德能力的基础上，经过系统的工程伦理教育获得，并在工程实践中不断发展完善的。这些能力主要包括：道德意识、道德推理、道德一致、道德想象、道德交流、道德合理、人文尊重、容忍多样性、道德信心及完整性，其具体含义见表1.1。

表1.1　道德能力的具体要求与内涵

道德能力要求	内涵
道德意识	在工程中识别道德问题和争议的能力
道德推理	理解、澄清和评价道德争议对立面的意见
道德一致	基于对事实的审慎考虑，形成包容和全面的观点
道德想象	洞悉道德争议的不同响应，创造性地解决困难的能力
道德交流	精确使用一种共同的道德语言，充分表达和支持某种道德观点的技巧
道德合理	道德上合理的愿望和能力
人文尊重	诚恳地关心他人和自己的福利
容忍多样性	在更广泛的范围内，尊重种族和宗教的差异，接受在道德观点方面的合理差异
道德信心	强化在解决道德冲突中使用合理对话可能性的评价
完整性	保持道德完整性，使职业生活与个人信念结合起来

工程责任问题是美国工程伦理研究所关注的主要问题，这些问题大致包括三个方面：工程师的个体责任、工程实践中的伦理责任问题和工程师协会的责任[35-36]。

工程师的个体责任由工程师的一般责任（职场责任和社会责任）、工程师的环境责任和工程师的国际责任构成。职场责任是指工程师对雇主和顾客的忠诚、诚实、守信和负责任；对工程所涉及的一般公众的责任（社会责任）既是对工程师职场责任的扩展，也是美国工程伦理准则的最高原则。由于工程活动会对环境产生巨大的影响，因此工程师的环境责任成了美国工程伦理所关注的常规问题，这进一步拓展了工程师的一般责任。

工程实践中的伦理责任问题是美国工程伦理研究的主要论题之一，此项研究的现实针对性强，受到多数工程师和管理者们的认同。尽管对此仍存在不同意见，但这也恰恰说明了工程中伦理问题的复杂性、歧义性和判断的困难性，而这也是工程伦理研究的意义所在。工程本身是否存在伦理责任问题？工程本身是否具有善恶的性质？如何认识工程所带来的利益和可能存在的灾难？应以何种态度面对这种灾难？针对这些问题，美国学者们提出“工程是社会试验”的观点，认为任何工程都有风险，人们必须时时提防它的风险，同时应该更加谨慎地处理工程问题。那么，工程中有哪些风险？工程中的风险和安全是怎样协调的？什么样的工程是可靠的？对工程本身的认识，是否还需要借助技术哲学和工程研究的相关理论和成果？如何将这些成果应用于认识和解决工程伦理的具体问题？这是美国工程伦理研究面临的更为一般性的问题[36]。

基于保护工程师的经济和政治利益，美国成立了多个工程师协会以明确相关的义务和责任问题。但是，在处理具体的工程伦理问题过程中，工程师协会所承担的责任一般是比较间接的，工程师与协会之间的责任划分不够明确。有学者认为，工程师协会往往以牺牲职业的自主性为代价与大公司或企业联合，从而使工程伦理规范形同虚设。美国工程伦理研究希冀于通过明确工程师协会的责任，在解决工程伦理问题上发挥更加积极有效的作用，提供更具有创造性的解决方法。

美国工程伦理研究的理论体系主要是以一般伦理学理论为框架进行构建的。其主要包括：功利主义伦理、道义论、权利论、美德理论等[37]。基于不同学科和实践背景下的美国工程伦理学家对这些分析框架具有不同的重视程度和运用方法，因此其形成的理论不尽相同。这些理论是美国工程伦理理论发展的基础，是连接工程伦理与普通伦理，以及使美国工程伦理具有其特征性的一个重要途径。同时，美国工程伦理研究是基于职业工程伦理基础上的研究，基于职业特性所具有的惯例和规定本身就包含着对伦理的要求和限制，这为美国工程伦理提供了基本的行为规范与准则。

2. 德国工程伦理研究进展

德国工程伦理注重对工程师技术责任的评估，即通过对技术的评估减轻技术对社会的消极作用和影响。德国工程伦理学是在应用伦理学和技术伦理学的框架内进行研究的。目前，德国学者在应用伦理学研究方面关注的问题主要是科学技术和环境的伦理问题。他们认为，这些问题不是孤立的，而是由科学衍生而来的，所以也可以将其笼统地归结为“科学伦理学”的问题加以分析[38]。这种自然科学-技术-环境三位一体的伦理学研究首先是描述科学合法性的危机，然后摆出科技时代所面临的伦理“悖论”，并做出诊断，最后以现代新技术研究为案例进一步为自己所提出的诊断提供认知内容[39]。这种德国传统的应用伦理学研究为德国工程伦理学研究提供了不同的研究风格，并使其独具特色。

对德国工程师的伦理要求主要是基于其工程师的发展历史过程所形成的。19 世纪初期进行的“洪堡改革”，建立了一些新型大学，如柏林大学。按洪堡的设计，这类大学的建制遵循精英教育体制。高尚情操和良好生活作风的贵族通过积极的修养培养具有优秀品德的人。随着工业化发展，19 世纪中后期，德国教育界对传统的教育模式进行了改革，主张在研究技术的同时关注工艺和生产过程。自 20 世纪 80 年代中期起，德国学者陆续建立了许多专门机构，从职业角度进行科技伦理学、技术后果评估和经济伦理学研究的评估，减轻技术对社会的消极作用和影响。在研究方法和研究目标方面，他们一般具有如下特点：努力向应用科技成果的人们提供伦理导向知识；在研究解决实际问题时坚持跨学科性；坚持对实际问题做整体考察。德国工程伦理学的真正兴起是自 20 世纪 80 年代起近 40 年的事，但是如果把工程伦理学的建制开端追溯到德国工程师协会的诞生，那就有 160 多年的历史了。作为一个拥有会员 136000 人的欧洲最大的工程师协会之一，德国工程师协会（VDI）成立于 1856 年 5 月 12 日。10 年后，即 1866 年，德国诞生了最早的技术监督委员会（TÜV）。时至今日，技术监督委员会的合格证明已经在全球通用并成为技术质量检查的权威。1877 年，德国诞生了最早的专利法。1891 年，德国工程师协会开始关注对工程师遇到价值冲突等问题时予以支持的问题。1950

年，工程师伦理守则的前身《工程师的声明》（*Bekenntnis des Ingenieurs*）诞生。1950～1955年，VDI 组织了 4 次以技术和人类为主题的会议，与会者起草了《工程师的承诺》，这项承诺将工程师定位为一种高尚的职业，预示着德国工程师的职责超越了国家而面向整个人类。20 世纪 80 年代以来，随着德国工程伦理研究的深入，德国工程师协会在原有的《工程师的声明》基础上，于 2002 年制定并开始实施《工程职业的伦理守则》[40]。

《工程职业的伦理守则》包括序言、责任、方针、在实践中的应用四个部分。序言首先强调了科学和技术是构建当代与未来生活和社会的重要因素，而作为科学技术主体的工程师们对此负有特殊的责任[41]。紧接着在第一章“责任”中进一步明确了工程师应对他们的职业行为及其后果，以及他们基于专业知识所承担的特殊义务负责，尤其是必须尊重所在国家的法律，前提是这些法律不违反普遍的道德原则。也就是说无论在哪里，普遍的道德原则都高于具体的法律和其他原则或规则。道德原则是第一位的，其次才是与其职业相关的法律条例，包括对涉及其专业领域的法律法规行使建议或批评的责任。最后是工程师必须对技术规范本身负责，包括质量、安全和可靠性等，并且他们也有责任向消费者和公众正确地说明产品的技术特性、可能的风险及正确的使用方法等。三种责任包含了一种深层次的递进关系，见图 1.4。图中三个圆圈代表三种伦理原则覆盖的不同范围：Ⅰ是基本的、普遍的伦理原则，所有行为都以它为指导原则；Ⅱ是作为基本伦理原则一部分的法律法规和一般的技术伦理原则，它具体指导人们的技术活动；Ⅲ是工程师特殊的技术规范，它既属于职业伦理的范畴，同时又是技术伦理的一部分，而对于工程师的实践活动来说，它直接发挥着行为规范和指导的作用。《工程职业的伦理守则》的颁布，为工程技术人员的行为提供了基本的伦理准则和标准；在责任冲突时提供判断的指南和支持；同时解决与工程领域有关的责任问题和争议，保护工程技术人员的合理权益。这一守则的颁布可以说是德国工程伦理制度化的最好诠释[42]。

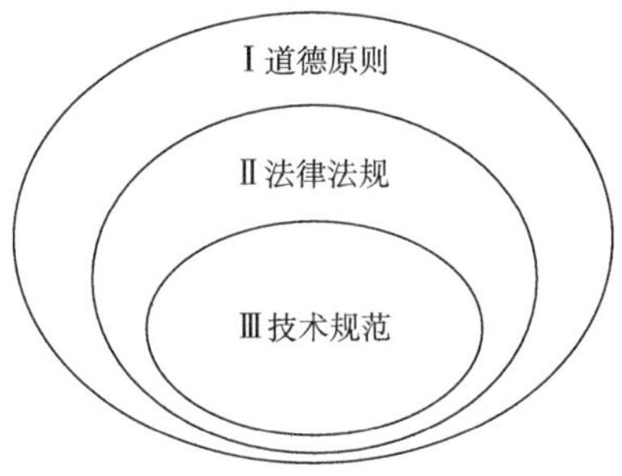

图 1.4　德国伦理原则关系图[43]

3. 日本工程伦理研究进展

中日共处亚洲文化圈，传统文化和价值观念间的联系源远流长，当代学者间的实践伦理学学术交流也有着比较深厚的基础[44]。因此，研究日本工程伦理发展思想的脉络，能为促进我国工程伦理理论建设和实践效能发展提供重要契机。日本工程师一直都把自己定位为企业“家族”中的一员，为了适应企业“家族”的需要，他们一贯注重自身的道德修养，但却缺乏正式的职业伦理指导和训练。日本工程伦理的发展大致经过了三个阶段：第一阶段是促进日本近代资本主义生成和发展的町人伦理思想；第二阶段是包含于日本实践伦理中的企业对社会和企业内部的实践伦理研究；第三阶段是对美国工程伦理学体系的引进和进行相关研究的工程伦理研究[45]。

1）町人伦理思想

日文中的“町人”指的是工商业者，在中世向近世的转型期为区别于武士和农民、具有自己独立身份的职业阶级被确定下来。随着町人经济和政治地位的提高，町人的价值观念和伦理体系逐渐建立起来，而相应的就需要建立相关的伦理准则与行为标准。商人的主要目标之一就是致富。因此，致富伦理是日本近代町人具有代表性的伦理价值取向。具体的伦理价值原则的精神，即町人自律的原则包括：一种家业为町人职分之本；以赚蓄、珍惜金钱为町人生存之道；以勤业为天性自然之理；知分守度，禁忌奢念。而町人职业伦理的原则是“正直营利论”和“俭约”。町人价值伦理的发展对士农原有的价值体系产生了冲击和渗透，这种类似于新教伦理的町人伦理为日本的近代化提供了精神上的准备。此后，日本的实践伦理和工程伦理也在此基础上得到了进一步的发展。

2）实践伦理研究

日本的实践伦理研究是第二次世界大战之后发展起来的，以著名的民间社会教育团体——日本伦理研究所的工作最为出色。伦理研究所从事的是对实践伦理的研究，在他们看来，“把适应一切日常生活的理论不断地发展、证明，叫做研究”。他们从实际的伦理关系中寻找理论问题，并进一步谋求实际问题的解决；又将实际材料蓄积起来，输入计算机，随时都可以检索出来。

日本实践伦理的主题随时代发展也不断发生着变化，总的来说包括：家庭伦理、生命伦理、环境伦理和企业伦理。其中，企业伦理是研究企业的经营伦理和在企业内部进行对职工的职业伦理教育。他们认为，企业的利润性和社会性是通过企业的双重性而存在于企业内部的原理，并不是相互矛盾的关系。在现代企业中，利润性是以社会性为前提的，而社会性也以利润性为前提，二者互相包含。社会性与利润性在现代经营理念中处于核心地位，所以企业通过强调社会性增大利润，又可以通过利润性的增加进一步重视其社会性。日本企业的实践伦理被理解为处理自身与消费者，以及与一般公众乃至后代人关系的实践。这种实践伦理是意识到社会责任的经营理念，是一种关于企业的功能与使命的意识。日本企业内部的实践伦理是一种职场伦理，即调整企业内部人事关系，从而创造和谐明朗、亲密友善的伦理实践气氛。

3）工程伦理研究

日本的工程伦理研究主要是指对美国工程伦理学体系的引进与相关研究。日本工程社团通过为工程师提供情感归属（家族）来定义工程伦理，如 1999 年建立的日本工程教育国家委员会，建立之初就规定，工程师应以一种“家族”的特征发扬其职责，工程师要超越个人利益，具备以全球性眼光考虑问题的能力和理智基础。日本于 1999 年按照美国模式建立了日本工程教育鉴定会（JABEE）。当该委员会制定的认证标准的某些方面与 ABET 标准不一致时，他们需要考虑这些标准所承载的伦理教育。再如，1999 年日本土木工程社团修订了《土木工程师伦理准则》，要求土木工程师在提供先进技术时应考虑自我约束的道德义务，履行对社会的责任。这引发了对工程伦理学的极大兴趣，因为此前在日本没有有关这一主题的社会诉求。在三年时间里，至少有六种关于工程伦理学的教材被翻译成日文。这些构成了日本在这一领域教学的基础，基于这些基础与其国家特点，研究者进行反思，他们认为美国方式不太适合日本现存的文化环境，特别是应用于具体的实践场景时。具体有以下原因：①日本是一个以团队为基础的社会；②日本没有普遍的道德理论传统来分析道德问题；③美国工程伦理的教育模式在日本教育体系中不起作用。日本文化是以群体价值为导向的，强调群体高于个人。因此，日本工程伦理实践的主体不是工程师个人而是工程师们的雇主——大企业或公司。大企业或公司的目标首先以国家利益为导向，国家利益又是日本民众所坚决服从的最高价值，因此日本工程伦理实践是作为整体的企业或公司实践。日本工程师不强调对职业的认同，而强调对所在公司的认同，即服从和忠诚于公司。因此，日本工程师与公司之间由于第三方而引起的伦理冲突几乎是不存在的。由于日本企业的劳资关系冲突并不明显，所以日本企业雇主、工程师雇员与公众之间的伦理冲突没有那么尖锐。日本的消费者不批判而且支持这种模式，这种模式适应于日本的文化背景，而且取得了很好的效果。

日本学者结合已有的日本实践伦理学、科学技术论和引进的美国工程伦理学，开始了对日本工程伦理学的探索工作[46]。具体为：①这种工程伦理学研究是在对工程复杂性研究的工学认识论的基础上进行的；②引入日本传统的伦理规范，如将“不给人添麻烦”考虑作为规范的中心，并认为这样的行动规范应作为人类应该遵守的最低限度的规范；③以现场为基础进行一般的论述，甚至形成理论，这是日本工程伦理学的新尝试。

日本的工程伦理思想有十分清晰的发展脉络，其工程伦理学研究又比较有特色，这种特色主要有三种体现：①日本本土文化与英语国家的文化传统截然不同，但是比较成功地引入了美国的工程伦理体系，并有所发展；②日本没有十分鲜明的职业传统，也不是典型的资本主义模式，但是创造了工业繁荣；③日本在模仿西方专业主义模式方面取得了重大进展。日本以其特有的东方文化背景，为基于美国经验的工程伦理学的普遍应用提供了一个有价值的反思视角，为建立全球伦理新模式提供了借鉴。这也为我国工程伦理学科的建设和实践应用提供了一个很好的参照视角。

4. 俄罗斯工程伦理研究进展

除了苏联时期马克思主义哲学的辉煌外，俄罗斯本土的哲学是和宗教分不开的。俄罗斯的宗教信仰成为俄罗斯民族得以繁荣发展和休养生息的精神力量。可以这么说，俄罗斯精神追求神圣性和宗教改造的宗教精神[47]。俄罗斯人对道德状态是从不自足的，永远仰望一个更完美的道德境界，真正的俄罗斯生活是一种不断力争道德完美的生活。因此，著名哲学家弗兰克认为：“可以把典型的俄罗斯哲学思维的这一主要内容定义为宗教伦理学”[48]。因此，俄罗斯世界观可以认为是最高意义上的实践世界观，它一开始就总是期望在某种程度上改善世界，给世界带来福利，从来不局限于对世界的理解。

俄罗斯的工程伦理研究发展主要分为两个阶段：第一阶段是基于苏联时期的社会主义和共产主义所形成的以实现理想社会为最终目标的工程伦理学；第二阶段是近年以来，基于过去远离客观事实的工程伦理思想所造成的恶劣后果，反思技术发展所带来的问题，考量工程师的责任问题。

1）工程伦理学在苏联时期的萌芽

无论人们从总体上对道德进行思考还是对技术进行道德方面的思考，都可以清楚地看到人们力求对事物存在状态的道德地位做出判断，也就是对技术的应用及这种应用的后果做出道德评价，解决公平分配技术带来的福利和负面效应的问题，解决在某个方向上为发展技术运用人力和利用自然资源的道德判据的问题。与事物存在状态的评价相联系的是对这样一个问题的回答：应该如何实现与正面伦理评价相适应的技术的发展。因此，所有致力于思考此类问题的人不得不面对“应有的”与“现有的”之间的矛盾，并且找到解决这个矛盾的某些途径。这条线索也是俄罗斯工程伦理学发展的历史脉络。

在苏联时期的技术伦理思想中，技术的道德评价首先被认为为实现理想的社会（先建设社会主义后建设共产主义社会）提供了可能性。当时极力把技术活动定义为在个体之上即社会或全人类的行动。孤立的个人，即使他是天才，也不是创造的直接源泉。而只有自古以来的社会存在才是创造的本源。同时，社会主义为充分发挥和全面发展每个个体的才能提供了保证条件。

社会主义社会之所以被看成是最能实现技术发展的道德有效形式，是因为它具有人道主义的特点。社会主义是历史上第一个将技术发展与人道主义相关联的社会制度，在这个社会制度下，科学技术作为现代人类生活中不可分割的组成部分，再也不是令人生畏和无法驾驭的自发势力，而是在人类历史上第一次作为全面进步的武器自觉地为人道主义的目的服务。无论是在物质方面还是道德方面，技术发展的负面后果总是和在资本主义国家里技术发展采取的形式有关。在资本主义条件下，人类改造物质世界的活动过程和结果都是通过对立的社会经济关系的整个领域间接表现出来的。总之，由于社会制度的不同和经济根源的差异，在资本主义社会中“自发”起作用的科学技术在人道的社会主义社会中已经变成“自觉”的力量。20 世纪 80 年代早期的《工程伦理学》是专门研究工程师实践活动原理的第一部著作。在社会主义条件下，在人的关系的一般背景中，这些伦理观点是在个人、集体和社会利益相统一的方向上发展起来的，它提倡团结、互助、合作，保质保量完成工作被列为工程师的道德责任。

但与此同时，在很大程度上由于意识到工业发展的生态后果，在苏联学者对技术和工程活动的社会哲学问题所做的研究中，越来越多地看到关于那些实现和控制这种活动的人的责任（包括道德责任）问题的研究。因此，研究重心从“共同的事业”转到个人知识、能力和道德素质的重要性上。虽然提出了“工程伦理学”的概念，但是对于 20 世纪 70 年代兴起于西方（首先是美国）的工程伦理学，苏联的学者们表示了足够的怀疑，当然这和资本主义社会道德调节功能具有局限性的普遍看法有关。学者们认为，资本主义国家的工程伦理学目的是在精神上培养工程师们对于资本主义制度的忠诚，工程伦理学的原理远离客观实际，因为追逐利润最大化是资本主义社会的基本动力，工程师将被置于雇主和残酷竞争的统治之下。

2）当代俄罗斯的工程师责任问题凸显

1986 年，切尔诺贝利核电站的灾难彻底惊醒了苏联学者认为社会主义条件下技术自发具有人道主义的迷梦，开始彻底反思技术发展带来的种种问题。当前来说，俄罗斯工程伦理学研究最集中的问题是工程师的责任问题。面对现代西方人文主义思想中“技术和伦理”问题的诸多研究成果，俄罗斯学者不可能一一加以评述，只能首先对工程伦理学有关职业工程师协会的伦理法典的问题加以分析，并以工程师和整个社会对技术的责任问题为核心构建自己的工程伦理学。

俄罗斯学者把工程伦理学定义为研究工程师的个人行为和制定调整工程师职业活动的伦理规则的科学。工程伦理学和医学伦理学、生态伦理学、计算机伦理学一样都属于应用伦理学，显然在这些应用伦理学中产生了职业道德，如医生的职业道德、律师的职业道德和工程师的职业道德。可以把工程伦理学看成是一个学术研究领域和独立的学科，或者看成是关于调整工程师职业活动的伦理规则的总和。这些规则通常是以“不成文”的形式存在，但在伦理法典中却可以得到准确的表达。

俄罗斯学者认为，作为调整工程师行为的规则总和或体系的工程伦理学始终存在。这些规则包括：①必须认真地完成自己的工作；②制造能够给人们带来好处而不是导致伤害的装置（特别是军事技术）；③对自己的职业活动结果负责；④确定工程师与其他参与技术创造和应用过程的参加者关系的形式（调整关系的习惯和规则）等。有些伦理规则以法律文书的形式确定下来，如涉及安全、知识产权、作者的权利等的法律。有些工程师职业活动规则以行政法规的形式确定下来，调节着某个组织（企业、公司、研究所等）的活动。

1.4.2 国内工程伦理研究进展

我国自古以来的伦理学思想非常丰富，“以德治国”的方略更是历史悠久，但工程伦理的发展与国家工业化发展有关，而工业革命起源于西方国家，我国在工业化方面起步较晚，故工程伦理学的研究与发展也晚于美国等一些发达国家。

1. 国内工程伦理发展过程

20 世纪 70 年代，工程伦理在美国等一些发达国家兴起。那时的美国在第三次科技革命余热的推动下，大力发展了生物工程、新型材料、宇航工程、海洋工程等科学技术，与此同时也发生了一些有争议的事件。事情的起因是福特汽车油箱事件和麦道公司 DC-10 飞机坠毁事件。1978 年，大受欢迎的福特汽车因为油箱的设计不当，屡次出现交通事故问题，造成多人受伤甚至失去生命。然而，这款汽车的设计师们在明知此车有技术安全漏洞的情况下，将人的死亡赔偿与汽车的改造费用进行了计算比较，最终得出赔偿费用小于改造费用的结果，于是他们决定不给汽车加装保护装置，而仅仅实施赔偿，事实曝出后震惊了所有人。DC-10 飞机的事故也是一起令人难过的重大悲剧。1979 年 5 月 25 日，因为引擎问题，一架 DC-10 客机从 4000 m 的高空坠毁，飞机上无人生还，这是 DC-10 客机自面世以来发生的第四次重大事故。这两件事情引起了人们对工程伦理的深度思考：人类在进行工程活动时是否应该考虑公众安全、伦理道德等问题？对人类工程师的要求应该有什么样的新标准？20 世纪末期，正值我国工程事业飞速发展的阶段，国外的这些重大工程事故引起了我国工程师和相关机构的广泛关注。在关注之余，如何借鉴国外经验形成具有我国鲜明特征的工程伦理思想和方法，以解决我国在工程实践中遇到的实际问题就成了亟待解决的一项重大任务。

20 世纪初期，我国的大型工程并不多，尽管当时就有一些工程伦理的思想，却一直没有将其发展成为一门正式的学科。而在新中国成立初期，百废待兴，人们开始注重经济发展，各行业的工程不断增多，项目难度不断加大，为了更好、更快地完成，许多工程师们不惜牺牲自我，在工程活动中付出了巨大牺牲甚至献出了生命。例如，可可托海三号矿坑的挖掘工作，工人们在艰难条件下高强度劳作，牺牲了无数的生命，长期忍受病痛折磨的人不计其数。但当时的人只顾歌颂这些无名英雄不怕困难、勇于奉献的精神，并未将此类事件与工程伦理联系起来。这是因为我国工业化于 1953 年才刚刚起步，在经验技术方面皆不成熟，缺少专业技术人才和设备，也没有相关的工程伦理的理论基础。而在改革开放后，全国范围内的大规模工程建设如雨后春笋般出现，同时工程问题也随之而来。在国外工程案例中所出现的问题也逐渐发生在我国自己的工程中。人们对自己的工程成就表示欣慰和肯定，但一些工程问题同样给人类、自然、社会带来了隐患。安全事故发生的频率也逐渐上升，类似的事件有河北某银矿空气压缩机油气分离储气箱爆炸事件、林源炼油二催化车间的管沟瓦斯爆炸事件、巴东焦家湾大桥倒塌及九江大堤决口等。这些事故的出现都说明我国在工程伦理方面的缺失，所以吸取他国经验，研究和发展工程伦理学，提高工程师的伦理素质是我国工程发展的必然选择。

1998 年 2 月 20 日，湖北省巴东县的一项三峡移民工程——焦家湾大桥在建设中突然崩塌，造成 11 人死亡，14 人受伤。209 国道巴东县境内 13.7 km 段复建工程是三峡移民工程之一。2 月 20 日上午，工程师正在对大桥进行测量，却发现拱架中心轴线偏了约 11 cm，但是工程技术人员当时并没有重视这个问题。一个多小时后，大桥轰然倒塌，许多工人瞬间被掩埋。经调查后才知道，大桥坍塌的直接原因是木拱架的质量低劣及石拱圈的砌筑方法不正确。随后调查人员又发现该工程的承包单位根本没有建桥的资质并存在偷工减料行为，整个工程设计全凭总经理的个人经验，且请来的施工负责人也不具备相关专业知识。这件事引起了人们的高度关注。此外，还有发生在 1998 年长江特大洪水时期的“九江大堤决口”事件，九江长江大堤是 1966 年耗巨资建成、1996 年又精心加固的大堤，称它固若金汤，但是这坚不可摧的大坝在加固后仅两年就被洪水吞没，无数良田和房屋被冲毁，造成了严重的损失。后来负责事故调查的人发现，大堤工程没有钢筋，而用竹筋代替，其内部都是“豆腐渣”，“豆腐渣工程”这个词也首次出现在人们面前。

“豆腐渣工程”是指那些由于偷工减料等原因对公众造成伤害的工程，也指生产、经营过程中一切不符合要求的项目。这些工程引发灾难的原因是人们不规范操作、不道德的行为。后来的研究表明，“豆腐渣工程”出现的原因主要是资金不足、工程时间安排不合理和盲目追求发展要求等，在上述案例中均有所体现。这些事故反映了在改革开放后我国工程出现的问题：首先是设计缺陷，我国仍然缺少相关专业技术方面的人才；其次是偷工减料的问题，这反映出工程师们在伦理道德方面的缺失，且责任心不强，一些价值观和世界观亟待改正；最后是管理监督机制不完善，这不仅说明决策者专业技术能力不够，也说明相关人员的责任心不强，伦理意识弱。

20 世纪末期到 21 世纪初，我国开始不断出现工程安全事故，这个时间段也是国外工程事故频发的时候，国内工程活动中伦理缺失是人们必须关注的问题。因此，国外工程伦理学的兴起为我国在工程方面的研究提供了新思路，工程伦理的思想逐渐为人们所了解，人们开始意识到研究发展工程伦理对提高我国的工程水平是极为关键的。工程师是受人尊敬的人，他们为祖国、为人民而服务，除了必须有过硬的专业本领外，也应时刻保持清醒的头脑，有一颗仁爱善良的心。为了避免工程事故的发生，通过规章守则约束工程师的行为是极有必要的。参考国外的发展经验，用理论章程、条例约束工程师的行为成为我国发展工程伦理的第一步行动。

我国的《中国工程师信守规条》是 1933 年由中国工程师学会制定的，1941 年将此规条进行了修订，并更名为《中国工程师信条》，1976 年将《中国工程师信条》进行小幅度修改，后来在 1996 年再一次修订，并在台湾地区沿用至今。相比于以前的内容，修订过的《中国工程师信条》内容更加完整，更加具体，且能考虑到工程伦理的内容，这反映了伦理界与工程界在逐渐达成一些共识。由《中国工程师信条》的制定与修订可以看出，中国的工程伦理思想的发展受到科技、政治、文化和国际交流因素的影响[49]。该信条的三次修订体现了中国人在工程伦理方面的思考与成就。

改革开放至 20 世纪末的 20 多年里，我国对工程伦理的研究大多是介绍和引进国外的理论，自己的思考较少。1999 年，肖平、唐永进等出版了我国第一本《工程伦理学》，我国正式有了自己的工程伦理学书本，为此后出版相关题材书籍、发表论文提供了参考，为以后研究工程伦理学打下了基础。当时的学者们也提出了一些关于工程伦理学方面的观点，如李伯聪[50]将我国工程哲学比喻为灰姑娘，工程哲学是哲学界的边缘小国，提出工程哲学会在新世纪中形成新的形象；李钝[51]对工程设计中的哲学方法做出了讨论，提出工程设计是为了满足人们的社会需求，而哲学方法对于工程实践教学、解决工程问题也具有重要意义；陈昌曙[52]提出要保持技术哲学研究的生命力，认为国内的工程技术哲学需要在关注国外相关课题发展的基础上，带有中国自己的特色，必须符合中国的国情，围绕对我国科学技术的探讨，将工程技术哲学与人文技术哲学进行深刻地理解，创造更好的学术氛围。可以看出，20 世纪末我国的学者对工程伦理方面的期望非常高。对外开放这一基本国策使我国能更好地发展工业和经济，政治和经济体制的改革更加促进了我国的繁荣昌盛，工业快速发展的同时也更好地推进了学问的研究，我国学者不仅吸取了国外工程伦理学的优秀精神理念，也能自主思考和研究以发展我国的工程伦理学。

21 世纪初，我国工程伦理学主要讨论的问题大多是定义、学科分类、受用人群及学习工程伦理学的意义。一门新兴的学科想要发展起来，明确其理论概念尤为重要。例如，李世新[53]辨析了工程伦理学与技术伦理学的区别，提出不能将技术伦理学与工程伦理学混为一谈，它们有共同点但也各有其独特的价值意义，且工程和伦理之间有更加密切的联系，强调了工程伦理学的重要性；刘科[54]提出从工程学视角看伦理学，提出不仅关注工程本身，也要关注工程师的职业道德和工作特点，给予他们社会和人文的关怀，这同时也是对工程上潜在问题的关注，从一定程度上避免了工程事故的发生，同时这种新视角也联系了一些关于工程伦理教育的观点，是我国早期关注工程伦理教育的证明；韩跃红[55]关注我国工程伦理学建设发展的方向，提出工程伦理学不能和工程师的职业道德伦理画等号，工程伦理学的教育不应该只属于工程师，提出中国应该进行体制化建设，如建立工程评估委员会制度等来建设工程伦理学；陈刚[56]不仅阐述了希望将工程伦理加入工程师的各种考核中，提高工程伦理的教育程度，也提出了工程伦理学可以和可持续发展战略结合起来，构建绿色环保的社会，同时也强调科技与人文的和谐非常重要。除此之外还有许多其他的研究成果。21 世纪初，随着经济全球化，我国在经济发展方面取得了很多成就，人们的思想观念逐渐开放，对工程伦理学的思考越来越多，研究成果日渐丰富。总体来说，我国工程伦理学向着更加专业化的方向发展。

如今，我国工程伦理研究虽然在深度广度方面还有待提高，但是也取得了一定成就。理论概念方面的研究仍然居多，人们认为工程伦理的基本问题是工程活动开展中的道德关系问题，也就是工程活动所产生的成效对利益相关者及人类社会有利还是有害的问题。除了概念性的研究以外，学者们还关注工程伦理问题的解决方法及教育问题。随着工程伦理的理论研究越来越完善，我国学者们认为工程伦理教育对当代和未来的工程师来说必不可少。李美华[57]提出，目前我国的工程伦理教育还比较缺失和不完善，以至于会发生一些学术造假事件，对工程师的素质教育要求还有待提高，我国需要价值观取向正确的工程师，这就必须要加强相关方面的教育。冯浩[58]等研究发现用 CBL（case-based learning）教学模式和以问题作为牵引的 PBL（problem-based learning）教学模式有利于学生学习工程伦理学，如果将二者结合起来，更加能激发学生学习的热情，这两种方法都由国外学者提出，若是能加以利用并结合我国学生的学习特点，就能更好地发展我国工程伦理教育事业。代亮、史玉明[59]从迈克·W.马丁的工程伦理学研究中总结出特点，并总结出理论启示和实践启示，提出应该理论与实践并重、微观与宏观结合地研究工程伦理学。20 世纪末 21 世纪初，西南交通大学、北京科技大学、福州大学、清华大学等学校陆续开设了工程伦理课，后来浙江大学和东南大学等学校也开始了工程伦理的研究与教学。同济大学也于 2015 年在全校开设工程伦理通识课程。同时，学者们仍在不断完善工程伦理的教学方式及内容，提出通过优化教学目标与内容可以让学生更好地从道德伦理角度理解，树立正确的价值观，培养学生的责任感，提高工程伦理素质。也有学者提出应加强思政课与专业课的结合，运用多种教学方式加深学生对相关职业的理解，并更加注重从实践角度进行教育。

2. 我国工程伦理主要讨论的问题

1）工程伦理的制度化建设

制度化建设是工程伦理中一个重要的方面，我国的制度化建设主要有以下五个方面的讨论。①加强工程伦理意识的教育。爱岗敬业、不负良心一直是中华民族的传统美德，工程师应该从学生时代就时刻有社会责任感。②根据国情制定工程师的相关考核制度，明确工程师的职业规范，伦理章程中应把公众的福祉、安全和健康放在首位，同时也要遵守保护环境、合理利用资源等原则。③加强道德立法，只有道德素质非常高的人才会做到道德自律，缺乏强制性的职业规范并不能对工程师进行强有力的约束，制定相关法律有助于让工程师的行为向着为人民着想的方向发展，也能在一定程度上约束一些不道德的科学研究。④加强监督机制也十分重要。邱丁楠[60]提出，互联网的发展可以让人们充分利用舆论，让全社会一起来监督，督促工程师更加勤勉地履行自己的责任。⑤不仅工程师需要提高伦理道德素质，相关行业的从业人员也都需要学习工程伦理学，特别是企业的管理岗人员。研究表明，一个工程的顺利进行需要很多行业的人共同努力，而且有时工程师在整个工程中的话语权相对较轻，反而是管理人员的话语权比较重，合理的管理方式、创新管理模式对整个工程也至关重要。

2）工程师的权利义务和责任

1970 年前的工程伦理章程认定工程师的最高义务是对雇主忠诚，鲜有对公众安全负责的提及。在责任方面，长期以来工程师的责任被认为是用自己的技术为雇主带来最高利润，人才培养的重点基本放在科学技术上。但工程与人类社会密不可分，其复杂性也非常高，这就使工程师不仅需要对雇主负责，还要对社会、对自然环境、对人类负责。随着社会的发展，人们逐渐意识到越是大型的项目，与公众的联系越紧密，发生危险后带来的社会影响也越严重。因此，后来的伦理章程要求工程师的首要义务是保障公众的生命健康与安全。近年来我国在工程师的权利义务与责任方面的讨论逐渐增多，对工程师责任的细化、明确个人责任与集体责任之间的关系也是现代学者关注的热点问题。

3）工程活动与社会政策

工程活动在影响公众社会方面的体现就是工程的风险，科学家们认为只要工程带来的潜在风险小于工程带来的利润，那这个风险就是可接受的。规避风险的方式之一是制定合理的规定和政策。好的社会政策的诞生要求人们从科学和技术的角度看待问题，注重工程与社会的联系，这样就能在降低风险的同时获得更大的利益。

以“中国制造 2025”为例，当前，新一轮科技革命和产业变革与我国加快转变经济发展方式形成历史性交汇，国际产业分工格局正在重塑。为实现制造强国的战略目标，我国提出“中国制造 2025”的纲领，“中国制造 2025”指导思想的基本方针是：创新驱动、质量为先、绿色发展、结构优化、人才为本。工程伦理学的内容在这些基本方针中有所体现。创新驱动旨在技术上进行创新，与工程师的专业职责密不可分；质量为先体现了工程师追求实事求是、体现职业道德的原则；绿色发展体现了工程师应该考虑工程的可持续发展，注重保护环境；结构优化体现人们对工程相关制度改革的关注；人才为本说的是教育，培养高素质人才对国家社会工程事业的发展非常重要。

现在有很多学者开始关注工程活动与社会政策的课题。社会政策与工程活动联系得非常紧密，好的政策使工程向好的方向发展。社会发展变化很快，社会政策与制度必须时刻跟上时代发展的步伐。注重改革，联系实际，才能将风险降到最低，让工程造福人类。

3. 我国工程伦理学存在的问题

1）学科专业分支分类问题

现代伦理学有很多个分支学科，分别是理论伦理学、实践伦理学、描述伦理学、规范伦理学、应用伦理学、比较伦理学。其中应用伦理学是研究社会上实际出现的及未来可能出现的伦理问题的学科，它将人类社会中的伦理问题更加细化，可应用在经济、文化、政治等多个领域。应用伦理学也可以分为职业伦理学、婚姻家庭伦理学、社会公共伦理学。有学者将职业伦理学与工程伦理学进行了讨论，认为二者有相同之处，但不可混为一谈。也有学者认为应将工程伦理学归入科技伦理学中。现在国内外研究伦理学的专家们大多认为工程伦理学属于应用伦理学。不过应用伦理学大多研究现代社会上还存有争议的问题，而工程伦理学不仅关注工程技术本身，还需研究工程师的职业规范道德及工程与社会之间的关系等问题，因为工程具有复杂性、社会性。学者们提出，工程伦理学应该成为伦理学中一个更加专业的学科分支。

2）跨学科交流的问题

工程伦理学属于伦理学的范畴，当代中国工程理论的研究已经初步形成了具有中国特色的学术理念，但是工程和伦理学是两个学科，而工程伦理学是二者的结合，需要工程界与伦理界的学者们进行充分交流。王永伟、徐飞在《当代中国工程伦理研究的态势分析——以 CSSCI 和 CNKI 数据库中的工程伦理研究期刊论文样本为例》一文中提到，目前我国以李伯聪、李世新、张恒力、丛杭青等研究专家为中心，已经逐渐形成自己的“学术共同体”。很多研究工程伦理学的学者都是从事工程伦理教育方面的专家，只有很少一部分工程科技人员能够参与进来。此外，伦理学者和工程学者虽然精通自己的专业知识，但不能互相充分地了解对方的专业领域，这是我国在未来工程伦理学研究方面需要解决的一个重要问题，加强跨领域的交流合作，才能推动工程伦理学科内容的发展。

3）研究方法的问题

研究工程伦理学的方法最开始是套用伦理学的方法，但工程问题是不同于伦理问题的一个独立的课题。比如，医学伦理学就有自己解决问题的方式，同样的，工程伦理学是否有能够独立解决工程伦理问题的方法，我国也有不少学者在这方面进行了研究探讨，但至今为止还没有一个明确答案。工程问题涉及的范围很广，除了技术上的难题，还要考虑管理层面的方式、对社会的福利、道德方面的问题等，其复杂性与多变性远超人们的想象。如果有能够单独解决工程伦理问题的一套方法论，对工程来说是十分有益的，在遇到工程问题时也可以很快给出专业的分析，尽快解决难题。

我国为了发展社会主义、实现民族的伟大复兴将科学社会主义逐渐完善为具有中国特色的马克思社会主义理论，为我国各个方面的发展做出了巨大贡献。我们在借鉴学习其他国家的工程伦理研究方法的同时更应该结合我国实际国情，总结出我国自己的方法论，这样才能更好地解决工程伦理问题。

1.5 工程伦理的研究方法及困境

引导案例：怒江水电开发

怒江位于我国西南地区，经云南省流向缅甸、泰国，其中下游的水源条件优越，有望成为我国的水电能源基地之一。而怒江州有大片的木材和矿产资源都位于国家自然保护区不能开发，没有支撑地方经济发展的支柱产业，所以这里也是我国需要重点脱贫的地方之一。1999 年，国家发展和改革委员会决定对怒江进行水电开发。然而，2003 年以来，怒江水电开发工程引起了大量争议，且近十年来未曾停歇。赞成开发的专家们认为，水电站可提供 40 万个就业岗位，对于贫困的怒江州来说能带来经济和社会方面的进步，为脱贫工作做出巨大贡献。而反对者们认为，水电开发将影响当地的生态环境、民族文化及生物多样性等方面的发展，且移民问题也难以解决。合理地解决工程问题是研究工程伦理的目的之一，只有找到适宜的方法，才能让工程尽可能地造福人类。对于此案例，请思考以下问题：

（1）怒江水电开发反映了工程过程中可能出现的哪些伦理困境？

（2）如何理解怒江水电开发工程中的工程伦理困境问题？

（3）怒江水电开发引起争议的根源性问题是什么？可以通过哪些研究方法解决？

怒江水电开发的争议体现了人们在环境保护、经济发展等方面所面临的困境。在处理工程问题时不可避免地会遇到一些困境，这些困境不仅反映了人们在道德方面的思考，也体现出社会各方面利益的纠葛。理解工程伦理困境的起因有助于解决工程伦理问题。本节讲述了国内外常用的几种解决工程伦理问题的方法，并对工程伦理困境的起因及出路进行了分析，展现了工程伦理学出现以来学者们对工程伦理问题的思考与成就。

1.5.1 工程伦理学的研究方法

工程是给人类谋福利的实践活动，而人在对自然进行改造或者从事工程活动时应该注意一些原则，如爱岗敬业、保护环境等。当代工程的三个特征是高科技化、大规模集成化、深刻的社会化。所以，当代工程不仅是科技、经济的活动，更是社会活动。工程的复杂性使人们不得不在进行工程活动时考虑到方方面面，并且需要更加注意工程对人类本身的影响。经济利润固然是人们所希望的，但人类社会的福祉在近年来已经成为工程活动首要关注的问题，公众安全、社会和谐、人民幸福、人与自然和谐共处才是工程师最应该注意的事情。

工程伦理的兴起与工程问题的出现及如何解决工程问题有关，前期研究工程伦理学的最终目的是合理解决工程问题，让工程造福人类。探讨工程伦理的研究方法为工程伦理学科建设、工程事业的发展提供理论基础和实践方法。从工业革命一直到 20 世纪中期，学者们对如何解决工程实际问题的讨论居多。然而，在 20 世纪中后期，科学技术发展所带来的负面影响如环境污染、工程安全事故等日益严重，学者们进而开始研究工程伦理更加深刻的意义。不仅研究有效解决工程问题的方法，也研究达到工程所期望效果的技术手段和策略。比如，深圳的地王大厦建筑工程，由于楼层很高，在保证高空作业安全的前提下还要考虑不发生高空坠物等危险。故工程人员采取有效管理措施，严格规定每位工人每天所需的零件个数，避免出现意外。类似的事件为研究工程伦理的研究方法提供了更加实际的案例基础。

当代工程对人类的影响非常广泛且深刻，工程伦理学让人类在进行工程活动时充分考虑伦理道德、生态环境、科学技术等方面的问题，所以研究工程伦理学、明确工程伦理的研究方法是实施现代工程不可缺少的重要前提及必然要求。

1. 当代已有的研究方法

起初，人们参考研究伦理学的方法探索工程伦理学。比如，功利主义伦理学、康德的尊重人的伦理学和德性论。后来美国将伦理学构成的框架应用于工程伦理学，研究工程师应该遵循什么样的伦理原则，并研究这些理论在什么情况下才适用。下文分别讲述了国外及国内的研究方法。

1）国外的研究方法

美国得克萨斯州农工大学职业工程伦理与历史专业哈里斯提出，研究工程伦理学的方法有“从上至下”法及“从下至上”法[61]。“从上至下”法必须先明确伦理学的方法，将伦理学的方法应用到实际案例中。在使用这种研究方法时，首先应明确一些具体的理论概念，如工程师的规范应当包括什么内容等，然后再考虑如何将这些理论规范应用于实践。在美国某家化工厂中，有工人提出他所在的部门的工人们时刻都在受热金属散发出的有害气体的伤害。对此，我们就可以提出以下疑问：“作为工程师，有责任去处理这样的事情吗？”或者“谁应该为这些工人的安全负责？”，这就是“从上至下”法的大致使用方式，先明确概念，再看它如何应用在案例中。不过在 20 世纪 90 年代，一些学者认为这样的方法可能存在一些局限性，特别是在工程伦理学教育方面稍显不合适。理论概念对于学生来说还是相对单调，工程的复杂性决定了工程伦理的相关概念并不是几句话就能总结清楚的。

“从下至上”法与“从上至下”法刚好相反，它是从案例出发，分析案例的各个角度，从而再引出相关理论知识，加深对工程伦理学的理解。实践也证明，这种方法容易建立起人分析工程伦理问题的思维方式和框架，让人更加有效地解决工程伦理问题。这里以 XYZ 软管公司的案例为例说明这种分析方法。液氨是一种澄清液体，具有刺激性臭味，是有强腐蚀性的毒性物质，但它可以给土壤施肥。多年来，农民使用钢筋网加固的橡胶软管输送液氨，这是因为液氨遇水会发生剧烈的化学反应，农民在使用时需要非常小心。XYZ 公司推出了一种新的强化塑胶来作为软管，根据相关实验表明，这种软管不会与液氨起化学反应，但是软管的机械性能会随着时间逐渐变差，所以需要农民及时进行更换。XYZ 公司非常负责地在所有软管上都标有警示标志，提醒人们需时刻注意此软管的机械性能，以免造成不必要的伤害。但是，农民使用该产品没几年，就因软管破裂而发生了好几起事故，农民也受到不同程度的伤害。XYZ 公司为此也接到了很多投诉与诉讼。尽管 XYZ 公司在辩护时强调农民的操作不当可能是引起事故的主要原因，以及他们在每根软管上都标有警示的事实，法院却并没有接受这种说法。后来此公司选择了庭外和解的方式来解决，这款软管的生产线也被 XYZ 公司淘汰，而在淘汰原因方面该公司的宣传是因为此软管已经过时，并未说明其机械性能方面的缺陷[62]。“从下至上”的方法要求人们先了解案例，之后对案例进行讨论，提出问题。对于这个案例，我们可以提出一些问题，如 XYZ 公司的做法有没有欠妥当的地方？农民自身有没有责任？这个案例存在哪些概念上的问题？可以运用什么方法解决？从案例本身来说，XYZ 公司应该在生产这种新型软管前就意识到可能会有风险，或许应该做出更详细的风险评估鉴定。对农民来说，应该更加仔细地阅读新型软管的使用说明，在公司给软管贴上警示标识的情况下还事故频出，从一定程度上反映出农民的安全意识也有待提高，不过我们也不清楚发生事故的详细原因是因为不及时更换软管，还是软管本身存在技术问题，公司方用农民操作不当来辩护也只是公司方面的观点。这就需要对案件的细节进行研究了。从案例出发，提出问题，联系实际才能找到合适的解决方法。

除了上述两种方法外，划界法和创造性的中间方法也是常用于解决工程伦理问题的方法。划界法是在研究工程案例时将某个特定的情况进行划分，如在上述案例中，XYZ 公司生产出的这种新型软管是否符合道义？它有优点，但也存在风险，可以根据生产软管的一些特征，如风险程度、可用程度、利益程度、宣传是否到位的程度等进行判断。划界法常被用于概念的判断中，分析某种行为是否合乎道义情理。不过在运用划界法时也要注意，工程问题不是单纯判断对与不对、好与不好就能解决的，所划的界限有时可能也比较模糊，这都是工程案例的复杂性所决定的。

创造性的中间方法是说，在解决工程问题时会遇到一些两难的选择，以上段案例为例，XYZ 公司在后期对已经下架的软管进行表述时，如果不说实话，那么就不符合道德准则，是欺骗他人的行为，与工程伦理的理念背道而驰，但如果说了实话，公众也会对公司“另眼相看”，对公司今后的名誉有影响，继而影响公司以后的事业发展。只看事件，从道德角度来说做出选择并不难，但是从工程实际看，公司要运营，员工需要工资，科研需要经费。所以，该公司还是选择了隐瞒新型软管存在问题的事实。这时就需要考虑有没有可以两全其美的办法。虽然两全的办法是很难实现的，但是这也为解决工程伦理问题提供了一种思路。

2）国内的研究方法

在我国，最开始是先借鉴国外的研究方法，先给出工程伦理学的一些概念理论进行讨论，再联系案例，但这样的方法也存在一定弊端：在看到某一个概念时所联想到的实际情况并不全面。我国现在常用的方法是以工程实践为中心，揭示工程与社会之间的关系，提出解决问题的指导性建议。学者们也将这两种方式结合起来一起运用。从理论到实际，以相关职业规范和道德准则约束工程师的行为，让工程更好地造福人类；从实际到理论，以工程实际情况对工程伦理概念进行分析，不断改进理论知识，扩展思路，树立新思想。对案例可以从理论方面和事实方面进行分析，下面用一个例子进行说明。

淄博中轩生化有限公司的法人代表史正富和总经理杜金锁带领四百名职工生产黄原胶。2007 年 12 月 21 日他们取得了 6000 吨/年黄原胶技改项目试生产方案备案告知书，正在进行试生产。然而，2008年6月16日16时30分左右，黄原胶技改项目提取岗位一台离心机在由生产厂家浙江辰鑫机械设备有限公司技术员李国奕进行检修之后，试车过程中发生闪爆，并引起火灾，造成7人受伤。经调查后发现，事故的直接原因是技术员李国奕违规操作，对检修的离心机各进出口没有加装盲板将其隔开，也没有进行二氧化碳置换，造成离心机内的乙醇可燃气体聚集，且检修的离心机与外包筒筒壁间隙没有调整到位、违规开动离心机进行单机试车，使离心机与外包筒筒壁摩擦起火。同时主要负责人杜金锁没有及时地督促、检查相关设备，没有尽到管理人员的责任，公司对员工的安全操作方面的培训也不过关，这是导致事故发生的间接原因。

从理论概念上讲，该员工违规操作，违反了《山东省化工装置安全试车工作规范》的相关条例，负责人也没有起到很好的督促作用，该企业的员工都应认真学习企业的安全禁令、国家相关的法律法规，才能在一定程度上避免事故的发生。企业应该明确相关法律法规或安全生产条例中有关技术方面的指导，同时也应该明确技术方面的一些概念，对离心机的设备性能、操作原理等有进一步的了解，特别是在操作失误的地方，是由于粗心大意还是由于对技术方面的不理解才引起的违规动作。在概念方面应该让员工和管理层人员都有更加深刻的理解。

从事实上讲，根据公司发生的火灾事故可以写出详细的调查报告，联系以前的案例，联系它们在工程技术、伦理道德、法律政策等方面的异同，进行风险评估，还可以重新考察工程师的素质。一些理论方面的教育和改革方案并不能马上就让人信服然后照做，只有拿出具体事实依据，才可让人达成一致的道德观念。例如，公司提出提高员工的伦理素质，可以让企业更好地发展。但是有些员工不以为然，认为表面的教育并不能让公司获益更多，这时如果公司拿出一份调查报告，上面的数据清楚地表明，在本市的很多家公司中，重视工程伦理宣传教育的公司在经济上、名誉上都名列前茅，并且工作氛围也很积极，那么大家就会相信这个事实，从而更加认真地履行公司所提出的改革要求和学习要求。拿出具体事实、调查数据并联系其他相关的案例为解决工程伦理问题提供了有力的支持。这样更深层次地分析案例，不仅为工程伦理学的发展做出贡献，也让工程更好地造福社会。

总的来说，不论是国外还是国内的研究方法，都是从两个方面进行研究。一方面是对工程伦理的概念、理论及与它相关的政策、法律法规、道德的准则、公众的价值观认知方面的学习与分析。同时也研究什么是对，什么是规范、标准。另一方面是具体事件具体分析，将理论运用于实践，对每个案例做出详细的分析，以便更好地解决工程问题。在分析案例时，也需明确案例中涉及的概念、拿出具体数据说明问题同时讨论解决方案。在工程伦理教育方面，前一种方法帮助学生树立正确的价值观念，后一种方法更能激发学生的学习兴趣，联系实际使工程伦理学更具有真实感。两种方法结合可以让学生理解得更深刻。

当代学者对工程伦理的研究方法有颇多探究，有学者还提出形态学的方法，即将大量工程伦理现象一起分析、考量，并将其进行分类，通过各个方面的比较，最终得出工程伦理的核心要义和发展规律；也有学者将描述案例、分析经验和研究规范结合起来研究，称为“自然主义”的研究方法。不论哪种方法，其目的不只是为了发展工程伦理这门学科，也是为了提高工程师的综合素质，让工程更好地服务人类。

2. 工程伦理学的研究发展方向

目前关于工程伦理学研究方法的讨论非常多，上述的几种方法也都趋于成熟，但我国在这些方面的研究仍需继续深入，做到以下几点，这也是我国工程伦理学以后的研究发展目标。

1）大力推进工程伦理教育

工程伦理与我国传统的伦理学有所不同，它与社会的联系更加紧密，如果没有工程伦理的制约，人们在进行工程活动时就有可能伤害到自然环境或者人类自身。所以，工程伦理学也有一定的保护作用，更代表了社会正义的一面。如今世界上出现的许多社会、环境问题不仅要求工程师有更好的专业技术，也要求他们有更高的伦理素质和强烈的社会责任感。

如今我国正在经济快速发展的阶段，国际化、大型化、专业化更是当代工程的要求，工程师们在工作时可能会因为高额的利益而蒙蔽了双眼，去做一些违反职业道德，甚至是违法的事。在个人利益、集体利益、公众利益之间工程师必须做出更加理性的选择[63]。树立正确的利益价值观才能使工程向好的方向发展，只有工程项目时刻考虑着为公众服务、和谐共赢才能有好的经济效益，所以经济健康发展离不开工程伦理教育。此外，不只是工程师本身，在校的学生特别是高校学生也需了解工程伦理的观念，在人才培养方面应该德智体美劳全面发展，这对我国培养高素质技术人才、建设科技强国具有重要意义。

在案例教学方面，20 世纪 90 年代，国外学者们大多研究灾难性的案例，后来才逐渐将目光放在正面案例上，是因为工程伦理的缘起就是工程事故。不过现代社会不乏优秀的工程，这些例子也逐渐被引入课本中，在工程伦理教育方面，我国会越做越好。

在企业文化教育方面，也应加入工程伦理的内容，人们不仅在学生时代需要学习，工作后也要继续学习。对案例的研究表明，不仅是工程师，有时管理者的失误或者违反道德的行为也会给整个工程带来灾难。工程师和管理人员包括管理高层的人员也要不时地进行学习，熟知相关法律法规，铭记工程师的道德规范，明确企业和省市的安全生产条例等。时刻将工程伦理概念放在心上才能更好地完成工作，同时这样也有利于树立正确的三观，对改善企业的工作氛围、工作环境都有一定的帮助，最终也一定能在经济上看到良好的效益。

2）使用跨学科的研究方法，拓展研究领域

工程伦理学不只是一门独立的学科，还与许多其他学科有联系。协同创新是一项非常重要的任务，只有将多种学科融合在一起，才算是实现协同。张恒力、赵雅超[64]提出应该借鉴美国跨学科的研究方法研究工程伦理学。美国将工程伦理研讨的课程加入高校教育中，在跨学科研究方面，麻省理工学院可称为典范。麻省理工学院为使学生拥有较好的工程伦理素质，开展了跨学科式的工程伦理课程[65]。在工程伦理课上，教授包括工程经济学、工程管理学、环境伦理学、工程社会学等内容，还有与工程伦理相关的法律及道德规范。由此可见，麻省理工学院将学生的社会责任感放在首位、培养学生作为工程师在专业技术方面的建树、着重对待工程伦理道德的做法大大提高了学生的人文素养。麻省理工学院跨学科课程的建设不仅开设了跨学科交流的实验室和研究中心，还组建了师生团队，教师和学生都能在同一平台进行交流。因互相之间专业不同、研究领域不同、背景也不同，这也扩大了教师与教师之间、教师与学生之间、学生与学生之间交流的范围。

我国在进行工程伦理教育时也应该注重跨学科的理念，可以建立教师团队或者跨学校交流的组织，从而为解决工程伦理问题提供研究平台，同时还要注重人文学科在工程课程中的重要性。近年来，我国高校也越来越注重工科生的人文教育，人文教育的地位在逐渐提升。

3）努力形成我国自己的研究方法

我国研究工程伦理学的方法大多是借鉴国外，但我国国情始终有别于其他国家，形成一套属于自己的理论体系非常有必要，所以工程伦理学需要结合我国国情，根据实际情况进行制度化建设。这个制度化建设不只体现在工程技术上，也体现在工程管理上。在工程管理方面，鲁布革水电站的建设是很好的例子，它正是在借鉴他国经验后形成自己的方法，给后来的工程做了榜样。

鲁布革水电站位于云南省罗平县和贵州省兴义市，电站总装机容量 60 万千瓦（4×150 MW），年平均发电量 27.5 亿千瓦时。改革开放前，我国在水电站建设方面一直是采用苏联的工程设计管理方法，所有的生产经营步骤都按照国家的指导进行。但是这种方法也暴露出许多弊端，如管理体制不顺、经营机制不活、施工效率低下、队伍素质不高等问题。在施工一段时间后，工人发现由日本大成公司负责管理的那部分工程进度进展快得多，这引起了工程负责人的思考。后来，工程负责人发现日本公司按照工人的工作效率结算工资的策略是提高工程效率的关键。人们才意识到，良好的管理机制对工程效率来说非常重要，所以当时的人们充分发挥勇于学习、勇于改革的精神，将原本的工程管理体制进行改革创新，借鉴日本公司在工程管理方面好的方法，建立了更加完善的指挥机构，优化施工设计，对内部分配进行改革，同时也引进新型施工器械。这些办法试行后整个工程都取得了很大进展，此次事件被称为鲁布革冲击。首先，该事件改变了人们的思想观念，唤醒了工程师的竞争意识。其他国家不乏好的经验和工程管理措施，我们要勇于借鉴，勇于学习。其次，鲁布革冲击使我国在工程管理上做出了很大改变，冲击了旧制度，给新制度改革提供了思路。最后，工程设计和管理体制的改革也充分调动了工人工作的积极性，对工人来说也是一次很好的锻炼，也给后续我国其他工程设计做出了好的榜样。

制度化建设和改革是我国研究工程伦理学的必经之路。何菁[66]也曾提出应该研究中国本土案例，分析工程实践中的中国问题，总结中国经验。我国在工程伦理研究方面虽然起步较晚，但是如今越来越多的人已经开始注重工程伦理教育方面的研究，我国工程伦理学也正在蓬勃发展。

熟知工程伦理问题的研究方法有助于解决工程难题。在处理工程问题时，也要注意几个方面：首先，应该明确伦理原则，人们在进行工程活动时应该遵循人道主义原则、社会公平公正原则和人与自然和谐共处原则[67]；其次，要根据实际情况选择合适的解决方法，遇到难以解决的问题时应该多讨论，听取他人的意见；最后，工程问题复杂多样，所以处理时还需要多方考虑，讲究权宜，才能攻克难题。

1.5.2 工程伦理的困境及其起因

1. 工程伦理的困境

伦理学研究中著名的思想实验“电车悖论”揭示了一种典型的伦理困境问题。在这种伦理困境中，由于道德的多重性和复杂性，无论我们做出何种选择，结果都不能完全符合道德标准，或者说任何一种选择都有不道德的成分，甚至不选择也是一种选择。工程活动中的伦理困境虽然没有思想实验那么极端，但是具有更多的复杂性和不确定性，涉及的道德理由、道德价值也更加多样化，伦理主体在进行道德选择和解决问题时常会陷入困境。在工程活动中，我们把伦理主体进行相关选择和应用工程伦理解决问题时所面临的困境称为工程伦理困境。一般来说，其主要分为三大困境：个体困境、群体困境、责任困境[68]。

1）个体困境

个体困境可以分为两种：①个体利益与道德规范之间的冲突；②社会角色重叠所导致的伦理困境。在前者中，工程参与者作为现实生活中的个体，其自身经济、权利、名誉等利益常与道德规范相冲突，此时道德责任常难以履行。工程师常遇到这类伦理困境，虽然容易辨识，但是很难正确解决。比如，工程组织者、管理者利用权力施加压力让工程师提供不符合事实的专业意见（工程师面临自身利益和对公众负责的两难境地，如果选择后者将面临失去工作、无法对家庭负责的情况）。在这样的情况下，工程师往往要面对内心道德规范的审判，如果选择按照道德规范去做，自己的切身利益就无法保证甚至遭到损害；如果违背内心的道德规范，虽然自己的利益得到了保证，但是往往会导致对他人利益的伤害，无论在精神上还是在事实上，都是两难的选择。

作为个体，社会角色重叠所导致的伦理困境又可称为角色困境。在工程实践中，因为工程师具有相关的专业知识，相比其他参与者对工程负有特殊的责任，一些工程师甚至会兼任管理者，在提供专业知识的同时还需要做出管理决策。当专业判断和管理决策不能保持一致时，工程师的双重身份就会使其陷入义务冲突。义务冲突是指某一身兼两种（或两种以上）职业角色的主体，在无法同时满足两种（或两种以上）职业义务的情况下而产生的冲突[69]。由于在工程过程中角色分工不同，所追求的价值不同，所以工程参与者看待问题的角度也不同，工程技术人员要保质保量，而管理人员需要考虑经济效益、社会关系，当矛盾产生时，伦理选择也随之而来。在“挑战者号”航天事故案例中，造成事故的原因是O形环破裂。在发射前，负责O形环的总工程师就提出延迟发射的建议，因为O形环存在在低温条件下断裂的风险。按理说，这起事故本来是可以完全避免的，然而成功发射所带来的业务诱惑战胜了工程师的角色责任，最终管理层做出了支持按时发射的决定，紧接着悲剧就发生了。面对双重身份和职责，对作为管理者的工程师来说确实是个难题。此外，即使在工程活动中仅承担一种分工责任，其背负的职业责任与其作为“道德人”的个人伦理也可能产生冲突。

2）群体困境

群体困境是指工程活动中的各个利益群体之间及群体与社会因素之间，在利益取舍过程中所面对的伦理问题。李伯聪[70]认为，工程师、工人、管理者、投资者及其他利益相关者构成工程活动共同体，即“异质成员共同体”。王健[71]则按照知识背景是否相同、价值诉求是否一致把工程活动的主体分为同质主体和异质主体。工程共同体中，其角色和职责不同，利益诉求就不同，由此可以分为不同的利益群体，如工程的组织者、投资方、承包商、施工方甚至工人在工程活动中的利益分配均衡问题是造成伦理困境的重要根源之一。总的来说，他们都希望及早完工、及早收益，这是不变的。但随着工程不断推进，其中的利益关系会不断变化，如当投资方拖欠资金时，承包商与施工方自然就会形成与投资方对立的利益群体。各个利益群体之间关系的动态变化，以及利益群体内部的不稳定性，使利益权衡问题成为工程活动中造成伦理困境的一个主要根源。

从利益角度分析，工程项目相关者大致可以分为两部分，利益获得方（如投资方）和利益受损方（如因工程项目而搬迁的原住民）；通常，我们会对利益受损方进行补偿（如对工程选址地原住民进行拆迁补偿），达到平衡利益的目的。但有一部分人受损的“无形利益”是难以补偿的，如化工厂附近的居民，他们或许能够获得一些额外的就业机会，当地经济也会加速发展，但这并不能抵消其被动承担的安全风险。

进一步，如果以工程共同体这一群体为利益获得方，把利益受损方扩大到非实体的社会层面，工程项目对生态环境、社会文化、民俗传统的破坏难以估计，更无法补偿，这种问题更加难以解决。

3）责任困境

工程中责任主体缺失所导致的伦理困境称为责任困境。在现代工程中，系统的分工、合作使个人行为完全融入集体行为，不同的人和物相互交织，共同为工程的实施做出贡献，由此责任主体也由个人扩展到集体。然而，这一转变将使责任主体缺失：首先，工程决策、实施中责任关系复杂，众多的影响因素使归咎责任变得十分困难；其次，面对规模巨大的现代工程系统，个人负责任的能力有限。仍以“挑战者号”事故为例，由于在发射决策做出的过程中涉及众多的管理者和工程师，不管过程如何，最终得出的是集体决策，也就是整个集体应该对事故负责，但集体中每一个成员都无法担负实际责任。责任困境的核心问题即决策失误与实施失误如何界定，集体责任该如何分配。

2. 工程伦理困境产生的起因

工程伦理作为一个综合概念包含时代、地域、社会、经济、政治、文化等多方面要素。伦理困境形成的原因包含其自身特点导致的内在因素和随时变化的外在因素两个层面。

从内在因素看，伦理困境主要源于工程实践与伦理问题的复杂性：首先，工程活动中伦理主体和伦理原则具有多元性；其次，作为技术要素的综合应用，工程的后果具有一定的不确定性；此外，在哲学层面，某些工程活动还蕴藏着“真”与“善”的冲突。

伦理主体和伦理原则的多元性：工程共同体的人员组成复杂，包括投资方、承包方、工程师、工人、用户及其他利益相关者，由于利益指向的差异性，在各种类型主体间存在利益分配的复杂性、责任分配的复杂性及管理协调的复杂性。例如，对工程企业而言，常要面对社会公共利益和企业自身利益何者置于第一位的问题。如果选择将社会公共利益放在第一位，这意味着企业的经济效益要为其让步，它们除了严格遵循成文规定进行工程实践，还要考虑额外的道德因素。此外，伦理原则的多元性及其不同的适用范围也是导致伦理困境的一个根源。工程活动中伦理主体在进行道德选择时可以依据的伦理原则包括结果论、义务论等各种伦理理论；对工程师而言，还可以把职业伦理规范作为道德选择的依据。

结果论认为，一个行为的道德价值依赖于它所产生的结果[72]：只要它能产生好的结果，那就应该做；只要它产生了不好的结果，那就不应该做。当好坏皆有时，就将各种结果（好的、坏的；收益、成本）赋予权重，进行加和判断。结果论的代表理论是功利主义，其信条是“最大幸福原则”，即大多数人的最大幸福。因此，从理论层面看，功利主义的理念是好的。然而，在实际应用过程中，功利主义常转变为纯粹的成本-收益分析，将伦理问题变成了经济问题。但实际上，一些无形的成本和收益是不能使用同一标准衡量的。

与结果论不同，义务论认为至少有某些行为本身就是错的，永远不能因为它能导致好的结果而认同它（如撒谎和杀人）。在大多数情况下，义务论和结果论是不冲突的，如对盗窃行为的判断。但有时它们是相互冲突的，如在电车难题中，义务论认为人不能作为工具或手段，应该尊重人的人性，因此不应该牺牲另一轨道上的一个人而拯救原先轨道上的5个人。而根据结果论或功利主义的原则，转换电车轨道牺牲一个人而拯救5个人符合更大的利益价值。由此，结果论和义务论相互冲突的道德困境就出现了。

在工程共同体中，职业伦理规范作为传统伦理理论的补充，也提供了一种道德选择的依据。职业伦理规范是传统理论的整合和转化，适用对象只限于以工程作为职业、具有专业知识的工程师群体，对共同体其他成员没有约束力。职业伦理规范是建立在个人伦理和普通道德标准上的，是在存在多种道德选择的前提下产生的，“把道德上不确定的问题变成有确定答案的职业伦理问题”[73]。由于职业伦理规范对工程师的要求高于共同体的其他成员，工程师时常陷入矛盾中。虽然工程伦理研究已达成共识：要把管理决策和工程决策分开，以保障工程师能够做出符合行为规范的选择，但是这种划分还是忽略了管理者做出管理决策的随意性，即使决策是完全管理性的，不涉及技术问题，也有可能出现理论工具的冲突，如持有义务论和持有结果论的管理者就完全可能做出冲突的管理决策。所以，伦理原则的多元性也是导致伦理困境的一个重要原因。

技术集成与工程后果的复杂性：现代工程作为技术的综合应用，是诸多技术的优化集成系统，集成的方法从本质上说是一种以系统论为指导的思想和方法，系统复杂性是技术集成的根本属性[74]。从一定意义上说，任何技术都可能含有一定的不稳定性或不确定性，这就导致了工程结果的复杂性。人类无法完全掌控技术系统的不确定性，所以由其带来的工程风险也很难规避。

此外，工程活动并不是一种绝对客观与中立的技术行为，而是一种与诸多因素密切关联的社会行为。由此，伦理困境的形成还涉及外部因素，主要体现在政治因素、经济因素及文化因素对工程活动的影响。政治因素影响工程伦理的实现主要表现为政府部门及其领导者作为工程组织者，运用政治权力对工程活动施加不正当影响，如在工程的决策中，不通过民主、科学的决策程序，只凭领导的个人意志；或考虑地方保护和小团体利益而不顾全局和公众利益等。这类现象在政府主导型的公共性工程中较为常见。此外，对整个工程活动来说，经济因素或经济利益是其核心成分，当经济利益诉求与道德责任矛盾时，伦理问题就出现了。从工程伦理的实践维度而言，它通常会受到特定文化境域（传统习俗、社会风气）的影响，从而表现出差异性，工程活动主体在这些惯性思维的影响下，有时会有意或无意地做出一些违背工程伦理准则的举措[75]。最后，在实践层面，伦理困境的内部因素与外部因素常常是交织在一起起作用，使工程在决策、实施、评估及维护各个阶段都有可能面临伦理困境。

1.5.3　工程伦理困境的出路及解决方法

工程伦理问题基于一般伦理问题，具有更为复杂的主体、客体和根源。因此，面对工程伦理问题，不能希冀通过单一的伦理工具解决所有问题。要针对不同对象，充分发挥各种理论的优势。比如，对企业而言，要强调义务论（社会责任）伦理观；对个体而言，要制定适当的行为规范（作为职业伦理），同时加强美德教育；在满足前两点的基础上，适当运用结果主义伦理观。从认识论、方法论、价值论等多种角度解决工程实践中存在的伦理问题。

（1）从认识论视角出发，运用系统思维充分认识工程的复杂性。运用系统分析方法对工程系统中的复杂要素及其之间的结构、关系进行充分认识，摒弃线性因果的固有观念，创造能正确认识其复杂性的方法。1992 年 5 月 17 日，Silicon Techtronics 公司生产的一个工业机器人在硅谷近郊的 Cybernetics 工厂车间杀害了它的操作者 Matthews。这次工程事故的发生不仅只是某一方面的人为失误或工程因素所造成的，而是多个因素的累加效应，最终导致事故的发生。因此，全面认识工程中可能引发工程事故、从而造成伦理困境的所有因素，权衡各种利益冲突是解决伦理困境的基础。在本案例中，技术缺陷、管理缺陷、制度缺陷和责任缺陷是造成事故发生的四大主要因素。第一，项目开发部所编写的程序导致了机器人的亚稳定状态，从而操作失控。第二，CX 30 型机器人研制开发成功与否关系到整个部门的存在与否。由于时间越久，研究成本越高，董事会给予的压力越大，在面临项目研发期限到来时，抱有侥幸心理的机器人开发部主管不经审核强行推出不完善的机器人。第三，Silicon Techtronics 公司对机器人操作员的培训不充分。按照文件要求，卖主应对买主的操作员进行 40 h 以上的培训并通过考核，而本次事故的操作员却仅仅接受了 8 h 培训就直接上岗操作。第四，CX 30 型机器人的首席技术专家 Johnson 主张"完美是利益的天敌"的理论。为了抢占市场实现最大利益，他毫不考虑工程师对于产品的安全责任，大力推动产品迈向市场，从而导致这一悲剧的发生。技术的不完善性、管理的急功近利性、各种利益冲突权衡的功利化原则、责任意识的淡漠和对生命价值原则的忽视等因素都成了该事件发生的导火索，而这些因素所存在的各个环节与过程构成了工程的复杂主体。因此，充分认识各个环节中的工程要素，针对具体问题形成能正确认识其复杂性的方法是解决工程伦理困境的重要基础。

（2）从方法论视角出发，对现有伦理规则进行汇集整合，尽可能获得统一的原则。需要注意的是，工程伦理作为一种实践伦理，其过程涉及利益相关者之间的对话、协商及博弈。实践的推理是综合的、创造性的，它把普遍的原则与当下的特殊情境、事实与价值、目的与手段等结合起来，在诸多可能性中做出抉择，在冲突和对抗中做出明智的权衡与协调。当代许多伦理学家都十分强调对话，不同的社会角色、各种价值和利益集团的代表（包括广大公众）的参与、对话并力求达成共识，是解决工程伦理问题的最重要的环节[74]。王健[71]也提出通过在同质主体间采取协商的方法，在异质主体间采取博弈的方式以达成主体间的共识。要统一多元化的工程共同体行为规范，需要推进伦理章程的法制化建设，作为底线要求；加强伦理道德规范建设，建立一种具有导向性的内在约束。

（3）充分发掘美德伦理的作用，一个人的美德是在他的日常生活和工作中逐渐形成的习惯、感觉及直觉。面对道德抉择，大多数时候我们会很自然地依据以往的经验、习惯直接作出判断，这种判断时常先于结果论、义务论视角下的伦理原则。此时，这种习惯反映的就是一个人或者一个职业人员的美德。一个掌握美德伦理的人才能突破伦理局限，做出既符合义务论又照顾到行为结果的决策。好的工程师应该拥有定量怀疑主义的美德：一种知道数字并不能完全说明问题的一般意识。在决定细小偏差的累积是否合理的过程中，根据自己的技术知识做出符合道德伦理的判断是极为重要的。以挑战者号案例来说，Boisjoly 展现了优秀的定量怀疑主义美德。即使他并不能将他的观点组织成一个令人信服的定量形式，但他与 O 形环密切相关的经验充分地提醒他低温操作可能带来危险。因此，基于这种判断下做出的中断会议和建议终止发射的行为差一点就阻止了这次重大工程事故的发生。其次，好的工程师能意识到复杂社会网络中工程的功能，以及工程与其他社会因素的相互影响。这种美德称为社会意识美德：一种考虑他（她）的职业工作带来的社会后果的基本倾向。更一般地，工程师会避免明显对社会有害的任务。相反，他们会努力创造能促进社会有效目标的设计。

本章小结

现代社会中，人类的工程活动是科学、技术和社会各因素动态整合的复杂系统。本书将工程界定为人们综合运用科学的理论和技术的方法与手段，有组织、系统化地改造客观世界的具体实践活动，以及所取得的实际成果。伦理学作为哲学的分支是对人的行为“对”和“错”进行系统思考和研究的学科。

伦理思想的产生和发展有源远流长的历史。从中国殷商及西方古希腊罗马到现代整个发展史来看，其发展形式大体可分为三类，分别是以“仁”为核心，以“孝”为主要内容的中国古代儒家的伦理思想；以强调个人幸福、人的至善为特点的古希腊罗马到现代西方伦理思想；以探讨人生意义和人精神生活的古代埃及和印度的伦理思想。中国伦理思想的研究涉及上下五千年中华民族对伦理问题的思考和智慧，学理上横贯伦理学基本理论的诸多方面。通过回溯中国伦理思想的研究历程，把握研究的主要问题，为构建中国特色社会主义伦理学体系提供坚实的理论支撑。

工程伦理作为工程与伦理学相结合的一门学科，其研究对象为包括工程师、投资者、管理者等工程参与者在内的工程共同体。工程伦理包含职业伦理、技术伦理、社会伦理三个方面的内容，其任务各有不同。工程伦理作为一种职业伦理，应当区别于个人伦理和公共道德。作为一种预防性理论，通过学习案例能够培养伦理分析所必需的能力，这也是工程伦理的教育意义之一。工程伦理教育的目的在于培养工程参与者的伦理敏感性和决策能力，使其具有运用工程伦理规范和基本思路解决工程中遇到的各种伦理问题的能力。

工程伦理的发展始于美国、德国等一些发达国家，人们由于一些工程事故从而开始考虑工程师应该遵守什么样的准则。日本、俄罗斯的工程伦理学研究主要是基于借鉴发达国家的实践经验与理论，结合自身的社会形态和文化背景，开发适合本国国情的行为规范与准则。从国外的研究进展来看，工程伦理的发展主要沿着应用伦理学的方向进行，其主要目标是发展实践伦理，并明确工程技术人员在工程中的责任问题。国外的工程事故在给我们敲响警钟的同时，也为我国的工程伦理发展提供了经验上的借鉴。国内的工程伦理学于 20 世纪末起步，学者们借鉴了美国等一些发达国家的研究成果，在理论概念、实践、教育等方面进行探讨。从我国的研究进展来看，我国如今在工程伦理学方面主要讨论的问题有工程伦理的制度化建设、工程师的权利义务和责任、工程活动与社会政策。而现在还存在的问题有学科专业分支分类问题、跨学科交流问题和研究方法上的问题等。

人类在进行工程活动时应该考虑方方面面的内容，研究工程伦理学是对人类自身安全与幸福负责的一种表现。由于工程伦理学属于伦理学范畴，因此工程伦理研究比较发达的国家一开始是套用研究伦理学的方法进行工程伦理学的研讨。国外的研究方法有哈里斯提出的“从上至下”法和“从下至上”法，还有“划界法”和“创造性的中间方法”等。国内最开始也是借鉴国外的方法，但现在常用的是从理论到实际的分析法、从实际到理论的分析法，这两种方法结合起来的方式多用于教学方面。在研究方法方面，总的来说是从两个角度进行分析，一个是理论概念的角度，另一个是实际案例的角度。目前，在工程伦理的研究与发展过程中，工程主体和伦理原则自身的多元性及外部因素的交织作用导致在工程设计与实施等过程中出现了个体困境、群体困境和责任困境。我们应认识到，解决工程实践中所存在的伦理困境问题，首先要全面认识其复杂性；其次要力求构建个人与集体的共同体伦理，从多元综合的角度处理问题；最后，应当充分发挥美德伦理作用，以高尚的价值观指引工程技术人员完成工作。

思考与讨论

1. 如何理解科学、技术、工程三元论的思想？在此基础上谈谈你对工程的看法。

2. 针对工程过程的各个环节，可能会出现哪些工程问题？

3. 什么是伦理学？伦理和道德的区别有哪些？

4. 为什么要学习伦理学？目前，伦理学的研究存在哪些问题？应该怎样解决？

5. 功利主义、义务论、社会契约论及德性论的区别是什么？结合 1.2 节引导案例，如果你是电车司机，你会做出哪种选择？

6. 工程伦理教育对工程师的培养有什么作用？

7. 如何避免唯技术论、唯数据论？在此基础上谈谈你对工程伦理的看法。

8. 工程伦理问题一般会在什么时候出现？工程伦理教育应该如何应对？

9. 可可托海矿坑的案例与焦家湾大桥倒塌、九江长江大堤毁坏的案例在本质上有什么区别？分别反映了怎样的工程伦理问题？

10. 国外的工程伦理研究分别对我国工程伦理发展有何意义？

11. 我国的工程伦理研究最鲜明的特色是什么？

12. 我国研究工程伦理的方法主要有哪些？

13. 大力发展工程伦理教育对我国工程伦理事业有什么意义？

14. 目前工程伦理存在的困境主要有哪些？如何有效解决工程伦理中存在的困境？

参 考 文 献

[1] 钱学森. 社会主义现代化建设的科学和系统工程[M]. 北京: 中共中央党校出版社, 1987.

[2] 李伯聪. 工程哲学引论[M]. 郑州: 大象出版社, 2002.

[3] 全国工程硕士政治理论课教材编写组. 自然辩证法: 在工程中的理论与应用[M]. 北京: 清华大学出版社, 2008.

[4] 殷瑞钰. 关于工程与工程哲学的若干认识[J]. 工程研究-跨学科视野中的工程, 2004, 1(1): 9-13.

[5] 宋希仁. 论道德的“应当”[J]. 江苏社会科学, 2000, (4): 25-31.

[6] 刘昀. 广告教育中的道德伦理观深度置入研究[J]. 才智, 2019, (26): 56-57.

[7] 马翰林. 道德增强的伦理探析: 自由意志的视角[J]. 自然辩证法研究, 2019, 35(9): 17-22.

[8] 仇桂且. 生态伦理: 大学生生态道德的伦理范式[J]. 淮阴工学院学报, 2019, 28(4): 78-82.

[9] 贾旗. 应用伦理学的勃兴究竟意味着什么: 首届“北京应用伦理学论坛”对话[J]. 哲学研究, 2004, (6): 71-77.

[10] 陈泽环. 基本价值观还是程序方法论: 论应用伦理学的基本特性[J]. 中国人民大学学报, 2003, (5): 36-42.

[11] 傅鹤鸣. 应用伦理学学科立场的确立: 实践题材、程序方法与应用属性[J]. 湖南师范大学社会科学学报, 2018, 47(4): 44-50.

[12] 赵敦华. 道德哲学的应用伦理学转向[J]. 江海学刊, 2002, (4): 44-49+206.

[13] 吴新文. 反思应用伦理学: 兼论应用伦理学与理论伦理学的关系[J]. 复旦学报(社会科学版), 2003, (1):

37-42.
[14] 廖申白. 什么是应用伦理学?[J]. 道德与文明, 2000, (4): 4-7.
[15] 卢风. 论应用伦理学的批判性[J]. 自然辩证法研究, 2004, (8): 7-9.
[16] 姚大志. 双层功利主义[J]. 社会科学研究, 2020, (1): 132-137.
[17] 张志伟. 康德的道德世界观[M]. 北京: 中国人民大学出版社, 1995.
[18] 卢梭. 社会契约论[M]. 施新州, 译. 北京: 北京出版社, 2007.
[19] 金生鈜. 德性与教化[M]. 长沙: 湖南大学出版社, 2003.
[20] 苗力田. 亚里士多德全集: 第八卷[M]. 北京: 中国人民大学出版社, 1992.
[21] 涂尔干. 职业伦理与公民道德[M]. 渠敬东, 译. 北京: 商务印书馆, 2015.
[22] Brumsen M, Roeser S. Research in ethics and engineering[J]. Techne, 2004, 8(1): 1-9.
[23] Bakshtanovskii V I, Sogomonov I V. Professional ethics: sociological perspectives[J]. Sociological research, 2007, 46(1): 75-95.
[24] Attfield R. Holmes Rolston, Ⅲ: environmental ethics[J]. Environmental ethics, 1989, 11(4): 363-368.
[25] 康芒纳. 封闭的循环: 自然、人和技术[M]. 侯文蕙, 译. 长春: 吉林人民出版社, 1997.
[26] 王继创. 生态伦理学的实践价值取向与路径生成[J]. 天府新论, 2020, (4): 84-91.
[27] 方世南. 遵循规律发展是绿色发展的真谛[J]. 山西师大学报(社会科学版), 2016, 43(5): 1-5.
[28] 王继创. 论“右玉精神”的生态伦理启蒙意义[J]. 晋阳学刊, 2019, (4): 132-136.
[29] 习近平. 决胜全面建成小康社会 夺取新时代中国特色社会主义伟大胜利: 在中国共产党第十九次全国代表大会上的报告(2017 年 10 月 18 日)[M]. 北京: 人民出版社, 2017.
[30] Reynolds T S. The education of engineers in America before the Morrill Act of 1862[J]. History of education quarterly, 1992, 32(4): 459-482.
[31] 仲伟佳, 丛杭青. 美国工程伦理的历史与启示[J]. 高等工程教育研究, 2008, (4): 33-37.
[32] Davis M. Thinking like an engineer[M]. New York: Oxford University Press, 1998.
[33] Layton E. The Revolt of the engineers[M]. Baltimor: Johns Hopkins University Press, 1986.
[34] 马丁. 美国的工程伦理学[J]. 张恒力, 译. 自然辩证法通讯, 2007, 29(3): 106-109.
[35] 哈里斯, 普理查德, 雷宾斯, 等. 工程伦理: 概念与案例[M]. 5 版. 丛杭青, 沈琪, 魏丽娜, 等译. 杭州: 浙江大学出版社, 2018.
[36] 陈万球, 丁予聆. 当代西方工程伦理教育的发展态势及启示[J]. 科学技术哲学研究, 2017, 34(1): 86-91.
[37] Martin M W, Schinzinger R. Ethics in engineering[M]. 4th ed. New York: The McGraw-Hill Companies, 2005.
[38] 唐丽. 美国工程伦理研究[M]. 沈阳: 东北大学出版社, 2007.
[39] 韦伯. 新教伦理与资本主义精神[M]. 阎克文, 译. 上海: 上海人民出版社, 1987.
[40] 赫费. 作为现代化之代价的道德: 应用伦理学前沿问题研究[M]. 邓安庆, 朱更生, 译. 上海: 上海译文出版社, 2005.
[41] 白锡堃. 德国的科技伦理学、技术后果评估和经济伦理学研究机构[J]. 国外社会科学, 2000, (3): 66-67.
[42] 王国豫. 德国工程技术伦理的建制[J]. 工程研究-跨学科视野中的工程, 2010, 02(2): 168-175.
[43] 胡比希, 王国豫. 技术伦理需要机制化[J]. 世界哲学, 2005, (4): 78-82.
[44] 陈瑛, 丸本征雄. 中日实践伦理学讨论会实录[C]. 北京: 社会科学文献出版社, 1993.
[45] 廖申白. 第十次中日实践伦理学讨论会在东京举行[J]. 哲学研究, 1997, (1): 79-80.
[46] 唐丽, 田鹏颖. 日本工程伦理思想探略[J]. 辽东学院学报(社会科学版), 2007, 9(1): 29-32.
[47] 斋藤了文. 从工学哲学到工程伦理[C]//陈凡, 朱春艳. 全球化时代的技术哲学: 2004 年“技术哲学与技

术伦理”国际研讨会译文集. 沈阳: 东北大学出版社, 2006: 207-218.
[48] 弗兰克. 俄国知识人与精神偶像[M]. 徐凤林, 译. 上海: 学林出版社, 1999.
[49] 苏俊斌, 曹南燕. 中国工程师伦理意识的变迁: 关于《中国工程师信条》1933—1996 年修订的技术与社会考察[J]. 自然辩证法通讯, 2008, 30(6): 14-19+110.
[50] 李伯聪. 技术哲学和工程哲学点评[J]. 自然辩证法通讯, 2000, 22(1): 6-7.
[51] 李钝. 工程设计的哲学方法: 工程设计中的系统方法[J]. 武汉大学学报(社会科学版), 2000, 20(5): 6-9.
[52] 陈昌曙. 保持技术哲学研究的生命力[J]. 科学技术与辩证法, 2001, 18(3): 43-45.
[53] 李世新. 工程伦理学与技术伦理学辨析[J]. 自然辩证法研究, 2007, 23(3): 49-53.
[54] 刘科. 从工程学视角看伦理学: 工程伦理学研究的新视角[J]. 武汉理工大学学报(社会科学版), 2007, 20(4): 503-507.
[55] 韩跃红. 初议工程伦理学的建设方向: 来自生命伦理学的启示[J]. 自然辩证法研究, 2007, 23(9): 51-54.
[56] 陈刚. 工程伦理学与可持续发展[J]. 自然辩证法研究, 2007, 23(10): 33-35.
[57] 李美华. 工程伦理学的现实境遇[J]. 科教导刊-电子版(下旬), 2020, (1): 13-14.
[58] 冯浩, 谭东宜, 刘常威. CBL+PBL 教学法在《工程伦理学》授课中的应用[J]. 文艺生活 • 下旬刊, 2020, (3): 188.
[59] 代亮, 史玉民. 工程伦理的多元化愿景: 迈克 • W.马丁工程伦理学的特点及启示[J]. 昆明理工大学学报(社会科学版), 2016, 16(2): 10-17.
[60] 邱丁楠. 浅析当前中国工程伦理的制度化建设[J]. 今日湖北, 2012, (12): 28-29.
[61] 徐长山. 工程十论: 关于工程的哲学讨论[M]. 成都: 西南交通大学出版社, 2010.
[62] 王小兵, 曾瑜, 张薄, 等. 浅谈安全工程师的职业伦理责任问题[J]. 科学咨询(科技 • 管理), 2020, (09): 34-35.
[63] 戴世英. 国内工程伦理教育研究综述[J]. 消费导刊, 2020, (15): 68-69.
[64] 张恒力, 赵雅超. 工程伦理学: 跨学科协作研究的典范[J]. 科技管理研究, 2016, 36(1): 262-266.
[65] 周慧颖, 郄海霞. 世界一流大学工程教育跨学科课程建设的经验与启示: 以麻省理工学院为例[J]. 黑龙江高教研究, 2014, (2): 50-53.
[66] 何菁. 伦理学研究热点之一: 当代中国工程伦理研究的热点与前沿问题[J]. 昆明理工大学学报(社会科学版), 2017, 17(6): 2+113.
[67] 李正风, 丛杭青, 王前, 等. 工程伦理[M]. 2 版. 北京: 清华大学出版社, 2019.
[68] 赵乐静. 远离认识偏见: 直面科技界的利益冲突、义务冲突[J]. 世界科学, 2002, (8): 34-37.
[69] 董雪林, 姜小慧. 工程实践中的伦理困境及其解决途径[J]. 沈阳工程学院学报(社会科学版), 2018, 14(4): 461-467+480.
[70] 李伯聪. 工程共同体研究和工程社会学的开拓: 工程共同体研究之三[J]. 自然辩证法通讯, 2008, (1): 63-68.
[71] 王健. 工程活动中的伦理责任及其实现机制[J]. 道德与文明, 2011, (2): 101-105.
[72] 张恒力, 胡新和. 当代西方工程伦理研究的态势与特征[J]. 哲学动态, 2009, (3): 52-56.
[73] 戴维斯. 像工程师那样思考[M]. 丛杭青, 译. 杭州: 浙江大学出版社, 2012.
[74] 张扬. 工程中的技术集成研究[D]. 长沙: 湖南大学, 2007.
[75] 欧阳聪权. 工程伦理实践困境的成因分析[J]. 昆明理工大学学报(社会科学版), 2013, 13(4): 6-11.

第 2 章　工程中的伦理问题

工程是人类社会中一项复杂的社会活动，是特定的社会群体通过配合不断地改造自然、造福人类的活动，因此可以说工程是人类科技进步和社会发展必不可少的“催化剂”。然而，工程活动在进行的过程中也存在一定的社会问题，如价值问题、利益问题、风险问题以及工程人员的伦理问题和责任问题。因此，通过对工程伦理的研究，我们可以最大限度地解决工程规划过程中存在的各种问题，及时避免工程实施过程中各类安全事故的发生，并将不可控的安全风险降到最低。除此之外，通过对工程实施人员进行工程伦理的培训教育，也可以增强其对工程活动的责任意识，进一步提升工程的质量。

本章通过对国内外重点工程案例进行分析，展现出了工程对象（工程实施者）在工程进行时可能存在的工程伦理问题，进而通过分析与调研，结合当前国际、国内社会的相关法规和经验教训，针对所提出的问题给予相应的解决方案。

2.1　工程的社会观与价值观

引导案例：中国“596”工程

中国的原子弹研制起步较晚，由于经济和技术落后，中国一开始寄希望于社会主义阵营的苏联能够提供支援。经过长期的交涉，1957 年 10 月 15 日，中苏签订了关于国防新技术的协议。苏联正式同意帮助中国发展尖端武器，并答应向中国提供原子弹教学模型和生产原子弹的技术资料。然而，中苏关系从 1958 年开始日趋紧张起来。1960 年 7 月 6 日，苏联政府突然照会中国政府，单方面决定撤走在华的苏联专家。到 8 月 23 日，在中国核工业系统工作的 233 名苏联专家全部撤离，并带走了重要的图纸资料。面对险恶的国际环境和严峻的经济形势，中央政治局做出决定，削减其他一些科研项目和常规武器的生产，集中更多的财力和物力把原子弹研制出来。为了牢记 1959 年 6 月那段令人屈辱愤懑的岁月，中国的原子弹研制项目被定名为“596”工程。

经过两年的理论建设，在邓稼先的组织下，研制小组成功地用老式的计算器模拟了原子弹爆炸的全过程。通过模拟，他们不仅弄清了原子弹爆炸的过程，掌握了规律，而且还纠正了苏联专家的一个比较大的错误结论。1964 年 10 月 16 日 15 时，随着一声惊天动地的巨响，蘑菇云腾空而起，中国第一颗原子弹爆炸成功了！

“596”工程是新中国成立后实施的第一个大规模国防建设工程，值得思考的是：

（1）新中国刚成立时还面临着温饱问题，为什么还要建设如此大规模的工程？

（2）“596”工程的实施都有哪些价值？

2.1.1　工程的社会观

人类在生活中存在着大量的需求，如生存需求、物质需求、文化需求等，而工程正是针对这些需求进行的有目的、有计划、有组织的人类活动，因此工程具有社会性。认识工程活动时，首先要明白在工程活动中所用到的工程技术和工程工艺都是服从自然科学和技术科学规律的，因此必须用科学的观点去看待工程、认识工程、分析工程。其次，工程活动不只是一个“纯自然”的现象和过程，因为到目前为止所有的工程都离不开人类，并且只有人类的活动才能推动工程的建设和发展，所以在认识和分析工程时，又必须从社会的角度去看待工程。总的来讲，当认识和分析工程活动时，不仅要认识和分析工程活动的自然维度和科学技术维度，同时也要关注工程活动的社会维度和社会价值。工程的社会观是完整的工程观中不可缺少的一部分。站在社会的角度去看待工程活动，能够更加清晰地认识和了解工程活动的社会性和它所带来的社会问题，从而明白工程对社会发展的意义和价值，使社会更加支持工程活动并且进一步推动工程发展，以此来带动更快的社会发展。工程的社会观主要表现在工程的自然性与社会性的联系、工程目标的社会性、工程活动的社会性和工程评价的社会性。

1. 工程的自然性与社会性的联系

工程活动是人类有目的、有计划、有组织地改造自然的活动，因此工程活动既不单纯是一个自然活动，也不单纯是一个社会活动，它是一种同时具有自然性和社会性的活动。工程的自然性常体现在以下几个工程要素中：①工程对象：工程活动大多以自然界作为工程对象或工程背景；②工程手段：工程活动进行时需要用到的手段和方式要符合自然规律；③工程结果：工程活动的最终结果是为了在认识自然的过程中合理改造自然，使自然朝着对人类社会有利的方向改变。工程的社会性主要体现在工程主体上，因为工程的实施主体是人类，而人类的活动本质上具有社会性，因此工程活动也同时具有一定的社会因素。工程的自然性和社会性之间的联系如图 2.1 所示[1]。

2. 工程目标的社会性

从古到今，人类实施的工程都是为了满足人们的某种特定需求，因此工程的目标具有社会性。在城市生活中，工程目标的社会性往往与工程目标的经济性是联系在一起的，且二者密不可分，工程活动的实施与开展往往需要强大的经济实力作为基础，因此可以说工程的社会性是以经济性作为基础条件，而工程本身的经济内涵在许多方面也体现出一定的社会性。

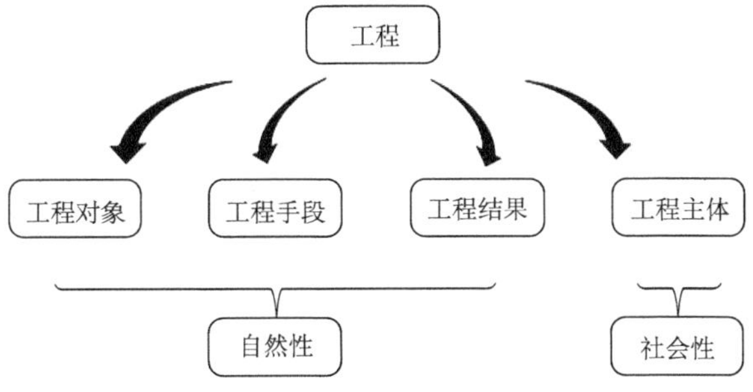

图 2.1　工程的自然性和社会性之间的联系

工程目标的社会性除了体现在工程活动的经济性上，在许多情况下也会体现在工程活动的社会效益上，而判断一个工程活动是否具有社会效益，主要是考察该工程活动的开展实施是否推动了社会的进步与发展，能否为社会带来一定的正面社会效益。工程的社会效益和经济效益并不存在完全的同步，二者可能一致，也可能发生分歧，但是无论两者是否一致，工程活动中都包含经济内容，而经济内容的主要体现就是经济成本。在成本与效益的关系上，有的工程以经济效益为主，有的则以社会效益为主。近现代工程中，大部分以国家为主导的工程活动都以维护国家的安全、社会的公平稳定和促进社会更好的发展为主要目标。例如，政府拿出大量资金实施全国范围内的公租房建设工程，仅北京一地就连续出台了《北京市人民政府关于加强本市公共租赁住房建设和管理的通知》（京政发〔2011〕61 号）和《关于印发〈北京市公共租赁住房申请、审核及配租管理办法〉的通知》（京建法〔2011〕25 号）两项通知，其目的是为工薪阶层提供廉价的公租房，促进社会的公平与发展，因此公租房建设工程就是一个典型的以社会效益为主要目标的工程。除了上面介绍的惠民工程，我国还主导了一系列的国家战略工程，如引导案例中我国以国家为主导的“596”工程就是在新中国成立初期，我国以加强国防建设、不受某些大国的核威胁为目标，以国家为主要引导者并集合全国的人力、物力、财力实施的一项举世瞩目的伟大工程。从上面两个例子都可以看出，以国家为主导的许多重大工程往往不看重工程的经济效益，而是以国家的安全、人民生活水平的提高为主要社会目标。

当前，在以市场经济为主导的经济体制下进行工程活动，企业往往是进行工程活动的基本主体，而企业进行工程活动的目标是追求经济效益。但是随着时代的进步和发展，企业也越来越认识到自己需要承担起重要的社会责任，因此从企业社会责任的意义上讲，以企业为主导实施的商业性工程，在考虑工程的经济效益和企业利益的同时，企业也应该把获取利润外的社会目标纳入考虑范围中，做到企业赢利目标和工程社会目标相兼容。实践证明，只有那些符合社会发展需求、坚持正确社会立场和原则、符合社会性目标和企业经济效益相兼容的工程才是具有生命活力的工程。

3. 工程活动的社会性

工程活动是由投资者、管理者、工程师、工人等不同成员共同参与和实施的一项社会活动。他们在工程活动中相互配合，各自发挥着重要的作用。投资者为工程活动提供经济基础，管理者负责管理工程活动的具体施工事项，工程师进行工程活动的设计和规划，工人进行具体工程的建造。每个工程对象都有各自的分工，因此工程活动的本质就是各种类型的社会成员进行社会性活动的集成和综合，是各相关主体以共同体的方式从事的社会活动，也是多种形式、多种性质社会活动的集合。工程活动中不仅包含了复杂的物质性操作活动，同时也包含了复杂的人员合作活动，而工程活动的社会性集中体现在工程参与成员在进行工程活动时的合作关系上，没有这些不同工作人员的社会合作关系，或者说这种合作关系出现一定的问题，那么工程活动将无法继续进行下去。

工程活动中不同人员的合作关系出现问题一般是由工程人员个人目标的不一致性导致的。大量人员在进行工程活动时除了有一个工程本身的总目标外，每个参与工程活动的人员不可避免地还有各自的个人目标。在工程活动中，投资者、管理者、工程师和工人这几类工程主体的目标大多数情况下具有一致性，但是也会有少数情况如因为个人目标的不一致而产生一定的分歧，进而发生冲突。因此，工程活动的社会性不仅集中体现在工程共同体成员在工程中的合作关系上，同时还体现在工程共同体成员之间必然存在的各种矛盾和利益冲突上。在一个工程活动中，不仅要解决时常出现的资金和技术问题，还必须要解决好工程共同体成员之间时常出现的各种社会矛盾和利益冲突，有时如何协调好不同工程主体的目标诉求而带来的利益冲突甚至比解决技术难题更加困难。因此，在保持大目标一致的前提下进行工程活动时，最大限度地权衡协调工程主体成员间及工程共同体与社会其他成员间的利益冲突和社会矛盾是工程能够顺利进行的必要条件[2]。

除此之外，工程活动的背景不仅有自然环境，还有一定的社会环境。对工程活动来说，社会环境为工程提供一定的社会资源，如社会环境为工程招聘工人，为工程活动的顺利实施提供良好的融资环境，而且社会环境还作为结构性因素影响着工程活动，并通过工程活动渗透到工程对象中，如万里长城、故宫、金字塔等，都能够还原出特定时代的政治社会背景。

4. 工程评价的社会性

进入 20 世纪后，随着人类科技的快速发展，各种现代工程的数量、规模和社会影响不断扩大。每一项工程活动都是具有明确的建设目标并且花费了一定资源的社会活动，尤其是许多以国家为主导的大型工程活动，如三峡工程、南水北调工程等，这些工程的投入巨大，牵扯范围也较为广泛，那么许多社会人员就会提出国家进行如此大规模的投入，工程的社会目标是否实现，工程对社会的影响如何等问题。这些问题都导致在一个工程活动结束后需要对工程活动进行社会评价。

在对工程进行社会评价时往往存在两个最主要的难题：①工程，尤其是许多大型工程，它们的社会效益与经济效益的可计量性相比，通常没有一个合理的计量方式，因此如何确立科学的评价标准和评价体系是至关重要的；②当前社会是一个价值观多元化和利益分化的社会，不同社会人员、社会群体在看待同一个工程时可能得到不同的价值判断，这就需要一个合理的评价主体及合理的评价程序。

社会评价标准的科学性和程序的合理性是统一的。进行社会评价要以对工程所带来的“社会效益”的清楚认识为前提和基础，但是在一个价值观多元化的社会中，不同的社会群体常对同样的“社会效益”有不同的评判标准，这意味着在评价程序中，选择合适的评价主体具有十分重要的意义。但是，这并不意味着评价标准和评价指标就完全依赖于特定选择的评价群体，社会人员还应该使评价标准本身具有相对的独立性。虽然社会是由个体组成，但是它具有不同于个体的整体性特征。一个社会的意识形态、文化传统、价值观等是不能简单还原为个体层次或某个群体层次的，这意味着有必要与有可能根据某种社会共识和普遍的价值观认定某种社会的整体利益。理论上讲，如果评价主体和评价程序的选择是足够合理的，那么其所形成的评价标准与认定的社会整体利益应该基本上是吻合的[3]。

2.1.2　工程的社会功能与贡献

工程是社会存在和发展的物质基础，工程活动是人类活动的永恒主题，是现代文明、经济建设和社会发展的重要组成部分。工程活动也是复杂的社会实践过程，它增强了人类认识自然和改造自然的能力，能最快、最集中地将科学技术成果运用于社会生产和工程建设项目中，并对人类社会的政治、经济、文化、科技、军事、管理、生态等各个方面产生广泛而深刻的影响。进入 21 世纪后，经济社会发展和科技进步更是日新月异，工程的作用也显得越发突出。优良的工程能为促进社会经济发展、提高人民物质文化生活水平、保障国家安全和实现社会的可持续发展奠定坚实的物质基础。除此之外，工程对科学、技术、经济、社会、文化也有巨大的推动作用，而工程巨大的社会作用主要体现在以下几个方面。

1. 工程是人类社会存在和发展的物质基础

工程的社会功能首先体现为工程为社会存在和发展提供了物质基础。工程是人类改造客观世界的社会活动，工程实践已成为人类实践活动的重要组成部分，成为人类社会存在和发展的物质基础[2]。工程塑造了现代物质文明，改变了自然和现代社会的面貌，满足了人类生活的基本需求，提高了人们的物质文化生活水平和社会生活质量。这主要体现在以下四个方面：

（1）工程是人类活动的永恒主题。人类从走出洪荒的那一刻起，就以劳动造物的方式开始了工程化的生存，为了不断改变自己的生存环境和生活条件，人类一直在通过实践活动建设各种各样的工程，工程已经成为人们认识世界、改造世界的意志和能力的集中体现，工程建成后又反过来成为人类赖以生存和发展的物质基础和必要条件。进入现代后，科技迅速发展，工程活动也大幅度增加，在现代社会，无论是经济的发展还是科技、文化、社会的发展提升，无论是个体的发展还是整个社会的文明进步，都是通过一个个工程活动实现的。可以说，工程是人类进步的主要生产力并始终伴随着人类文明的发展，已经成为人类活动永恒的主题，成为现代社会的重要标志和人类社会存在与发展的物质基础[4]。

（2）工程能改善人类的生存环境，提高人民的物质生活水平。工程是人类的一项以利用和改造客观世界为目标的造物活动，是人类为了解决一定的社会问题和改善自身生存条件而制造的具有一定功能和价值的人工系统或产品。从远古人类打造的石器、陶器，到现在建造的大型系统化工程，人类在认识自然、改造自然的斗争中，通过工程不断为社会创造更多的物质财富，不断改变人类自身的生活方式和生存境遇，提高物质文化水平和生活质量。可以说，工程活动给人类生活带来的最直接利益是物质生活更加富裕和消费产品更加多样。人类赖以生存的衣食住行等都离不开人造之物，而且人类对各类工程的依赖程度也日益加深，如人类需要建筑工程建造住宅，以提供舒适的居住条件，满足居住需求；需要交通工程提供各种运载工具，满足出行需求；需要通信工程，改变以往的信息传递方式，满足能够更好地与他人沟通的需求。

（3）工程能深刻影响人类的精神世界和生活方式，提高人们的文化生活水平。正如马克思所说，工业的历史和工业已经产生的对象性的存在，是一本打开了的关于人的本质力量的书。工程不仅塑造了人类的物质文明，使我们的生活环境逐渐改善，社会生产力水平不断提高，也深刻影响了人的精神世界，使人的创造力和个性得以张扬，人的本质力量得以显现和提高。这就是为什么不论是古代留下来的故宫、龙门石窟、雷峰塔、泰姬陵，还是近代建造的自由女神、白宫、埃菲尔铁塔等，在当下的社会条件下仍然是人们文化生活和旅游观光的重要场所，这就说明即使到了今天它们所继承包含的文化和精神魅力仍然熠熠生辉。

（4）工程能降低人类改造自然带来的负面影响，促进社会可持续发展。工程不仅具有造福人类、促进经济增长的积极效应，也往往具有破坏生态环境的消极后果。因此，工程不仅直接关系到工程主体和社会群众的利益，也长远地影响着自然环境。人类兴建的众多工程中，尤其是以国家为主导的大规模工程，大部分鲜明体现了社会伦理责任以及为人类造福的目标理念。我国实施的一系列退耕还林、自然保护区建设、南水北调、长江三峡工程等重大工程，都对改善生态环境、降低自然环境所带来的风险发挥了重大作用[5]。

2. 工程是人类文明进步的象征和文化传承的载体

一切人类活动的“上层建筑”都是建立在工程的“经济基础”上的，工程作为物质化的人类文明，不仅具有创造物质财富的生产力功能，而且是人类文明演变的强大动力和文明进步的象征，其中蕴含着人类不断进步的文化精神，而且凝结和蕴含着特定的、丰富多样的社会民族文化，是储存和传承人类社会文化的载体。工程的文化内涵具体体现在以下三个方面：

（1）工程是人类文明演变的推动力量。一部工程演化的历史是人类凭借自己的智慧巧妙利用自然物和自然力建造一个个工程来满足物质和精神需求的历史。工程造物活动是人类最古老、最重要的活动和生存方式，它极大地推动了人类社会的进步和文明进程，因此工程演化史也是人类文明史中一个重要的组成部分。工程活动的历史与人类的历史是相依相存的，从远古时代简单的制造石器、陶器这些原始的工程活动，到后来制造出金属工具，有了劳动分工，并不断扩大协作生产规模，工程活动也越来越多，水平也越来越高。进入现代后，随着社会生产力的发展及各种动力机的发明，各个行业的生产方式也发生了翻天覆地的变化，生产专业化、标准化、综合化程度越来越高，人建造人工物的能力越来越强，工程项目也日益复杂[6,7]。

（2）工程是人类智慧的结晶，是人类文明进步和精神力量的象征。工程是人类运用自己的经验和掌握的科学技术知识开发自然、改造物质世界的产物，工程活动是人在建构人工物的创造性实践过程中直观自身的一种方式，是人的本质精神力量、智慧、才能的象征，也是社会文明的主要标志。人类辉煌的工程史是人类能动性的重要体现，是人类工程思维的硕果，其中包含了人的本质力量和价值追求。人类的智慧和力量在工程中得到延伸、展现，工程在人类智慧和力量中得以酝酿、实践。历史性、标志性的工程往往成为其所在国家、地区和民族引以为傲的精神力量和历史文化符号。例如，我国战国时期的都江堰水利工程代表了我国古代人民的智慧，铸就了我国古代工程史上的辉煌，也是遵循自然规律、实现工程与生态环境和谐发展的典范，除此之外，我国的长城、秦始皇兵马俑、大运河、布达拉宫、故宫、苏州园林等工程都是我们祖先智慧的结晶。

（3）工程是人类文化传承的载体。工程存在于一定的历史条件和社会文化环境中，工程活动不仅包括经验、技艺和技术的集成与优化，而且是自然、经济、文化、环境等因素综合作用的社会发展进程。工程是历史的见证，工程建设的历史连续性是文化发展历史连续性的基础。每个时代都有自己时代的社会文化风俗与各自的特色，这些都是所在时代的文化体现，而这些文化都会融入所在时代的工程中，成为工程所带有的特殊文化符号。例如，世界八大奇迹的建筑之所以被列为世界文化遗产，是因为其中都蕴含着所处时代的社会文化，拥有一定的文化价值和历史价值。秦兵马俑就蕴含着秦始皇统一中国后的辉煌气势和秦军的赫赫军威，以及当时所处时代的历史、社会风貌、军事等文化内涵，万里长城更是成了中华民族的象征。

3. 工程是推动科学技术转化和发展的桥梁和动力

从远古社会的刀耕火种到现在大型机械的利用与大规模的工程建设，人类的发展其实就是在一个不断认识自然、改造自然、再认识自然的循环中不断前进的。在认识、改造自然的过程中，人类不断了解自然的规律，积累了一系列的科学技术经验。随着人类技术的不断发展，工程规模的不断扩大，工程需要大量的科学技术作为支撑。同时，实施工程的过程又会推动科学技术理论到实际应用的转化与发展。所以，工程是推动科学技术理论转化为现实生产力的重要桥梁，而其中的关键主要体现在以下几个方面：

（1）工程记载了人类技术进步的轨迹。从古到今，每个工程都记录着当时最先进的工艺技术，储存着大量的科学技术信息，确切地说是当时社会科技发展的最高水平。我们可以通过对古代工程的考察研究，了解当时的科学技术发展水平，甚至能够得到许多已经随时光流逝而失传的技艺，并在此基础上进行发展创新，获得更大的科技进步与技术创新，从而使工程质量进一步提高，工程规模进一步扩大。

（2）工程是促进科学技术向生产力转化的关键环节。虽然科学技术是第一生产力，但是如果没有实际操作验证，它就仅仅是纸上谈兵的理论，只有将科学技术应用于生产建设，才能转化为现实存在的直接生产力，成为人类改造自然的强大动力，从而促进社会发展，创造财富。科学技术的现实物化有许多种方式，其中最重要的是通过工程技术创新和工程化将科学技术转化为社会财富。不仅如此，工程的需求也是科学技术发展的动力，正是因为我们对工程质量要求的不断提高，才促使科学技术不断发展前进，社会上工程技术的需求才是研究者进行研发的第一动力。随着人类不断地发展进步，所需要的工程活动会向科学技术提出更高的需求和标准，因此工程的发展不仅是推动人类科学进步的动力，同时也是科学进步的受益者，二者相互促进，促进了人类社会的发展[8]。

（3）工程与科学技术发展相互依存，互为平台。20 世纪下半叶以来，科学技术发展呈爆炸式的上升趋势，但是随着科学技术的不断进步，对所需要的仪器设备的要求也逐步提高，尤其是许多微观领域的研究，如纳米材料、微观原子和质子的研究，这些都需要大型仪器设备作为辅助，而这些大型仪器设备都是工程活动所生产出的工程产品。例如，高分辨率透射电镜、高能粒子对撞机等，这些工程都是为了更好地服务于科学技术的发展，为科学技术的进一步发展提供平台；但同时制造这些工程产品也同样离不开科学技术的发展，科学技术为这些工程的建设提供了理论支撑，推动了工程的发展和工程产品的问世[6]。

2.1.3　工程的价值

工程的价值是社会群众及工程主体对工程价值的认识，以及对工程活动的作用和重要性的总体评价。工程活动是为了造福人类、满足社会发展需要和人民生活需求的一种社会活动，但是工程不是为了建设工程而建设，它必须有正确的价值取向，工程的目标和价值追求往往是多属性、多元化的，因此了解、掌握工程的价值观属性对理解工程的意义至关重要。

1. 工程的价值导向性

人类想要在自然界中生存和发展下去，就必须解决人与自然界之间的矛盾问题，就必须向自然界谋取人类所必需的生活资料和生产资料[9]。可以说，人类发展的过程是人类不断认识自然、改造自然的过程。远古时期，人类为了生存进行生产实践（工程活动），打造石器是为了能够更好地捕猎，建造栅栏是为了更好地抵御野兽，在那个时代，工程的目的就是为了能够生存下去。随着近代科技的迅速发展，工程也一直是推动人类文明进步的最大助力，工程是人类社会存在和发展的基础，是国家竞争实力的根本。所以，从宏观上讲，对人类而言工程具有巨大的正面价值，任何否定工程这种积极作用和正面价值的观点无疑都是错误的。

从微观上讲，从一些具体的项目来看，每个工程活动项目都有比较明确的价值导向，因为每个工程的实施都有其各自的目的与价值。例如，我国著名的“596”工程，它的价值导向就是为了增强我国的国防实力，使我国不再受到世界某些大国的核威胁，并且提高我国的国际地位；近年来，我国实施的南水北调工程，其价值导向也是十分明确的，就是为了改善北方人民群众的生活质量，优化水资源配置，促进区域协调发展。所以，一个工程的价值导向往往为一个工程指明了方向，而这种目标价值导向也往往关乎工程所带来的社会效益和经济效益。

2. 工程价值的多元性

每个工程都有自己的目标价值导向，但是不同的工程因为所需要完成的社会使命和所承担的社会责任不同，因而具有不同的目标价值导向，这就产生了工程价值的多元性，有的工程主要是为了追求经济价值，但是除了经济价值外，工程所具有的科学价值、政治价值、社会价值、文化价值和生态价值等也值得我们关注。

1）工程的科学价值

很多高尖端工程的巨大意义就是它所带来的科学价值，如高能粒子对撞机工程、航空航天工程等，高能粒子对撞机工程是为了我们能够更好地了解、探索微观世界的科学问题，以便我们能更好地利用这些微观知识解决更多的问题。同样，航空航天工程也具有巨大的科学价值，能够帮助我们了解我们生存的这个星球、这个宇宙，并且通过不断探索，让我们更多地了解宇宙，甚至探寻可能存在的宜居星球和地外生命信息，这便是工程科学价值的体现。除此之外，这些工程所制造出的科学仪器设备也能够进一步促进科学的发展，如现在研究中不可缺少的高分辨扫描/透射显微镜，这些工程制造的产物能更好地推动科学技术的发展，这也是工程的科学价值的另一种体现。

2）工程的政治价值

我国古代的很多工程建筑都具有十分丰富的政治价值，最明显的莫过于秦始皇陵的建造工程，这个工程利用 70 万奴隶，其目的就是为了满足政治统治者实现千秋万代统治的政治价值。另外，我国古代的很多建筑也都体现了严格的政治制度，如所建造城池的面积、王府和陵墓的规模，这些工程建筑都能体现出它所蕴含的政治价值。近代以来，随着国家概念的日益增强，现在工程政治价值的一个极端表现就是军事价值，先进的工程技术往往被先用于军事上，而这些工程技术都是为了满足国家的政治需求，我国的“596”工程的开展就是为了能够拥有自己的核武器，能够提高我国的国际地位，不受他国的核武器威胁，这种工程的政治价值要远超过其他价值的总和。目前来看，我国华为公司正在进行的 5G 工程建设也是为了使我国能够站在通信领域的顶端，领先于全世界，这项工程也具有相当重要的政治价值。

3）工程的社会价值

工程的社会价值主要体现在工程的科学技术发展及工程的制造产品上。例如，从工业革命到现在全世界范围内不断实施的医药工程，大幅度提高了人类的寿命，使人类的平均寿命从工业革命前的 37 岁增长到现在的 69.3 岁，医药工程的社会价值显现得淋漓尽致。除此之外，很多以军事价值为目的的工程活动，随着军事技术的不断提高，一些工程技术也慢慢地民用化，如电子计算机、高分辨率摄像机，甚至核工程，这些曾经高尖端的军事工程现在也慢慢成为我们生活中必不可少的一部分，我们享受着核电站所带来的廉价的电能，用着带有高分辨率摄像头的计算机进行视频授课学习，这些都是工程所带来的社会价值。但是，工程的社会价值并不是只有对社会有利积极的一面，与很多事情一样，工程的社会价值也是一把双刃剑，它同时也增大了贫富差距，尤其是现代的人工智能工程，不断通过智能机器代替传统人工，使失业人数大幅度增加，而资本家却可以通过这些工程创造更高的收益，从而进一步加剧社会的不平等。

4）工程的文化价值

工程的文化价值通常可以从两方面来看待，一方面是工程的历史文化价值，许多古建筑都蕴含着工程建造时代的社会的文化，这些文化渗透在工程建筑和工程造物中，这些工程的文化价值在经历几百年甚至千年后，仍然能吸引大批的游客去参观、去体验感受当时的文化风貌。有些工程建筑甚至已经融入一个民族的灵魂中，如长城，这个由封建帝王建造的大型工程现在已经是中华民族的标志象征，这种文化价值远远超过当时建造工程时的军事价值。另一方面是工程的现有文化价值，如中国国家大剧院工程，在建造完成后承担着国家重大的音乐歌剧演出功能，丰富着国人的文化生活，很多青年文艺工作者以能够进入国家大剧院演出为荣。除此之外，我国最近正在大力倡导的 5G 建设工程，也是为了能够为人民提供更好的文化传播途径，进一步促进新媒体的发展，满足人民日益增长的文化消费需求，这种工程的文化价值远远高于其他价值。

5）工程的生态价值

古代的人类在进行工程活动改造自然时，首要目标是如何完成自己的既定目标，通常不重视工程的生态价值。我国古代的许多大型建筑，正如《阿房宫赋》里面提到的，“蜀山兀，阿房出。覆压三百余里，隔离天日”，建造一个阿房宫所用的木材竟将一整个山的树木都破坏了，这完全不符合工程的生态价值概念，甚至是在破坏生态。近代以来，随着环境污染、生态系统的破坏加剧，人类也越来越重视工程活动与环境的和谐共存，现在的工程项目都倡导绿色、环保、环境友好，甚至有一些国家主导的环境工程不求其经济价值，只是为了能够改善生态环境，为了能够长久可持续发展，如我国在三北的防护林工程，大幅度地保护了当地的生态。同时，各地以政府为主导进行的污水处理工程也大大减少了河流废水污染，使生态环境得到了极大的改善。

3. 工程价值的综合性

工程价值的综合性，顾名思义就是每个工程活动所包含的工程价值不只含有一种，而是多种价值的综合。这是因为工程活动本身就是一个集合了社会、科学、军事、文化等各个方面要素的一个整体性活动。我们常说的某一领域的工程活动，如国防建设工程、生态环境工程等，之所以被冠以“国防”“生态”标签，是因为其主导价值是军事价值或生态价值，其实还包括其他方面的工程价值。

参考案例：武汉长江大桥建设工程

武汉长江大桥是中国湖北省武汉市连接汉阳区与武昌区的过江通道，位于长江水道上，是中华人民共和国成立后修建的第一座公铁两用的长江大桥，也是武汉市重要的历史标志性建筑之一，有“万里长江第一桥”的美誉。其实在民国时期，国民政府想要建造一座可以横跨长江两岸的公铁两用的跨江大桥，但是因为军阀混战及之后的抗日战争，工程一直没有得到有效实施。1949 年，李文骥联合茅以升等一批桥梁专家，向中央人民政府递交了《筹建武汉纪念桥建议书》，建议建造武汉长江大桥，作为新民主主义革命成功的纪念建筑。9 月 21 日至 30 日，在北平召开的中国人民政治协商会议第一届全体会议通过了建造武汉长江大桥的议案。1953 年 4 月 1 日，经政务院总理周恩来批准，铁道部正式成立武汉大桥工程局，对武汉长江大桥进行筹备建设等工作；7 月，彭敏率铁道部代表团带着武汉长江大桥的全部设计图纸及技术资料，赴莫斯科请苏联专家帮助，对该桥建设进行技术鉴定；9 月，苏方派出了由 25 位桥梁专家组成的鉴定委员会，对武汉长江大桥的方案进行了反复研究、完善，后应中方要求，派遣以康坦斯丁·谢尔盖耶维奇·西林为组长的 28 位桥梁专家组成的专家组前来武汉提供技术指导。1955 年 9 月 1 日，武汉长江大桥作为中国国家“一五”计划重点工程动工建设。历时两年，1957 年 9 月 25 日，武汉长江大桥工程全线竣工，10 月 15 日正式通车交付使用。

案例中的武汉长江大桥作为新中国成立后“一五”计划的重要工程之一，所蕴含的价值自然不是一般工程可以比拟的。第一，长江大桥工程具有比较重要的经济价值，尤其是公铁两用的武汉长江大桥起着南北交通枢纽的关键作用，大大减少了往来运输的交通成本，获得了相当可观的经济利益。第二，此项工程具有一定的军事和政治价值，武汉长江大桥作为一条横跨长江南北的大桥，极大地便利了军队运输，使南北军队可以迅速移动，军事物资也得以快速运输，具有一定的军事价值。至于政治价值，就更加明显了。武汉长江大桥作为新中国成立后建设的第一个大型桥梁工程，其政治意义巨大，武汉长江大桥的顺利建成使我国在桥梁领域的成就受到了全世界的认可甚至是敬佩，对于一个刚刚成立的中央政府而言，这种政治价值是不可比拟的。第三，武汉长江大桥工程具有的社会价值最直观的表现就是，桥梁的顺利建设通车使两岸的武汉居民联系更加紧密，同时在当时那个社会背景下，此项工程的顺利完成也极大地鼓舞振奋了全国人民，体现了社会主义制度的优越性。

4. 现代工程的价值观

相比于新中国成立初期和改革开放初期，现代工程的价值观更加全面，更加注重生态价值和其他隐性价值。改革开放以来，我国的工程建设数量呈现指数型增加趋势，虽然带来了巨大的经济效益，但是生态环境受到较大破坏，并且耗费了大量的自然资源。这些教训在现代工程的设计实施过程中都起到了一定的警示作用，现代工程在考虑经济价值的同时，也会正确地认识和协调好工程的多元价值，使多元价值观找到一个完美的平衡点，从而形成统一的现代化工程价值观[10]。这种现代化工程价值观通常有两个重要的标志：首先，现代化工程价值观会把社会群众的利益放在首位，这种利益不只是经济利益，同时包含社会群众的健康、安全及幸福，以“南水北调”工程为例，工程设计规划时就尽最大可能绕开人员密集区域，对于需要征地搬迁的社会群众，国家专门出台了一系列的中央文件，如《南水北调工程建设征地补偿和移民安置暂行办法》，尽最大可能保障群众的利益；其次，现代化工程价值观还会强调人、自然和社会三者的协调统一及工程的实施是否符合国家可持续发展的要求，以三峡工程为例，三峡工程除了利用水力发电满足经济价值外，同时还可以控制长江的特大洪水灾害，提高河流的防洪能力，具有防洪抗旱、改善航运的多元价值。

2.2 工程的利益与公正

引导案例：浙江余杭中泰事件

2014 年 4 月，杭州市公示了重点规划工程项目，准备在中泰乡建一座垃圾焚烧发电厂，本身这是一项有利于整个杭州市民的利民工程，但是由于没有进行充分的协调协商，利益划分不均，导致城西部分居民在内的众多群众担心这个工程将会影响自己的身体健康和切身利益，因此在 2014 年 5 月 10 日，在少数不明真相和冲动群众的煽动下，大量群众聚集并涌上 02 省道和杭徽高速余杭段，一度造成了交通瘫痪，并有人趁机打砸车辆、围攻殴打执法管理人员。有多名民警、辅警、群众不同程度受伤，数辆警车和社会车辆被掀翻。

随着事件的发酵，网上一度出现了一种声音：“不闹不解决问题”，这主要是说有关部门在之前为什么不出面协调好利益的分配，非要等到事情闹大了，群众被煽动了，造成了重大社会影响和人员伤亡后才引起重视，去协调处理，这种处理方式是市民通过非合法手段争取保障个人利益。而该事件不免引起我们的思考：为了大部分人民群众的利益而牺牲一小部分社会群众的合法利益时，如何能避免这种社会矛盾的产生？

2.2.1 工程的利益冲突

工程的利益冲突主要体现在两方面：一方面是工程主体的利益价值观不同所导致的工程价值观冲突，如在工地施工过程中，主要负责工程建设的工人建设者与工程项目的负责人（承包商）之间因为利益问题产生矛盾，这种矛盾属于工程主体的内部矛盾；另一方面是工程主体与社会群众之间的矛盾，尤其是与利益攸关群众之间的利益价值冲突，通常会对工程造成巨大的影响，轻者会影响工程选址建设、工程进度，严重的话甚至会造成严重的社会矛盾，影响城市的正常运行和发展。相比之下，工程主体与利益攸关群众之间的利益冲突要远远多于工程主体内部之间的利益冲突。

1. 关于工程利益中的邻避效应

“邻避效应”是指居民或当地单位因担心建设项目（如垃圾场、核电厂、殡仪馆等邻避设施）对身体健康、环境质量和资产价值等带来诸多负面影响，从而激发人们的嫌恶情结，滋生“不要建在我家后院”的心理，即采取强烈和坚决的、有时高度情绪化的集体反对甚至抗争行为。“邻避效应”出现的主要原因是工程利益的不公正，工程在规划时顾及到了大部分社会群众的利益，但是工程实施地点周围的居民却要承担一定的利益损失或者身体健康伤害，这就是社会群众与工程附近居民之间产生的利益冲突，从而导致工程无法实施。而且随着社会的发展，社会群众个人保护意识的增强，这种因“邻避效应”而导致的工程难以推进的事件越来越多，有些甚至产生了巨大的社会舆论，对社会的稳定产生了一定的影响。例如，2012 年广州市建委组织的 110 kV 南德变电站工程项目，就是因为工程周边几个小区的居民坚决反对变电站建设在自己的居住区附近，最终导致工程项目迟迟不能进行。究其根本，“邻避效应”最核心的问题是受影响的社会群众认为，既然一个工程使大多数人获得实质利益，为什么他们要承担其带来的危害，其实他们反对的也不是这个工程项目本身，他们真正反对的是为什么要建在自己的居住区附近[11]。

“邻避效应”的发生主要存在两种情况，第一种是为全体社会人员造福的公益项目和公共基础设施的建设，这种情况对于社会群众来说，他们对工程项目本身并没有太大的抵触，这里涉及的是公共利益和少数社会群体利益（符合法律和情理的利益）之间的矛盾，这种“邻避效应”往往由政府出面，用合理合法的公正程序或者迁移工程建设所需用地，一般都能解决。第二种情况就是一些企业的工业活动，如化工厂、制药厂、炼油厂等的企业厂房建设，这些工程也同样会对周边居民造成一定的身体损伤或者利益损害，这种企业为了追求利益而建设的工程涉及的是企业利益与周边社会群众利益之间的矛盾，这种“邻避效应”往往处理起来更加困难复杂。因此，企业在工程筹备之初就需要考虑到这些问题，进行合理的考察，然后再确定工程实施地点。

2. 利益攸关方的关系及矛盾

近代以来，利益攸关方的定义一直在扩大和完善。随着资本规模的扩大，各个成分之间的联系也日益加深，矛盾也开始不断出现最后以至于激化。起初，利益攸关方只是股东，随着时间的推移，企业管理领域把其他的“利益相关者”如投资者、员工、消费者、生态环境等也纳入进来。这是因为现今任意一种社会关系都会对一个工程或者企业的利益造成或多或少的影响，甚至决定了资本能否持续运行下去和企业的生死存亡。这种理论将其与消费者的供需关系、与社会部门的监管关系、与员工之间的雇佣关系等有机地整合起来。除了企业中存在这样的利益攸关方，在以国家为主导的工程项目建设时，也存在国家与工程涉及的社会群众之间的利益关系，而国家代表的一般是更大一部分社会群众的利益，而承受者利益攸关方代表的则是一小部分社会群众的合理合法的利益，这种利益攸关方之间的关系也是一种微妙的存在。有联系就会有矛盾，而矛盾就是实现和提升工程利益的关键。工程伦理的着力点并不在于追逐利益，它通过一种分类的方式将各个部分进行了划分，并能够通过调节各个部分之间的关系最大限度地解决利益攸关者之间存在的社会矛盾。

2.2.2　公正原则在工程中的体现

社会需要公平公正，法律存在的意义就是维护社会的公平与公正，而工程活动中，能保障工程实施过程中的公平公正也是至关重要的。这种公正原则不仅表现在工程主体（投资方，管理者，建设者）上，也要表现在工程利益的攸关者，尤其是利益损失承受者上。想要保障工程中的公正原则，主要需要坚持以下三个方面。

1. 基本公正原则

公正原则主要有四种类型，这是由美国的伦理学家乔治（George）提出的，主要包括补偿公正、惩罚公正、分配公正和程序公正。

补偿公正，每个工程活动的出发点都是为了能够满足大部分社会群众的社会利益，但不是全部，如南水北调工程为缓解北方水资源紧张做出了巨大的贡献，但是在南水北调工程的施工线上，有许多社会群众因为工程的实施要搬离自己祖祖辈辈生活的家乡。这时，如何使这部分社会群众不心寒就变得至关重要，补偿公正就是最大限度解决此类问题最好的办法。为此国家专门出台了临时办法《南水北调工程建设征地补偿和移民安置暂行办法》尽可能地做到使每个群众都满意，这就是补偿公正的重要体现，也展现出我国在经济发展的同时，关注每个公民的根本利益。

一个工程的顺利实施不仅需要工程主体的通力协作、社会群众的支持，也需要法律保障。法律保障就是为了保证惩罚公正，惩罚工程过程中的违法者。在我国的现代化建设进程中，政府征用人民土地，给予利益攸关人民拆迁补偿款，而有些工作人员上下其手，大幅度削减人民的补偿款，并进行强制拆除，严重损害了人民的人身安全和人民的利益，面对这些危害到人民利益的工作人员，就需要用法律保障惩罚公正，惩罚那些侵犯群众利益、损害国家形象的工作人员。

分配公正是解决“邻避效应”最主要的途径，工程活动要让个体与特定人群的发展生存需求得到基本保障，社会帮助和补偿由于工程活动而处于相对不利地位的人。通过在经济补偿、环境保护、政策优惠、身体健康等方面给予特殊照顾，对风险工程项目地区的民众进行补偿与优惠，从而消除“邻避情结”。

程序公正是满足分配公正的一个最主要的途径，程序公开透明，受群众监督，做到程序公开透明，社会群众才会心服口服，理解政府的用心，保障工程的顺利进行。

2. 利益补偿的原则

要想实现工程活动过程中的补偿公正和分配公正，利益补偿就必不可少，而针对利益补偿，我国当前存在最多的就是国有土地的征收涉及的征收补偿矛盾，之前很多被征收人因为对国有土地征收法律不了解，利益总是受到损害。国务院为了实现征收的公平公正，特地发布了《国有土地上房屋征收与补偿条例》，体现了利益补偿的五大补偿原则，分别为：①坚持为了公共利益而征收，公共利益主要表现在征收用地主要将用于由政府组织实施的各项科技、交通、水利、教育和卫生等公共事业。②先补偿后搬迁原则，根据条例第二十七条规定，实施房屋征收应当先补偿，后搬迁。③补偿不得低于周边类似房屋的价格原则，如果国有土地上的房屋拆迁补偿款价格低于周围类似房屋的价格，拆迁后生活水平下降，那么肯定是不合理也不合法的。④禁止任何逼迁原则，根据条例第三十一条，采取暴力、威胁或者违反规定中断供水、供气、供电和道路通行等非法方式迫使被征收人搬迁，造成损失的，依法承担赔偿责任；对直接负责的主管人员和其他直接负责人员，构成犯罪的，依法追究刑事责任。⑤被征收人可以自由选择货币补偿和房屋调换的原则，根据条例第二十一条，被征收人可以选择货币补偿，也可以选择房屋产权调换。这些利益补偿原则充分地保障了社会群众的利益不受到侵犯，使工程活动能够按计划顺利进行[12]。

3. 利益协调机制——公众参与

对我国而言，传统的工程管理机制大多为科层制结构，其特点为自上而下管理，重视行政且由精英主导，公众参与的力度需进一步加大。不论是工程建设还是管理方面，一味偏重经济效益而忽略社会效益，往往会对其造成不必要的麻烦甚至损害自身及群众的利益。因此，建立相关者的利益协调机制尤为重要，使公众积极参与工程的决策、设计和实施全过程。

首先要保证公众的知情权，做到知情同意。任何工程项目均与相关群体的价值取向息息相关，工程项目的开展与科技成果的实施，都可能会直接或间接地影响部分或全体社会公众的利益，因此相关工作人员有义务将这些信息充分、及时、无偏见地向社会公众传达。此外还要保障社会公众知情同意的权利。相关工作人员应当告知公众有关工程项目的性质、后果、风险等与公众利益紧密相关的信息，与公众协商并取得支持、同意。

其次，让各类利益相关者或其选出的代表都直接参与决策，达成共识。在参与决策过程中利益相关者各抒己见，客观、公正、实事求是表达自己的态度。对于焦点问题，有必要开展下一轮的协商，这个过程可能耗时较长，意见相左，但从大局观看，这个过程中各利益相关者更加深入了解项目情况，有利于项目进程的发展，从而最终使双方达成良性共识。比如，南水北调工程毫无疑问是我国一项重大战略性工程，在工程进展中，政府积极让社会公众参与，保证公众的知情权，通过协商积极解决矛盾，并与公众达成共识，从而促进了我国南北经济、社会与人口、资源、环境的协调发展。

2.3 工程风险

引导案例：切尔诺贝利核事故

1986 年 4 月 26 日凌晨 1 时 23 分，位于乌克兰北部靠近白俄罗斯边境的切尔诺贝利核电站的第四号反应堆发生了爆炸。连续的两次强烈爆炸掀去了反应堆厂房的房顶，爆炸后燃烧的石墨飞到其他厂房房顶，引发厂里大火。爆炸与火灾产生的烟和火焰升腾起约 1.8 km 高的烟柱，数吨放射性物质被释放到大气中，由气流携带飘散到苏联西部、北欧、整个北半球。该事故直接造成 31 人死亡，9 万余人由于放射性物质远期影响而殒命，超过 20 万人由于辐射而患上癌症等重病；直接经济损失 180 亿卢布，数百万人居住的土地遭到污染，方圆 30 km 地区的 11.5 万多民众被迫疏散；1440 km^2 的农田停止生产，4920 km^2 的森林土地禁用[13]。

切尔诺贝利核电站共有 4 套机组，均为 1000 MWe 的石墨慢化压力管式沸水堆（RBMK-1000）。该反应堆采用 1700 t 石墨砌块作为慢化体，沸腾轻水作为冷却剂，堆芯总计装有约 190 t 含 2% ^{235}U 的低加浓二氧化铀燃料。反应堆备有应急堆芯冷却系统、应急供电系统和一系列安全连锁装置。RBMK 型反应堆设计本身存在安全隐患，也是该事故的内在原因。其最大的安全问题在于正的空泡反应性系数，即空泡增加，反应性增加，这又导致空泡继续增加，反应堆就会失控，危险性极高。此外，反应堆的反应性余量不足，控制棒从最高位置开始下落时有一个反应性增长区，以及反应堆厂房只是一个普通工厂的大车间，没有有效的围封作为安全壳等，都是在设计上直接与此次事故有关的缺陷。这些设计上的缺陷导致该工程无法将风险控制在适当的范围内。

切尔诺贝利核电站按计划应于 4 月 25 日停堆检修，但是却进行了一场本不该进行的试验。为了准备这个试验，反应堆操作人员断开了紧急芯冷却装置，以保证其功率消耗不会影响试验结果，这也是诸多安全违规中的第一个。随后操作人员为了保证试验的进行，没有关闭反应堆规定保留的 15 根控制棒，而是几乎抬起了全部控制棒。该试验本身就严重违反了操作规程，而粗劣的试验大纲、无效的监督和不按程序审批的试验计划是造成事故的管理原因。

切尔诺贝利核电站反应堆爆炸后，其灾难性大火造成放射性物质泄漏，污染了欧洲的大部分地区。而在瑞典境内发现放射性物质含量过高后，该事故才被曝光。国际社会批评了苏联对于核事故消息的封锁和应急反应的迟缓。当时的苏联政府并没有意识到核电站会出现如此严重的事故，更没有要求核电站制定应急预案以作应急准备，只是在操作规程中公式化地要求有“反事故规程”。应急预案的缺失导致事故出现后苏联的反应非常迟缓，而作为代价，其土地遭到污染，经济损失高达 180 亿卢布，癌症患者的数量急剧增加，放射性物质至今仍在影响着数百万人的生命和健康。

值得我们思考的是：

（1）哪些风险原因导致了切尔诺贝利核事故的发生？

（2）切尔诺贝利核事故的参与者本可以采取哪些措施以避免悲剧的发生？

工程是一个远离平衡态的既复杂又有序的系统。为了保证工程的安全有序进行，工程的定期维护是非常有必要的。否则，失去维护或者受到内外因素干扰的工程就会从有序走向无序，无序将导致风险。因此，工程必然伴随着风险的发生。本节将重点阐述工程风险这一概念，并通过工程风险的来源、可接受性及伦理评价这三个方面进行补充分析，最后针对工程风险及其涉及的法律责任提出相应的防范措施。

2.3.1　工程风险的来源

工程风险主要是指在工程活动中或因工程活动引发的一系列难以管控或预测的不良后果，即工程活动中的不确定性因素。未经防范的工程风险会导致自然生态危机、恶化社会发展情况、甚至阻挠人类社会的可持续发展[2]。

从安全学角度分析，工程活动必然伴随着风险。其原因在于，工程作为一个超脱于自然界的人工产物，结合了人类在科技、社会、文化等诸多领域的思考，从而达到服务于人类的目的。作为人类智慧的结晶体，工程本身是一个远离平衡态的复杂却又有序的系统。在普利高津的耗散结构理论中，他认为维持系统的有序性需要增加环境的熵，所以为了保证工程的安全、有序进行，必须对工程进行定期维护，排除风险隐患。否则，在没有外界维护下，或者受到内外因素的干扰，工程必然从有序逐步向无序转变，无序在工程中就会导致风险，即工程必然伴随风险的发生。

在对工程进行维护的过程中，需要有针对性地对各种可能发生的风险进行预测，随后采取相应措施避免风险事故的发生，这就需要相关人员充分了解工程风险的来源。本小节主要从工程风险的技术原因和工程风险的非技术原因两个方面对工程风险的来源进行分析[14]。

1. 工程风险的技术原因

工程活动本质是一个相互联系、相互作用的多元技术系统，其中的每一项技术都具有一定的不确定性。因此，当各项技术综合集成于工程中形成技术系统时，其内部复杂性大幅度增加，自然导致技术的不稳定。这些技术不稳定性在工程活动中的具体体现就是由技术原因导致的工程风险。

1）零部件老化

工程作为人类科学技术的集合体，必然是由众多零部件组合而成，而在工程的设计与实际使用过程中，任何零部件都有各自的设计使用年限，并且随着实际使用要求与操作条件的改变，零部件也会发生不可避免的磨损与老化。磨损或老化严重的零部件往往不能发挥工程整体所需要的符合要求的作用，这就导致其所在的系统处于非正常的工作状态，进而对整个工程的正常运作造成风险。针对这种状况，相关工作人员需要定期对整个工程系统进行检查，对于某些至关重要的零部件，则需派出专门的人员进行维护，及时更换磨损或损坏的零部件，避免相关工程风险事故的发生[9]。

2）控制系统失灵

随着工程活动的复杂程度日益增加，对于工程的控制往往不再完全依赖于工程师的人力掌控，而是逐步转变为更加高效的计算机掌控与工程师掌控的双重掌控机制。在此条件下，控制系统的失灵则可归纳为两方面：一是计算机控制系统发生故障或损坏直接导致的控制系统失灵；二是当计算机系统面对突发状况或系统设定外的状况时，丧失进行合理判断与处置的能力而导致的控制系统失灵。

针对第一种情况，可以通过以下几种措施进行防范。首先，相关的网络技术人员需要充分了解工程的特性，从而使设计出的操控系统能够与工程充分适配。其次，网络技术人员与工程操控人员需要定期对计算机控制部分与计算机控制的实际部件（如化工厂的阀门、风机等）进行维护，并互相沟通，对不合常理或具有潜在隐患的部分进行原因分析。最后，由于网络技术发展迅速，网络技术人员还需要针对网络安全方面进行有针对性的防控，如防止电脑病毒破坏计算机操控系统、黑客攻击计算机操控系统或盗取相关技术数据等。

针对第二种情况，即面对计算机无法处理的突发情况时，则需要工程师本人结合当时实际情况在短时间内做出合理的反应，灵活处理以防止风险事故的发生。

3）非线性系统

工程的操作系统与操作流程在一定程度上也具有潜在的风险隐患，这种流程一般分为线性系统与非线性系统。当面对条件或环境变化时，线性系统产生的相应反应是线性的、逐步进行的，因此能做出迅速的响应；而非线性系统在面对条件或环境的改变时，由于其内部的响应过程十分繁杂，可能导致非线性系统在面对不同程度的条件变化时，无法做出与该程序一致的响应，从而容易引发工程风险事故。

针对这种情况，工程技术人员与管理人员无论是在设计自动程序还是人员相应流程时，都应该尽量简化流程步骤，剔除无效或影响较小的环节，提高整体程序的响应能力，使程序在面对环境变化时能够高效快速地反应。

2. 工程风险的非技术原因

非技术原因的工程风险通常是指人为原因或环境原因引发的工程风险。其中，人为原因导致的工程风险与工程活动主体的责任意识有密切的关联，这些风险在一定程度上是可以避免的。任何工程活动都处于环境中，良好的环境条件可以保障工程的安全，而恶劣的环境条件可能导致工程风险事故的发生。

据统计，我国发生的工程事故中绝大多数是由非技术原因所致。因此，非技术原因是造成工程风险事故发生的主要原因。

1）工程设计理念

塔科马海峡吊桥是位于美国华盛顿州塔科马的两座悬索桥，第一座塔科马海峡吊桥于1940年7月1日通车，四个月后戏剧性地被微风摧毁。事故发生后，美国组建了事故调查委员会以分析该事故发生的原因，研究后发现，塔科马海峡吊桥在设计上存在不可忽视的缺陷。由于塔科马海峡吊桥的桥面厚度不足，其在受到强风的吹袭下会引起卡门涡街，使桥身摆动；而当卡门涡街的振动频率与吊桥自身的固有频率相同时，就引起了吊桥的剧烈共振，最终导致崩塌。该事故被记载为20世纪最严重的工程设计错误之一。

工程设计在工程活动中具有极其重要的地位，它可以直接影响到工程的各个方面，决定工程的成功或失败。好的工程必然拥有一个出色的设计，这就产生了两个问题，即“谁来参与工程设计的决策”与“如何进行工程设计的决策”。

针对第一个问题，工程设计应该兼备全面的考虑与相当的专业性。因此，工程设计的参与者必须具有极高的专业知识，同时参与者中还应当包括不同领域的专家学者，如法律、伦理、环保、城市规划等方面的专家学者。

针对第二个问题，工程设计的决策应该是民主的、专业的。不同领域的工程设计者们结合自身所长，充分提出具有专业指导性的意见，并结合各方因素和工程目标得出在技术、伦理等方面都可接受的最佳设计方案。在工程设计的决策过程中，要坚决防止“各自为营”和“一人独大”的现象发生。

2）施工质量

1999年1月4日，重庆市綦江县彩虹桥在竣工不到3年后发生整体垮塌，造成40人死亡（其中包括18名武警战士、22名群众），14人受伤，直接经济损失631万元。事故发生后的调查结果发现，该桥在未向有关部门申请立项的情况下，于1994年11月5日开工，1996年2月竣工，1996年3月15日该桥未经法定机构验收核定即投入使用。在该桥的施工过程中发生了许多具体质量问题，如主拱钢绞线锁锚方法错误、主拱钢管焊接不符合验收标准、主钢管内混凝土强度未达设计要求等，这些施工中的质量问题也是事故发生的直接原因。

由上述案例可见，施工质量的好坏是直接影响工程风险的重要因素，良好的工程质量不仅是工程最基本的要求，也是保障工程参与人员生命安全的必要条件。为了保证良好的施工质量，在施工过程中相关管理人员要做到以下两点：①制定严格的质量检测标准，严把质量关，对于不符合要求的部分，采取相应的改进措施或直接返工；②严格把控原材料的质量，避免原材料以次充好、偷工减料的现象发生。

在施工过程中，所有参与人员必须严格保证工程质量，从而最大程度避免因质量问题导致的风险事故的发生。

3）操作人员

操作人员是防止工程风险的最后一道防线。作为工程的实际参与者，操作人员任何不符合规范的举动或措施都可能直接导致风险系数上升，进而引发风险事故。正如本节的引导案例切尔诺贝利核事故，切尔诺贝利核电站按计划应在 4 月 25 日停堆检修，但是却进行了一场本不该进行的试验。在进行这个试验的过程中，反应堆操作人员多次违反操作规程，最终导致了不可挽回的后果，酿成了惨痛的悲剧。

因此，操作人员应该具有极强的安全意识，能够熟练地掌控自身的工作；同时还应具有较强的责任心，发现可能存在的风险隐患时及时汇报并处理。对于玩忽职守、滥用职权的操作人员，企业的有关部门应依照有关法律对其进行严格的处罚。

4）自然环境

自然环境对工程风险起到的推动作用不言而喻，极端的天气往往会提高工程面临的风险，使工程无法正常运转或发生风险事故。例如，在大风天气中，化工厂塔设备上的工作人员面临着相较平时温和的工作条件更高的风险隐患；地震、洪水等自然灾害也会对工程的正常运转造成巨大的风险隐患。因此，在工程的设计与建设中，相关技术人员应该充分考虑极端天气与自然灾害可能给工程带来的影响，提前做好充分的准备，具体体现在：工程整体对极端天气与自然灾害的抵抗能力和极端天气与自然灾害发生时的应急响应预案两个方面。

人类无法阻止极端天气与自然灾害的发生。只有对其进行充分的预测，做好相应的防范应对措施，才能保证由此引发的工程风险事故得以避免。

5）社会环境

除了自然环境外，社会环境因素也是相关技术与管理人员应该考虑的因素。工程的进行往往会对周围的居民造成影响，包括噪声、环境污染或出于对工程的不了解而导致的反对事件。这些因素都会干扰工程的正常进行，严重的甚至会迫使工程暂停，增加工程的潜在风险。因此，在工程活动进行中，相关技术与管理人员应该做好与周围居民的协调工作，尽最大努力减少工程对周围居民的影响。针对公众对工程方面的疑惑，技术人员应结合实际情况给予公众详细的解答，消除公众对工程的误解，树立积极的工程形象，以确保工程能够顺利、高效地进行。

2.3.2　工程风险的可接受性

工程系统的内部和外部都存在各种不确定因素，所以无论工程规范制定得多么完善和严谨，仍无法将风险的概率降为零。在对待工程风险问题上，绝对的安全是不可能实现的，最多只能将风险控制在人们的可接受范围内。因此，对工程风险的可接受性进行标准的制定和伦理方面的考虑是非常有必要的。

1. 工程风险可接受性标准的确定原则

工程风险的可接受性标准能够回答“怎样的安全才被社会认为是安全的”这一问题。基于具体何种原则，将对工程风险的可接受性标准的确定产生十分重大的影响[15]。

目前，国际上普遍遵循的可接受风险确定原则主要包括英国的最低合理可行原则（as low as reasonably practicable，ALARP）、德国的最小内源性死亡率原则（minimum endogenous mortality，MEM）和法国的风险总体一致原则（globalement au moins aussi bon，GAMAB）。

1）最低合理可行原则

ALARP 原则是当前国外风险可接受水平普遍采用的一种项目风险判据原则，其应用最为广泛，也是这些原则中最具代表性的。该项目风险判据原则依据风险的严重程度将项目可能出现的风险进行分级。项目风险具有两条风险分界线：最低合理可行区域线和可忽略线，将其分为不可容忍区、合理可行的最低限度区（ALARP 区）和风险可接受区，如图 2.2 所示。不可容忍区与 ALARP 区是项目风险辨识的重点，项目风险辨识必须尽可能地找出该区所有的风险[16]。

如果风险评价的风险等级在最低合理可行区域线上，即在风险不可容忍区，则无论如何，风险都不能被接受。对于在设计阶段的建设项目，该设计方案一定不允许被通过。对于在建的建设项目，必须马上停止施工，并采取强制措施以降低其风险等级。

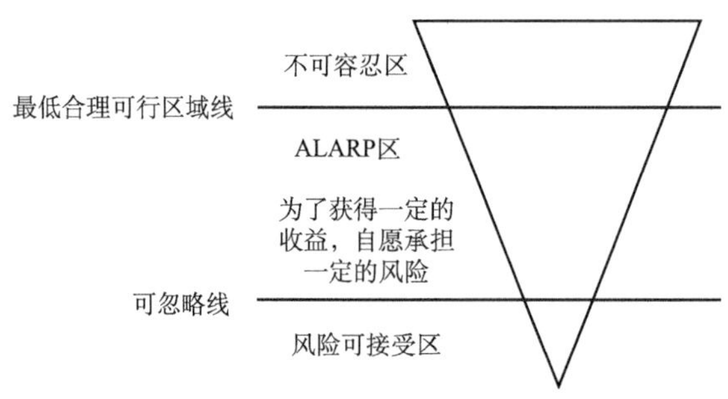

图 2.2　ALARP 风险可接受原则[5]

如果风险等级在 ALARP 区，则有必要权衡实施各种降低风险水平措施后的结果，并对其盈亏状态做出分析，从而判断风险是否能被接受。若采取了管理风险的相关措施后，对减小风险等级仍然没有明显的影响，则认为该风险不能被接受。一般而言，大部分建设项目在初步可行性研究阶段时都在 ALARP 区，因此需要进行风险评价和分析。

如果风险等级在可忽略线下，即在风险可接受区，则说明该风险等级非常小，不需要增加风险改进措施。因此，如何确定 3 个区域的界线，即如何确定风险可接受区和风险不可容忍区是风险评价的关键。

2）最小内源性死亡率原则

MEM 原则要求新活动带来的风险相比日常生活中接触到的其他活动的风险，不能有明显的任何年龄段个体死亡率的增加，其本质是基于个人最小内因死亡概率，判断死亡风险概率是否可被接受或可被容忍。有的研究人员认为新活动增加的风险不应超过 1%[17]。

3）风险总体一致原则

GAMAB 原则要求所有新系统必须提供最高的安全性能，其风险水平与已经接受的现有系统的风险相比，至少应与现存系统的风险水平保持大体相当，即要求新建系统提供至少与目前全球在用系统同样的风险等级，因此它也称为比较原则[17]。

2. 工程风险可接受性的伦理考虑

工程风险是多维度的，但在许多情况下，比较工程风险时往往只使用一个便于量化的维度，忽视了许多其他方面不易比较的风险。鉴于这种情况，根据风险可接受性得出直接结论的这类主张遭到了驳斥。因为除风险评价等直接判断风险可接受性的重要信息来源之外，伦理方面的考虑也同样发挥了重要作用[18]。

1）知情同意原则

在工程活动中，如果那些需要承担风险的人同意承担相关的工程风险，那么风险就更容易被接受。有观点认为，只有在风险承担者收到有关风险的完整信息并自愿同意承担风险的情况下，风险才是可以接受的。这一原则被称为知情同意原则，其起源于医疗实践，与规范伦理学的观点密切相关。

知情同意指的是，如果人们在充分了解这些工程活动的潜在风险和利益后，自愿同意这些工程活动并承担相应风险，那么其风险是可以接受的。

知情同意原则在技术领域的应用主要通过以下两种不同途径。一种是将这种情况以经济市场交易的形式进行模拟。在这种情况下，人们将被假定由自己决定在购买某些具有风险或危险的产品时愿意承担哪些风险。通过这种形式，许多人的个人选择呈现在了一个最佳的风险水平。然而，在具体实践中，市场交易这种形式能否带来知情同意非常值得怀疑。首先，消费者往往对技术产品的风险认识不足或不完全，无法真正做到同意该技术产品涉及的所有风险。例如，人们在购买手机时并没有意识到任何可能的健康风险，在这种情况下，我们不能说人们同意了这些健康风险。其次，技术产品往往会在未经有关产品的买方或卖方同意的情况下引入风险，从而影响到买卖双方以外的其他人。最后，经济市场的表现并不像许多经济学家希望我们相信的那样理想。例如，由于垄断的存在，消费者的选择通常是有限的。在许多情况下，更安全的技术即使在技术上是可行的，也根本无法进入市场。

知情同意应用于技术领域的第二种途径的具体方法是询问每一个可能遭受该工程风险的人。除非每个人都同意承担风险，否则这种风险就被认为是不可接受的。这种方法的一个主要缺点是，它给予个人几乎无限制的否决权，在许多情况下将导致一种根本不承担任何风险的局面，最终使每个机构的情况更加恶化。人们可以通过为某些风险提供补偿或提出相互之间的风险交易避免这种情况的发生。

2）风险与利益的权衡

风险可以被接受的一个重要原因是，风险活动相比于无风险的活动在利益方面更有优势。更普遍地说，如果风险活动的利益大于成本，那么风险活动及与这些活动相关的风险是可以接受的。这些观点与功利主义中的特殊类型结果主义是一致的。基于这种功利主义的观点，许多风险的评价工具已经发展起来，以确定一种最理想的风险水平，如风险-成本-收益分析。在风险-成本-收益分析中，减少风险的社会成本需要与减少风险所提供的社会效益进行权衡。某项技术或产品的净社会效益减去社会成本的值越高越好。该方法背后的基本道德是为最大数量的人争取最大程度的幸福，这种风险-成本-收益分析通常由工程师进行。

3）风险较低替代品的可得性

一项技术风险的可接受性还取决于风险较低的替代方法的可得性。假设两种技术，甲技术与乙技术引入了相同的风险，如果忽略是否存在替代方案的问题，对两种方案的风险接受性判断就会产生偏差。现在又假设，对于甲技术，有一种风险较低且没有其他重大缺点的替代方案可供选择；而对于乙技术，没有这种替代方案。在这种情况下，我们完全可以得出结论：由于存在一种风险较低的替代方案，甲技术的风险是不可接受的；而由于没有可接受的替代方案，乙技术的风险是可以接受的。

4）风险与利益的合理分配

在接受风险时，一个重要的伦理考虑是风险活动的风险和利益在多大程度上得到公正的分配。例如，某些群体总是要承担某些活动所带来的风险，而其他群体却从中受益。有人认为在风险活动中应遵循平等原则，即在风险承担方面每个人得到平等的对待。有以下两种途径可以达到风险与利益合理分配的目的，分别是制定标准与市场监管。

通过制定标准可以实现风险的平等对待，但这并不意味着每个人都面临同样的风险，而是意味着最大允许风险在原则上对每个人都是相等的。这种标准化的方法受到了来自伦理层面的反对，即标准化是家长式的作风，是由他人为自己做出决定。在这种情况下，人们无法选择自己认为可以接受的风险，而监管机构会代替他们做出选择。因此，制定标准的方法尤其不适用于个人风险，即只影响买方、用户、销售人员或生产商的风险。

如果可以提供关于风险的全部信息，以及能够在不同产品之间自由选择，那么市场监管可以成为另外一种选择。但是市场监管在影响更大群体的集体风险面前不起作用，如洪水等。因为这样的风险影响到除使用者和生产者以外的其他人，所以通过市场管理与调节是不可能达成知情同意的。在这种情况下，需要由集体决定什么是可接受的风险。

2.3.3　工程风险的伦理评价

风险评价是判断风险可接受性的重要信息来源。随着科学技术的发展和工程项目的不断增加，盲目扩张经济利益所带来的相关隐患逐渐增加，工程风险的评价问题也变成了一个不能只思考“多大程度的安全足够安全”就可以的纯粹工程问题，实际工程风险的评价还会涉及社会的伦理问题，目前国际社会对工程风险的伦理评价的研究也在逐渐增多。

工程风险在多大程度上是可以接受的，作为工程风险评价的核心问题，其本身就是一个伦理问题，它的真正含义是工程风险的可接受性在社会范围内的公正问题。因此，从伦理角度对工程风险进行评价和研究是非常有必要的。本小节将从原则、途径、方法和程序四个方面对工程风险的伦理评价进行阐述[9]。

1. 工程风险的伦理评价原则

1）以人为本

“以人为本”的风险伦理评价原则是在风险评价中需要遵循把人作为目的，而非手段的伦理思想，使人自身的安全、健康与全面发展得到充分的保障，狭隘的功利主义更应被避免。在“以人为本”的风险伦理评价原则的具体实践中，需要注意加强对弱势群体的关注和尊重当事人的知情同意权。

（1）加强对弱势群体的关注。弱势群体是指在社会中一些因生活困难、能力不足和权力较弱而被边缘化、受到社会排斥的散落的人。由于较低的社会地位，他们所关心的问题或对利益的诉求往往会被社会中的强势群体所忽视，而这样的情况使他们在现实社会中面临更大的风险威胁，进一步恶化他们的生活状况。相对于社会中的其他人，弱势群体本身就缺乏获取与利用社会资源的条件和能力，极易遭受风险的打击，成为风险的牺牲者。正因如此，在工程风险的伦理评价中需要体现“以人为本”的评价原则，从而加强对弱势群体的关注，改善其所处的社会环境。

（2）尊重当事人的知情同意权，即重视公众对风险的及时全面了解，是“以人为本”的风险伦理评价原则需要重视的另外一点。若缺失这一点，即使该工程在技术、经济等层面上十分优异，最终也可能会因为出现严重的社会问题而难以顺利实施，甚至会对整个社会造成巨大的经济等方面的损失。因此，决策者在针对工程项目注重技术与经济方面的可接受性之余，对该项目的利益相关者也应贯彻“以人为本”的评价原则，给予足够的知情同意权。

2）预防为主

纵观历史发生过的众多工程事故，其中许多是由于忽视了工程设计的细节、缺失可能发生事故的应急预案所导致的，最终酿成了惨痛的后果。在工程风险的伦理评价中，应实现从事后处理到事前预防的转变，坚持“预防为主”的风险伦理评价原则，将事故发生的可能性扼杀在萌芽中，防患于未然。

坚持“预防为主”的风险伦理评价原则，需要具备充分预见工程可能产生的负面影响的能力。工程在设计之初都设定了一些预期的功能，但是在工程实施后的使用过程中，往往会有意料之外的负面情况发生。为了防止后续产生不良后果，这需要工程师提高自身在工程设计方面的修养，拓展其对工程整体的预见能力。

加强安全知识教育，提升人们的安全意识也是“预防为主”的风险伦理评价原则的重要环节。对大多数工程事故而言，工程风险都是日常工作中的许多消极因素长期积累的集中爆发。而安全教育是避免工程事故的一种强有力的手段，只有每个人都真正认识到安全的重要性，才能全方位、多角度地防控工程风险。

3）整体主义

现代社会中，任何工程活动都是在一定的社会环境和生态环境中进行的，工程活动的进行既受到社会和生态环境的制约，又对社会环境和生态环境造成影响。在具体的工程活动中，投资者、管理者、工程师、工人和其他利益相关者都具有相应的角色功能，也都应该成为工程活动的道德主体。只有当由投资者、管理者、工程师、工人和其他利益相关者构成的工程共同体形成一种道德合力时，才能真正创造出好的工程。因此，在工程风险的伦理评价中要有大局观念，要从整体主义的宏观角度思考某一具体的工程实践活动所带来的影响[19]。

在人与社会的关系上，社会群体由不同性质的个体构成，社会现象无法被还原为同质的个体，个体只有在社会整体中才能充分获得自身的价值，离开群体的个体是无意义的。在工程风险的伦理评价中，我们不应该只关心某个团体或某个个人的局部得失，而应该把它放在整个社会背景中考察其利弊得失，这样才能探究到该工程风险的根本。

在人与自然的关系上，我国古代著名的医学典籍《黄帝内经》具有丰富的整体主义方法论思想，它根据阴阳五行的朴素辩证法，将自然界和人体看作有秩序、有组织的整体，人与天地自然又是相应、相生而形成的更大的系统。在工程风险的伦理评价中，需要考察其对自然环境造成的影响。对于有可能对环境造成伤害的工程，要建立相应的处理机制，事先消除不安全的环境隐患。

4）制度约束

许多工程活动发生事故的根本原因不在于个人，更多在于制度，没有完善制度的工程活动会埋下许多意想不到的风险隐患。因此，建立完善的制度对工程活动进行约束，是实现工程伦理有效评价的切实保障途径。在工程风险伦理评价中实施制度约束具体包括以下三个要点：建立安全管理制度、安全生产问责机制与媒体监督制度。

（1）建立安全管理制度。安全管理制度主要包括安全设备管理、检修施工管理、危险源管理、能源动力使用管理、事故应急救援、安全分析预警等。在工程活动生产过程中，事先将该工程活动涉及的方方面面制定好对应的安全管理制度，可以大大提高工程规避风险的概率，使安全生产的观念深入人心。

（2）建立安全生产问责机制。工程活动不论大小都应该设立各级的负责人，制定在各自职责内的安全生产工作责任体系。把安全生产的责任落实到每个环节、每个流程、每个岗位和个人，责任具体、分工清晰，有效增强各级员工对工程活动的责任心。通过逐级严格检查和严肃考核，增强安全责任意识，提高安全生产执行力。

（3）建立媒体监督制度。媒体监督具有事实公开、传播快速、影响广泛等特点。一个工程安全事件一旦被媒体报道，就可以迅速吸引大众的注意力，进而引起全社会的广泛关注，最终促使相关部门加快解决问题，在之后的工程活动中才能更好地规避风险。

2. 工程风险的伦理评价途径

1）专家评价

专家评价在所有的工程风险伦理评价途径中是较为专业和客观的。专家对具体的工程活动进行风险的伦理评价时，往往会采用一些评价工具，其中风险-成本-收益分析法作为一种强有力的工具经常应用于风险评价领域。尽管这种方法具有难以把所有相关的成本与收益全部考虑在内的局限性，但是它依然是专家在风险伦理评价中使用频率最高的方法。

2）社会评价

工程风险的社会评价相对于专家评价而言，更关注的是与广大民众真正相关的切身利益。倘若忽视工程风险的社会评价，往往会埋下非常严重的社会隐患。建立有利于企业与民众沟通交流的机制与平台，使所有的利益相关者都能够参与到工程风险评价中，可以保障工程风险社会评价的有序进行。社会评价还可以与工程风险的专家评价同时进行，形成互补，从而使风险伦理评价更加全面。

3）公众评价

几乎所有的工程活动最终都会呈现于公众面前，公众也自然成为许多工程风险的最主要的承受者之一，因此风险的伦理评价中必须要有公众的参与。在公众参与评价的过程中，他们可以提出自身的真正需求与存疑的问题，避免工程风险的伦理评价沦为形式，促使其评价更加全面，发挥真正的作用。除此之外，公众参与工程风险的伦理评价还可以弥补专家评价的缺陷，将容易忽略的一些科学评价工具以外的因素纳入考虑范围。

信息公开是公众参与工程风险伦理评价的最基本的前提。没有公开的相关工程信息，公众就无法对具体的工程情况有自己的见解，也就更容易盲目听从工程相关专家的意见，陷入弱势群体的局面。

3. 工程风险的伦理评价方法

1）专家权重动态决策方法

在工程风险伦理评价过程中，因为不同专家的学术经历和背景不同，他们考虑风险的重要性方面也不同，所以对专家进行权重的分配设置是一个重要的环节。目前，确定专家权重的方法大致分为以下两种：层次分析法与评价矩阵相似度法[20]。

（1）层次分析法。层次分析法是一种将与决策总是有关的元素分解成目标、准则、方案等层次，在此基础上进行定性和定量分析的决策方法。该方法系统性强、所需定量数据信息少，但是它更具有主观性和不确定性，难以令人信服。

（2）评价矩阵相似度法。该方法的原理是根据专家分析评价矩阵的相似度来衡量，相似度较高的专家被赋予更大的权重。这种方法客观性更强，能够突出群体决策的优势，还可以更为直观和可靠地体现专家权重结果。

2）评估指标权重动态决策方法

在进行工程项目伦理风险评价时，对专家进行权重赋值后，随即将考虑具体伦理风险指标的权重大小，这体现了伦理风险评价专家对具体的工程项目伦理风险的偏向性。评估指标权重动态决策方法是基于专家赋予的风险评价指标权重的相似度构建权重确定模型，同时结合评价指标的客观权重，对工程项目进行风险伦理评价。这种方法具有较好的客观性和简便性，并将主观权重与客观权重相结合，对工程风险的伦理评价较为全面。

4. 工程风险的伦理评价程序

1）信息公开

随着现代化工程的数量和规模的增大，工程的专业程度也日益提高，社会群众和非专业人员基本只能通过专业人员的告知来了解工程项目的风险和安全。在这个过程中，信息的公开就显得至关重要。如果没有专业人员对工程安全的实际情况进行如实的信息公开，那么在工程实施过程中就很有可能发生安全事故。很多时候豆腐渣工程的出现不只是因为承包商的偷工减料，专业人员在进行工程项目质量评估时，往往都能看出工程的质量问题，但通常会迫于种种外部压力，隐瞒工程所存在的安全问题。这种做法未能做到信息公开，以致埋下安全隐患，威胁社会群众和工程主体的安全与健康。

因此，工程中的专业人员有责任与义务将工程的相关安全问题与风险向大众进行信息公开。工程的决策者和政府也应以认真的态度将现有公开信息向群众和媒体进行公开，听取群众的意见，保障社会群众的知情权，尤其是与社会群众关系密切的工程项目。社会群众有必要了解工程的安全风险，从而做出理想的选择。

2）确立利益相关者

每个工程活动在进行时都会涉及众多的利益相关者，在确立利益相关者的问题上一定要坚持全面、准确、不遗漏的原则，从而保障每一位利益相关者的利益都得到最大程度的维护。确立利益相关者是一个漫长的过程，根据不同人员的不同职能，确立顺序也有先有后：首先是管理负责人与主要工程负责人的确立，其次是重要工程参与人员的确立，最后是社会公众、专家、媒体人员的确立。确立利益相关者时，需要明确他们在工程中所承受的风险并为其做好保护措施。在整个工程项目中，风险最大的往往是参与工程直接实施的主要劳动者，因此他们的利益必须得到切实的保障。

3）组织利益相关者进行充分商谈

工程具体实施前，需要依照民主原则组织利益相关者针对工程所存在的安全风险和责任安全进行商谈和讨论。具有不同价值取向的利益相关者对工程风险具有不同的感知，组织商谈的目的在于让不同的利益相关者充分表达各自的想法与合理诉求。

工程风险须时刻被利益相关者所关注，商谈更需要经常进行，这样才能随时进行调整，有效防范可能存在的风险并及时安排补救，同时有针对性地排除风险，以达到切实地保护利益相关者的安全和利益的目的。除此之外，工程中潜在的风险往往需要多次协商对话才能充分排查。因此，需要进行多次商谈与跟踪评估，并根据相关的评估及时调整相关工程先前的进度与决策，从而大大减少工程风险。

2.3.4　工程风险的防范

工程风险虽然带有必然性，但是并非完全不能控制，所以工程风险在一定程度上是可以防范的。在工程风险的防范上，不仅需要工程师凭借专业知识对潜在的风险及时预测，还需要全体工程参与者的努力，各尽其职，将风险扼杀在萌芽中。本小节提出了几种措施可以对工程风险进行有效的防范，分别是其他工程参与者可采取的安全文化构建和工程质量监理两种措施，工程师可采取的意外风险控制和应急预案制定两种措施。

1. 安全文化构建

防范工程风险的根本是避免与减少事故，使工程能够安全地运行。而要达到这个目的，最根本的是构建安全文化。安全文化的本质是对生命价值的尊重，即“以人为本”。安全文化的构建主要包括以下两个方面：自由平等和责任意识[21]。

1）自由平等

安全文化要赋予每个人不可剥夺的生存权利和自由平等权利。只有当人的生存权、自由平等权和发展权真正得到尊重时，一切工作才能围绕生命运转，安全才能真正得到保障。因此，在工程风险的防范中，“以人为本”的观念必须要真正深入所有工程参与者的脑海并付诸实践。

2）责任意识

每一次安全事故的背后，往往存在许多不被重视的细节。责任意识的缺失是无法规避风险、最终酿成惨痛事故的重要原因。不仅工程的领导者和管理者一定要本着对人民高度负责的精神，认真抓好安全工作，每个劳动者也要抱有高度的责任感，重视安全生产。只有所有的工程参与者都具备强烈的责任意识，把各项安全责任落到实处，才能有效防范工程风险。

2. 工程质量监理

工程质量是评价一个工程好坏的最重要的标准，工程的质量决定着使用者与工程实施者的安全。工程质量监理是专门针对工程质量而设置的一项制度，以此来保障良好的工程质量，减少工程中存在的风险。该制度主要针对施工过程进行检查、监督和管理，保障施工的质量，以消除影响工程质量的各种不利因素，从而使工程能够完全按照设计施工图保质保量地完成。

工程质量监理的具体工作内容包括以下三点：①各项工程质量的保障责任、处理程序、费用支出都应符合合同的相关规定；②所有用于工程的材料、设备及施工工艺都应该符合工程合同；③所有工程质量应该符合合同文件中列明的质量标准或监理工程师同意使用的其他标准。

这样的工程质量监理内容能够最大限度地避免工程安全事故，保障工程的安全与顺利实施，尤其是能够最大限度地降低人为因素带来的影响，如建材供应商为了获取更大的利益以次充好等，这会为工程质量埋下巨大的安全隐患，而工程质量监理的存在能够很好地遏制这一现象的发生，有效规避豆腐渣工程的产生。

3. 意外风险控制

工程师作为工程的直接参与者，具备大量的专业知识，因此在工程风险预防上具有不可推卸的责任。工程风险防范通常分为两种，分别是重复性工程风险的防范与潜在未知工程风险的防范。

1）重复性工程风险的防范

重复性工程风险的防范往往是由工程师进行，通过对已经发生的重复性风险事故进行认真研究，结合已有经验分析事故发生原因与相关关系，然后有针对性地提出对应的改进与防范措施，以有效避免类似事故的再次发生。

2）潜在未知工程风险的防范

针对潜在的未知工程风险，工程师首先需要识别出该工程中的危险因素，预测有可能发生的安全事故。随后工程师通过对可能发生的事故进行模拟分析，找出防范的切入点并罗列具体措施，提前消除安全隐患，有效避免事故发生。除此之外，工程师对其他工程中已经出现的安全事故也应进行分析，并引以为鉴、防微杜渐，及时更新安全防范措施，从而消除可能存在的工程风险。

不论是面对重复性风险还是未知风险，建立工程预警系统都是预防意外风险发生的一个主要措施。工程预警系统具有信息收集、数据处理、预警对策、趋势预测等多种功能。在危险发生前，预警系统可以通过一些前期征兆进行预测分析，向工程施工方发出警告信号。通过这样严密的预警系统的预测，可以在一定程度上预判意外风险的发生概率，并做好及时撤离或应对风险的准备。

4. 应急预案制定

做好风险防范措施的同时，工程师也要有能力成功应对发生的事故，这就要求工程师针对不同的事故制定出一系列相应的应急预案，为救援活动高效展开提供保障。在制定事故应急预案时，工程师应该遵循以下原则[22]。

1）预防为主，防治结合

工程师应将工作重点放在风险事故的预防上，结合隐患排查、事故演习，将预防的观点印在每个工程参与者的心中。

2）快速反应，积极面对

在事故发生后要第一时间采取必要措施，对能够自救的事故优先进行自救，从而最大程度保证企业与公众的生命财产安全。

3）以人为本，生命第一

在处置事故的过程中，应把人的生命安全放在首位，要尽一切力量先对涉险的人员进行救援救治，随后再进行物资设备的救援。

4）统一指挥，协调联动

在救援过程中，参与救援的人员要听从救援部门统一指挥，从而实现及时、高效的救援，降低财产损失。

2.3.5 工程师对于风险的法律责任

1. 民事法律中的责任

我国民事责任的认定规则有三个，分别为过错责任原则、无过错责任原则和公平责任原则。过错责任原则是指以行为人的过错为确定责任的依据，以此来判断行为人是否应当承担过错侵权责任；无过错责任原则是不考虑行为人是否有过错，在法律特别规定的情形下，都要承担侵权赔偿责任；公平责任原则基于公平考虑的基础，双方公平地分担损失[23]。例如，工程师对工程项目进行风险评估时，凭借委托人提供的资料，详尽地做出了安全评价报告，但由于委托人所提供的资料是虚假的，导致工程师做出的安全评估报告不准确，使当事人受到损害。在这种情况中，工程师按照职业规范提供了技术服务，因此并无过错，此时根据过错责任原则，工程师可以免除责任。又如，同样对工程进行安全评估，工程师在接受委托后，由于第三人原因导致评估未能有效完成，此时尽管工程师无主观过错，但仍然不能避免承担对委托人的违约责任，此时应根据严格责任原则对责任进行划分。

民事法律责任一般有以下四个构成要素，分别是：违法行为、由过失导致或具有故意因素的过错、损害结果和因果关系。其中，违法行为不仅指违反法律相关的规定，还包括双方当事人违反签订的合同条款。损害结果是认定侵权行为、确定责任的必要条件。因果关系是指判定当事人是否与损害的发生存在因果关系，只有以存在因果关系为前提时，进一步分析当事人的责任才有意义[23]。

2. 工程风险责任的防范

风险与工程密切相伴，工程师需要在执业过程中尽可能避免风险的发生，保障工程的顺利进行，并确保参与人员与社会公众的生命财产安全。工程师在执业过程中承担各项伦理责任与职业责任的同时，还应当注意自身的行为方式，避免因触犯相关的法律法规而承担法律责任。工程师防范法律责任可从以下方面着手[23]：

（1）完善自身知识体系结构，积极接受工程师进修教育，加强与其他工程师或工程师组织的经验交流，提高自身职业能力，进而提高自身抵御风险的能力，避免法律责任。

（2）加强与社会公众的沟通，消除公众对工程师的理解误区，减小公众对工程师的期望差距，让公众充分意识到工程师执业的局限性，并提高公众及工程参与人员的安全意识，避免风险事故发生。

（3）与相关管理人员或企业沟通，努力扩大工程师在维护工程安全方面的权力，使工程师能够发挥更好的安全监管作用，从而减少风险，避免法律责任。

此外，工程师还应当意识到自身对工程中的风险负有一定的责任，工程师对风险采取的不正当的措施而引发的一系列后果，需要工程师自身承担相应的法律责任。在面对风险的同时，工程师还应当注意风险的可接受原则，某些道德允许的风险存在是可以容忍的。而在这个过程中，工程师要保证人们能够免遭这种风险的损害，除非是为了保护某些不可替代的巨大利益，风险人群的知情权必须得到保证。在此条件下，工程师对于“损害”与“巨大利益”的界定尤为重要，需要结合相似案例、实际工程情况和相关的道德法律规定对上述两个要点进行认真细致地考虑，最后做出决定[24]。例如，手机通信基站的建设问题，一些邻近基站的小区业主认为基站产生的辐射对他们的身体造成了伤害，而取消基站又使小区大部分业主无法享受优质的通信服务。在此矛盾下，就需要相关工程师结合实际情况，对基站建设位置进行优化，并调节与持有不同观点的业主的关系，从而妥善处理相关问题。

2.4 工 程 安 全

引导案例：被爆炸“吞噬”的天津港

2015 年 8 月 12 日 22 时 51 分，位于天津市滨海新区吉运二道 95 号的瑞海公司危险品仓库发生爆炸。随着一声巨响，滨海新区天津港上空瞬间腾起巨大的灰白色蘑菇云，红光漫天，30 s 后，发生更为剧烈的第二次爆炸。经勘察，事故现场形成 6 处大火点及数十个小火点，两次爆炸分别形成一个直径 15 m、深 1.1 m 的月牙形小爆坑和一个直径 97 m、深 2.7 m 的圆形大爆坑。堆场占地面积达到 4.6 万平方米的仓库顷刻间变成一片被浓烟烈火包围的废墟。堆场内大量集装箱被掀翻、解体、炸飞；多辆消防车、警车和商品汽车损毁严重；数百米范围内的建筑被摧毁，附近公司办公楼只剩下钢筋混凝土框架，附近居民被一次次巨大的爆炸波惊醒，生命财产遭遇突如其来的重大损失……

通过现场调查及技术分析认定，起火原因是不正当操作引起的硝化棉自燃；爆炸原因是硝化棉局部自燃后火灾扩散，引燃周围集装箱内的其他危险化学品，火焰蔓延到邻近的硝酸铵后发生第一次爆炸，爆炸当量约为 15 t 三硝基甲苯（TNT）。受集装箱火焰蔓延及第一次爆炸冲击波影响后发生了第二次更剧烈的爆炸，爆炸当量约为 430 t TNT。

经国务院调查组认定，这起火灾爆炸事故是一起特别重大生产安全责任事故，是湿润剂挥发散失、硝化棉积热自燃导致。事故造成 165 人遇难，8 人失踪，798 人受伤，304 幢建筑物、12428 辆商品汽车、7533 个集装箱受损。截至 2015 年 12 月 10 日，已核定直接经济损失 68.66 亿元人民币。

结合案例，思考以下问题：

（1）天津港事件影响广泛且受各界关注，究其原因，谁应为这场事故承担责任？

（2）事件中涉及的安全问题有哪些？企业应如何管理才能防患于未然？

2.4.1　工程安全伦理

1. 工程安全的概念

安全广义上指免除了不可接受的损害风险的状态；狭义上讲，安全是一种状态，即通过持续的危险识别和风险管理过程，将人员伤害或财产损失的风险降低并保持在可接受的水平或其以下。安全具有空间属性和时间属性，二者对立或者统一时必然产生安全或者不安全状态。国家经济的发展、人民生活质量的保障、社会的繁荣稳定都需要安全。安全生产是国家安全和社会稳定的基石，是生产力发展的基础和条件，是人民安居乐业和提高生活质量的基本保证。

工程安全是指人在工程活动中没有受到威胁，没有危险、危害、损失。简单来讲，工程安全是指对未来的不确定性事件能够做到很好地预防和处理，使工程风险给工程活动的行动者带来的损失处于可容忍的状态。我们讨论的安全问题在客观上源于工业生产及科技发展所人为造成的各类事故和风险灾难，主观上则源于传统安全理论和方法的无能[25]。工程安全可分为生产安全、公共安全和环境安全等，但无论何种“安全”都表现出诱发原因的复杂性、客观表现的长期性、内在因素的关联性等特征[26]。

2. 工程安全问题产生的原因

由于现代工程特有的复杂性，产生工程安全问题的原因有很多。一方面是由工程的质量不合格、不达标而引起的，通常可通过严控工程质量降低安全事故的发生。另一方面，安全问题产生于许多工程在缺乏对人类和自然界长远考虑的情况下被开发、生产和使用。这些工程伴随着不可忽视的风险[27]。风险是危险源的属性，危险源是风险的载体，是客观存在的危险，风险控制措施的一再失效就会发生安全事故，危险源与事故之间的演变如图 2.3 所示。

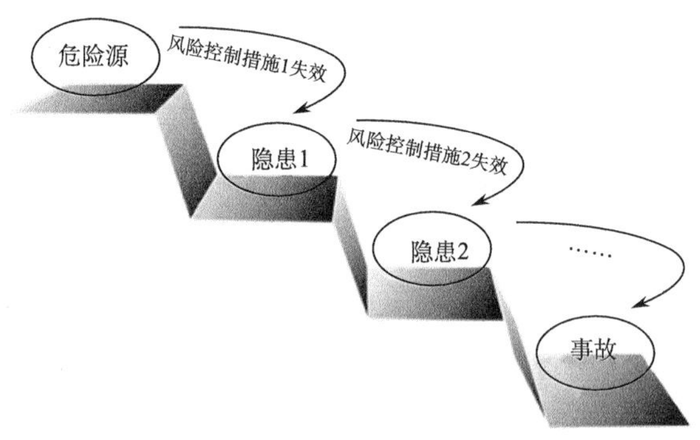

图 2.3　危险源-事故演变图

3. 国内外安全评价方法现状

安全是对风险的认知和防范，人们对工程安全的逐步认识有一个发展的过程。历史上发生了许多严重的事故，造成了严重的人员伤亡、环境污染和经济损失。例如，1984 年发生在墨西哥城的液化石油气爆炸事故，共有约 650 人丧生，另外有数以千计的人员受伤。同年，印度博帕尔市联合碳化物有限公司发生的甲基异氰酸甲酯泄漏事故，直接造成了 2.5 万人死亡，间接造成了 55 万人死亡，此外还有 20 多万人终生成为残疾。在国内，1997 年 6 月，北京东方化工厂发生了爆炸事故，其中 9 名人员在这起事故中丧生，另外有 39 人受伤，经过统计，这起事故造成了 1.17 亿元人民币的直接经济损失。2013 年 8 月 31 日，在上海市宝山区的宝山城市工业园区（丰翔路 1258 号）内一家冷藏公司（上海翁牌冷藏实业有限公司）液氨发生了泄漏，造成 15 人丧生和 7 人重伤，另外有 18 人轻伤。

以上这些事故表明对工程生产企业的潜在风险隐患进行辨识和评价非常重要，并且根据识别和评价的结果，可以采用合适的管理方法及有效的控制措施减少或避免事故的发生，降低事故产生的后果。因此，对工程生产企业进行的风险识别和安全评价有明确的指导意义，为工程生产企业的良好和安全发展奠定基础。

1）国内安全评价

20 世纪 80 年代初期，安全系统工程引入我国，受到许多大中型生产经营单位和行业管理部门的高度重视。安全检查表法是最基础、最初步的一种方法，并且最先应用于工业领域。其他的安全评价方法，如故障类型及影响分析方法（FMFA）、事件树分析方法（ETA）、预先危险性分析方法（PHA）、事故树分析方法（FTA）和危险与可操作性研究（HAZOP）也慢慢地引入，并用于多个行业，而且得到了进一步的完善，为国内安全评价和风险隐患识别分析以及相关的整改提供了基础和理论依据。

为推动和促进安全评价方法在我国生产经营单位安全管理中的实践和应用，1986 年劳动人事部分别向有关科研单位下达了一系列危险程度分级等科研项目。1987 年，劳动人事部要求有关科研单位对企业危险程度分级进行研究，建立适合中国国情和特点的安全评价方法。1991 年，安全评价方法研究成为我国重要的科技攻关项目，尤其是针对重大危险源，风险控制研究是这个阶段重要的课题之一。经过不懈的努力和研究，一系列对易燃易爆和有毒的危险源评价方法取得了进展，并由劳动保护科学研究所等科研单位成功完成，重大危险源评价也在此次研究中分为现实危险性评价和固有危险性评价，这也是我国安全评价史上的重要成果。

2003 年国务院机构改革后，原国家安全生产监督管理总局重申要继续做好建设项目安全预评价、安全验收评价、安全现状综合评价及专项安全评价。原国家安全生产监督管理总局陆续发布了《安全评价通则》及各类安全评价导则，对安全评价单位资质重新进行了审核登记，并通过安全评价人员培训班和专项安全评价培训班对全国安全评价从业人员进行培训和资格认定，使安全评价更加有章可依，从业人员素质大大提高，为新形势下的安全评价工作提供了技术和质量保证。

2）国外安全评价

国外安全评价技术起源于 20 世纪 30 年代，在 20 世纪 60 年代得到了很大的发展，首先使用于美国军事工业。1962 年 4 月，美国公布了第一个有关系统安全的说明书“空军弹道导弹系统安全工程”，以此对民兵式导弹计划有关的承包商提出了系统安全的要求，这是系统安全理论的首次实际应用。1969 年，美国国防部批准颁布了最具有代表性的系统安全军事标准《系统安全大纲要点》（MIL-STD-822），对完成系统在安全方面的目标、计划和手段，包括设计、措施和评价，提出了具体要求和程序，此项标准于 1977 年修订为 MIL-STD-822A，1984 年又修订为 MIL-STD-822B，该标准对系统整个寿命周期中的安全要求、安全工作项目都做了具体规定。

由于安全评价可减少事故的发生，特别是在预防重大恶性事故方面取得了巨大效益，许多国家政府和生产经营单位愿意投入巨额资金进行安全评价，美国原子能委员会 1974 年发表的《核电站风险报告》就用了 70 人/年的工作量，耗资 300 万美元，相当于建造一座 1000 MW 核电站投资的百分之一。据统计，美国各公司共雇用了 3000 名左右的风险专业评价和管理人员，美国、加拿大等国有 50 余家专门进行安全评价的“安全评价咨询公司”，且业务繁忙。当前，大多数工业发达国家已将安全评价作为工厂设计和选址、系统设计、工艺过程、事故预防措施及制订应急计划的重要依据。

近年来，为了适应安全评价的需要，世界各国开发了包括危险辨识、事故后果模型、事故频率分析、综合危险定量分析等内容的商用化安全评价计算机软件包，随着信息处理技术和事故预防技术的进步，新的实用安全评价软件不断进入市场。计算机安全评价软件包可以帮助人们找出导致事故发生的主要原因，认识潜在事故的严重程度，并确定降低危险的方法。

总结国内外工程安全评价方法和现状，不难看出，系统的安全评价方法对工程事故的有效预防起到了一定作用。目前，国外现有的安全评价方法主要适用于评价危险装置或单元发生事故的可能性和事故后果的严重程度，一些发达国家较早进入相关领域开展研究，成果较为显著。与之相比，国内研究开发的机械工厂安全性评价方法标准、化工厂危险程度分级、冶金工厂危险程度分级等方法主要用于同行业生产经营单位的安全，这使我国工程安全评价处于稳步上升阶段。随着我国安全评价的迅速发展，我国安全评价方法正在规范、有序地开展和进行中，提高工程安全评价质量，对于促进企业风险管理、切实加强工程安全管理具有重大意义。

4. 工程安全涉及的伦理问题

工程安全是任何工程实践活动主体都不容忽视的问题，且近年来我国工程安全事故频发，工程安全问题日益严峻，并逐渐成为全社会关注的热点。受工程实践中一些不可抗拒的外力影响，以及工程活动主体在伦理道德选择的支配下，工程安全成为不得不面对的伦理问题。其中出现的工程安全伦理问题往往涉及多个方面，下文以网络安全、经济民生安全和环境安全三个不同方面的具体案例为主进行工程伦理问题的阐述。

参考案例：网络安全危机——“棱镜门”事件

2013 年 6 月，中情局（CIA）前职员爱德华·斯诺登将两份绝密资料交给英国《卫报》和美国《华盛顿邮报》，并告知媒体何时发表。按照设定的计划，6 月 5 日，英国《卫报》先扔出了第一颗舆论炸弹：美国国家安全局有一项代号为“棱镜”的秘密项目，要求电信巨头威瑞森公司必须每天上交数百万用户的通话记录。6 月 6 日，美国《华盛顿邮报》披露称，过去 6 年间，美国国家安全局和联邦调查局通过进入微软、谷歌、苹果、雅虎等九大网络巨头的服务器，监控美国公民的电子邮件、聊天记录、视频及照片等秘密资料。美国舆论随之哗然。

通信网络的推广和普及改变了人们信息交流的方式，逐渐成为人们日常生活信息获取和交流的主要途径。互联网行业的飞速发展，一方面方便了人们的工作和生活，另一方面由于计算机网络的开放性、互联性及分散性等特点，网络工程中还不同程度地存在着一些安全隐患，威胁着网络工程的通信网络环境[28]。

参考案例：经济民生安全——张家口爆燃事故

2018 年 11 月 28 日零时 41 分，张家口市桥东区河北盛华化工有限公司附近发生爆炸起火事故，导致 23 人死亡，22 人受伤，38 辆大货车和 12 辆小型车损毁，直接经济损失约 4148 万元。

事故的直接原因是中国化工集团所属河北盛华化工有限公司 1#氯乙烯气柜长期未按规定检修，事发前氯乙烯气柜卡顿、倾斜，导致氯乙烯发生泄漏，泄漏的氯乙烯扩散到厂区外公路上，遇火源发生爆燃。事故的间接原因（工程伦理诱因）主要有：企业未重视安全生产，同时有安全管理混乱、安全投入不足、安全教育培训不足等责任，安全监管人员监管不到位，监管检查频次低。事故造成的影响主要包括：人员伤亡和经济损失；公众恐慌及心理伤害（事故发生后，当地居民出现了向周围转移的情况，幸存人员心理上受到较大伤害）；舆论影响较大（事故通过网络途径广泛蔓延，造成了一定的负面影响）。从长远角度讲，化工安全事故会对环境造成一定的破坏，同时也妨碍了经济的可持续发展。

参考案例：生态环境污染——吉林石化分公司爆炸污染松花江事件

2005 年 11 月 13 日，中国石油天然气股份有限公司吉林石化分公司双苯厂因操作不当发生爆炸事故，除造成 8 人死亡、60 人受伤、直接经济损失 6908 万元外，还导致松花江水质严重污染，引起党中央的高度重视和国际社会的关注。据专家测算，约有 100 t 苯类污染物进入了松花江水体。这个长度约 80 km 的污水团一路循江而下，甚至进入哈尔滨市区江段，导致哈尔滨停水四天。

国家环境保护总局指出，松花江水环境污染事件属重大环境污染事件，事故主要责任应由吉林石化分公司双苯厂负责。这次大规模的污染事件引发企业对环境安全的思考：生产与环境安全的协调发展是否是企业生产安全伦理道德中对生态环境应负的责任?

以上三个工程事故案例表明，工程活动中出现的安全问题已经对公众安全意识、人民生命健康、生态环境等造成一定程度的影响。工程项目的运行毋庸置疑会为社会带来利益和福祉，但同时也会造成部分群体利益的受损，呈现出利益冲突，而这些冲突引发的各种化工安全事故、环境污染等事件不绝于耳。由此可知，在现实生活中，在保证公众安全的前提下，能够做到维护大多数人利益的工程活动才具有相应伦理正当性。

安全伦理以尊重每个生命个体为最高伦理原则，以实现公众的健康安全、社会的和谐有序发展为宗旨[9]。目前，我国在工程安全伦理的研究方面积累了大量的研究成果，但从伦理学角度对工程安全问题进行理论诠释和逻辑描述的研究比较匮乏。中国作为后起的工业化国家，信息化、城镇化进程将催生大量的工程建设。在人类实践中，必然会涉及人与自然、人与社会、人与人之间的关系。工程实践中面临的安全问题有些是全球性的，但更多的则是我国独有的问题，我国工程安全所面临的难题十分复杂，有技术的、质量的，也有伦理的、法律的，必须加强对我国工程安全所面临的难题的认真审视和总结，并探究解决的有效路径[26]。

在构建中国特色的工程伦理体系中，安全问题绝不能被忽视，我们需要将公众的安全、健康和福祉放在首位，不能只注重眼前利益而忽视长远利益，综合全面地积极掌控已知的和潜在的风险，做好相关的各项评估，减少风险引发的各种不确定性因素，保证人民群众不受危害。

2.4.2 工程安全伦理义务

目前，我国工程安全依旧存在企业监管不到位、主体履行责任不力等情况，履行工程安全义务的主体也大不相同，工程活动主体的价值取向、主观态度、认知水平等存在差异，以及受风险主观和客观因素等的影响，使其本应担当的义务责任、过失责任、角色责任等责任伦理诉求被主观忽略或认知不到。为提升工程安全主体的伦理自觉，工程主体应自觉履行工程安全相关责任义务，即以科学安全的管理为前提条件，统筹考虑制度、企业和社会组织的伦理环境与功能，履行建立健全维护工程安全伦理环境和惩戒措施的义务[26]。

1. 建立健全维护工程安全伦理环境的义务

1）构建维护工程安全的制度伦理环境

稳定的社会制度是一切文明活动的保障和基础。制度通常具有价值性和技术性的双重特质，而价值性也是伦理性的一种体现，制度公正表明了一种积极的社会秩序和社会意识。在工程实践中，工程师、投资者、管理者、工人及公众等利益相关者对自身的利益诉求都有所期待，因此在工程安全的制度建设中，需要加大道德建设的力度，在回答道德规范自身合理性时，还应考虑其有效性的问题。

2）构建维护工程安全的企业伦理环境

企业工程伦理建设是全方位的工程伦理建设，是维护工程安全的一个重要方面。作为我国经济体系中不可或缺的重要组成部分，企业具有经济性和伦理性两种相互依存的属性，企业的工程伦理环境应从制度、管理层和员工等方面进行建设，公正企业制度管理，提升管理层和员工的伦理素养。

3）提升工程领域社会组织的伦理功能

一是建立专业委员会，二是建设工程伦理章程。专业委员会是指工程伦理方面的专门机构，通过学习和借鉴国外的先进做法和相关可行性细则，制定适合自己的工程伦理实践规则，使我国工程实践有章可循。同时，建设工程伦理章程，培训指导工程从业人员，使工程师形成良好的理论观，自觉维护社会公共利益。

2. 建立健全维护工程安全惩戒举措的义务

1）完善问责制度

问责制度在伦理道德建设中的作用明显，能有效促进伦理责任的实施。工程活动的结果往往影响重大，明确问责内容、对象和主体，公开透明问责程序，规范问责制度，可对维护工程安全起到一定作用。问责制度包括道德责任、法律责任、行政责任等，追究责任并实施问责是问责制度的核心价值，也是完善工程安全制度的重要举措。

2）拓宽监督渠道

任何一项工程的实践都离不开监督，把实现对工程活动主体直接进行伦理道德监督作为建立健全舆论监督体系的重要选项。舆论监督机制是公众对某种行为或现象表达褒贬的意见，传达社会的反应，从而对人们形成外在压力，约束其行为的道德控制机制，通过群众监督、大众传媒和组织舆论等方式，建立健全评价制度，发挥舆论作用，对其进行工程监督。

3）完善相关法律法规

我国工程领域的立法工作逐步发展，在通过完善法律法规以实现国家对人们的伦理关怀方面成效较为显著。现有工程法律法规对工程实践主体应履行的义务做出相关规定，另外一些难以满足工程实践需求或过时的法律法规阻碍工程安全的发展，对此应全面清理，及时修订和完善，确保法律的规范性和约束性。

2.4.3　工程安全基本原则

工程活动既是一种“人为”活动，又是一种“为人”活动，与人类命运福祉息息相关，但是毫无危险、绝对安全的工程是不存在的[26]。工程安全是保护劳动者的安全和健康、促进工程建设发展的基本保证，也是保证社会主义经济发展的基本条件。2011 年 7 月 23 日 20 时，由北京南站开往福州站的 D301 次动车组列车行驶至温州南站间双屿下岙路段，因遭到雷击，与由杭州开往福州南站的 D3115 次动车组列车发生追尾事故，导致 D301 次列车 1、2、3 节车厢脱轨坠落桥下，列车严重损毁，造成多名人员伤亡[29]。2014 年 12 月 29 日 8 时，清华大学附属中学 A 栋体育馆等三项工程，在进行地下室底板钢筋施工作业时，上层钢筋突然坍塌，将进行绑扎作业的人员挤压在上下钢筋之间，塌落面积约 2000 m^2，造成 10 人死亡、4 人受伤。

工程安全事故频发造成国家财产损失和人员伤亡，同时也引发思考，是否工程安全的基本原则被忽视？诚然，工程安全务必引起重视。在工程安全活动中，安全道德现象是安全道德理念的升华和实践。伦理道德规范人们行为，确保施工安全，无论对工程活动中的哪一方来讲都是一种保障。工程安全的基本原则包括以人为本原则、尊重生命原则、安全可靠原则、关爱自然原则和公平正义原则[26]。

1. 以人为本

以人为本就是要着重突出人本身的全面发展，这是工程安全最核心的目标和内容。工程实践活动更多是物质领域的活动，其根本主旨在于造福社会、服务人民，若是“以物为本”，偏离目标，工程活动的安全必然会受到威胁，同时给人类社会和自然环境带来极大危害。这就对整个人类社会的发展理念和发展框架提出了明确要求，发展应由注重“物”而转向注重“人”，以人为主体，尊重人的价值需求，以人为目的。工程安全管理所建立的各种规章制度理应体现以人为本的精神原则，实现人性化管理，充分发挥主观能动性。从这一点看，以人为本应当是工程安全伦理的核心原则，也是在工程活动中工程师等工程主体处理各种伦理关系的最基本原则。

2. 尊重生命

生命是人类存在和发展的前提。每个人的生命同样宝贵，工程师也应带有这种推己及人的情怀，把尊重生命放在首要位置，才能处理好工程活动中的多重伦理关系，努力保护生命安全。如果研制的项目威胁人类健康，甚至可能产生毁灭生命的作用，工程师应明确抵制，并予以及时有效的制止和纠正。无论是进行工程决策还是处于工程设计阶段，还是在工程实施过程中，都始终要把安全放在第一位，尊重生命，对生命负责，必要时采取有效的保护措施。当然，其他工程主体也要具备这种最基本的道德品质，因为在工程伦理中，只有尊重生命的工程活动才是安全的，才是符合人类基本道德的。

3. 安全可靠

诸多学者认为工程是把双刃剑。诚然，工程活动的有序进行势必会给经济和人类社会的发展带来极大的利益，反之会带来一定的危害，甚至发生一系列安全责任事故，造成不可挽回的局面。任何工程活动都存在一定的风险，而安全是将工程系统中包括设计、施工等环节在内的运行状态，及其对人类利益侵害，特别是对生命、财产、环境可能产生的损害进行有效控制，使其限定在可接受水平以下的状态。在应对安全问题的挑战中，减少人的失误和消除不安全行为是使工程活动安全可靠的关键环节，注重安全意识、降低风险程度不容忽视。

4. 关爱自然

人类是自然界的一个重要组成部分，人类与自然和谐共生是实现人自身生存和发展的基础。随着工程技术的发展和工程活动的深化，自然环境问题已引起人类广泛关注，成为世界性话题。如果工程可能对生态环境具有破坏作用，则不进行开发。工程师必须从人类和自然界的安全角度出发，从关爱自然、尊重生态的角度统筹考虑，兼顾工程的使用价值、社会价值和人文价值等。在工程设计和生产过程的各环节中，注重环境保护，坚持环境与生态的绿色发展与可持续，实现工程项目与人、自然、社会的和谐良序发展。

5. 公平正义

公平要求在工程实践中的每一位参与者都平等地享有权利和义务。罗尔斯指出，正义是社会制度的首要德性，正像真理是思想体系的首要德性一样。正义与利益对等，工程上一般要求工程师从整体利益出发，用道德的标准思考问题、解决问题，并对思想和行为进行衡量和限制，在发生利益冲突时，要坚持以道德原则为准绳。公平正义是每个人应当享有的价值，是当今社会的基本理想，也是工程安全伦理问题的题中之意。

2.4.4 工程安全伦理教育

发生安全生产事故的直接原因是人的不安全行为和物的不安全状态。与前工业社会的工程安全问题相比，当前的工程安全问题所蕴含的技术复杂程度越来越高，影响也越来越深远。为保证工程的安全生产，有效降低伤亡事故，除必须依靠科学的安全管理外，还应广泛开展相应的安全宣传教育，真正认识到工程安全的重要性和必要性。

1）强化安全意识，落实责任教育

一般来讲，安全意识高，风险意识强，同时对未来的危害有足够的预见性，那么就能较好地减少和控制安全事故的发生，避免由此引发的灾难。高校为科研院所、企业和政府部门输送工程伦理意识强、能够正确处理问题的人才，当这些人才融入工作中后，会用自己的思想带动同事正确解决工作中涉及的问题，从而有效避免因价值、利益、责任等伦理问题引发的工程事故。表 2.1 汇总了近年来多起高校实验室安全事故。

表 2.1　高校实验室安全事故汇总

时间	事件
2006 年 3 月 15 日	复旦大学化学西楼一实验室内突发爆炸，放置室内的试管、容器等发生连锁爆炸，所幸没有人员伤亡
2008 年 7 月 11 日	云南大学北院云南省微生物研究所 5 楼 510 实验室，一名临近毕业的博士生做实验时发生化学爆炸，该博士生被严重炸伤
2009 年 10 月 23 日	北京理工大学 5 号教学楼一实验室发生爆炸，导致 5 人受伤，其中有一名实验室负责老师、两名学生和两名设备调试工程师
2011 年 4 月 14 日	四川大学江安校区第一实验楼 B 座 103 化工学院一实验室，3 名学生在做常压流化床包衣实验时，实验物料意外爆炸，导致 3 名学生受伤
2015 年 4 月 5 日	位于徐州的中国矿业大学化工学院一实验室发生爆炸事故，致 5 人受伤，1 人抢救无效死亡
2015 年 12 月 5 日	徐汇区华东理工大学实验楼内，学生在做实验时发生意外，造成两名学生受伤
2015 年 12 月 18 日	清华大学化学系何添楼二层的一间实验室发生爆炸火灾事故，一名正在做实验的博士后当场死亡
2016 年 1 月 10 日	北京化工大学科技大厦一间实验室内突然着火，幸运的是现场无人员伤亡
2016 年 9 月 21 日	位于上海松江大学园区的东华大学化学化工与生物工程学院一实验室发生爆炸，两名学生受重伤
2018 年 12 月 26 日	北京交通大学市政与环境工程实验室发生爆炸燃烧，9 时 33 分 21 秒模型室出现颜色发白的强光为氢气爆炸，9 时 33 分 25 秒模型室出现颜色泛红的强光为镁粉爆炸，现场 3 名学生死亡

表 2.1 中一起起高校安全事故的发生，令人痛惜，发人深省。另外，有学者[30]采用德尔菲访谈法征询某高校实验室安全主管人员，汇总和分析出导致高校实验室爆炸事故发生的主要原因及其具体表现形式，见表 2.2。

表 2.2　高校实验室爆炸事故发生的主要原因及其具体表现形式

发生的原因	具体表现形式	发生的原因	具体表现形式
人的不安全行为	（1）违反实验操作规程，并未及时制止 （2）实验未采取安全防护措施 （3）实验后危废品未经处理随意排放 （4）发现仪器故障，未及时上报维修 （5）实验未按规定上报审批备案 （6）随意使用、携带、丢弃外来火源	环境的不良状态	（1）紧急疏散通道被杂物堵塞 （2）实验室通风条件较差 （3）实验室空间布局不合理 （4）缺少应急救援设施 （5）未设置警示标识 （6）室内废弃器材堆积，卫生条件差
物的不安全状态	（1）仪器或设备发生故障、老化或破损 （2）危化品存储量超过规定 （3）危化品存放位置不规范 （4）安全装置失效或未配备安全装置 （5）设备、衣物摩擦产生火花或静电 （6）电源、线路老化或故障	管理规章制度不完善	（1）未开展实验操作、应急救援培训 （2）未对实验项目开展风险性评估 （3）对危化品的使用过程监管不严格 （4）日常安全检查执行不力 （5）安全主体责任落实不到位 （6）实验室准入制度不健全

通过对高校实验室发生安全事故的原因进行专业的研究和分析，可见在日常实验室的安全管理中，多角度开展防控工作、积极开展安全教育尤为重要。同时，高校学生对安全教育的学习也处于意识淡薄的状态。因此，加强安全教育、有效防范工程事故是我们应尽的责任。

工程安全伦理教育的目的是增强高校大学生的工程安全意识，使其明白实验室安全规范的重要性，明确工程师的安全伦理责任。具体可以通过开设相关专业工程安全专业课的方式加强安全教育，在社会核心价值体系中融入工程安全伦理教育，注重和发挥网络等新媒体传播功能，积极深入开展工程安全的宣传与推广，以此引起学生对工程安全的重视。

高校有义务进一步加强工程伦理教育，提升学生的工程伦理意识及解决工程伦理困境的能力，这是有效预防生产安全事故的途径。同时，企业应该加强安全责任的履行，重视安全投入，加强员工的安全教育与培训，并加强科技创新；各级单位应该提升工程伦理意识，将公众的安全、健康与福祉放在首位。从而重视工程项目的安全生产、风险管控及有效监管，这对于有效防范工程事故的发生具有重要意义。

2）增强质量意识，加强安全教育

2016 年 11 月 24 日，江西丰城发电厂三期扩建工程发生冷却塔施工平台坍塌特别重大事故，事故造成 73 人死亡，2 人受伤，直接经济损失 10197.2 万元。事故直接原因是施工单位在混凝土强度不足以拆卸模板的情况下，违规拆卸模板从而使筒壁的混凝土强度不足以承受上部载荷进而导致从底部薄弱处直至筒壁混凝土和模架体系的坍塌。间接原因在于建设单位和施工单位责任意识薄弱、质量把控不过关、风险把控力不足，管理混乱；监管单位监管力度不足、风险控制点失管失控，存在严重的失职；无论是政府还是企业，监理部门、设计部门还是施工单位，都存在大量如责任义务、监管和利益方面的工程安全问题[31]。

近年来，各类工程安全事故频频出现，导致这种情况发生的原因有很多，但根本原因是某些工程活动主体过于看重利益而忽视质量，缺乏基本责任感，从而使公众的生命财产安全等正当利益受到侵害。由此可知，工程主体缺乏教育在很大程度上影响其道德水平的高低，从而间接影响工程质量安全问题。上文案例“丰城 11 • 24 事故”中工程责任主体缺乏教育，质量意识与责任意识不足，种种因素最终酿成惨剧。

工程产品质量是工程的生命线，增强质量意识需要从业人员注意三个方面[26]：①要对技术负责，在操作的同时不可背离技术实施规范，必须严格按照操作守则中的规定进行，把质量放在第一位，承担起对他人和社会的责任；②要正确处理工程活动中的各种利益关系，特别是个人利益与社会公共利益的关系，不应无视工程产品质量，侵害社会公共利益以获取个人利益；③要坚决抵制工程活动中的腐败现象，绝不同流合污，始终严控工程产品质量，以社会公共安全为前提实现利益最大化。

2.4.5　工程安全文化体系建设

随着公众安全意识的增强，工程安全文化及工程安全文化体系建设也得到空前普及。企业安全文化体系的构建对社会及经济发展具有一定现实意义，不仅需要企业管理者制定和监管，同时也需要政府管理人员加大监管力度，在落实企业安全文化体系的前提下助力企业政策的实施和落实。

1. 安全文化的概念

工程安全既是技术问题，又是管理问题，更是文化问题。国际核安全咨询组（INSAG）于 1986 年针对切尔诺贝利核电站事故，在 INSAG-1（后更新为 INSAG-7）报告中提到苏联核安全体制存在重大的安全文化问题。1991 年出版的报告（INSAG-4）给出了安全文化的定义：安全文化是存在于单位和个人中的种种素质和态度的总和。文化是人类精神财富和物质财富的总称，安全文化和其他文化一样，是人类文明的产物，企业安全文化为企业提供了安全生产的保证。

1986 年，切尔诺贝利核电站事故对当地的生态环境造成了极大的破坏。专家学者在对事故发生原因的分析中发现核电站内部长期存在不良的安全氛围，并且提出了“安全文化”概念。这是人类历史上第一次将安全作为一项独立的学科进行研究，此后大批学者对安全文化进行了丰富和发展，并将安全文化的思想推广到各个领域，各行各业的专家根据其发展特点提出了符合行业特色的“安全文化”。安全文化涵盖了安全科学、社会科学、文化科学、心理科学和行为科学等多门科学，它的目的是保障员工人身安全、促进员工身心健康，是一种以人为本的企业文化[32]。

2. 企业安全文化体系建设

企业的安全管理工作以文化体系建设为基础，企业的安全关系企业发展、关系职工利益及生命健康，其重要地位决定了安全文化必然应当渗透到企业的方方面面，是任何企业内部管理的重要组成部分。

建设企业安全文化是一项系统性工程。在研究和实践中，一般可从物质文化、行为文化、观念文化三个方面理解安全文化的内涵。物质文化是一种表层文化，指一定生活方式的具体存在；行为文化是中层文化，指人们在日常生产生活中的特定方式和行为结果；观念文化属于深层文化，主要指一个民族的心理结构、思维方式和价值体系。结合这三方面内涵和企业的管理活动，将安全文化的体系分解为理念层、制度层、机制层和载体层四个管理层面进行对接，以达到将安全文化完全落实的效果。

1）理念层

安全文化的理念层与安全文化内涵中的观念文化方面相对应，在企业中表现为企业的安全理念体系。作为一种精神理念，企业的安全理念体系主要包括企业在长期安全生产中逐步形成的、为全体职工所接受遵循的、具有自身特色的安全思想意识，同时组织企业工作人员做好教育培训、控制好危险源，实现安全思维方式的转变、安全道德观和价值观的树立等，做到全方位全员参与、强化重心向一线前移，这是做好安全工作的根本与基础。

2）制度层

为了达到良好的效果，安全管理制度不能只停留在理念表述阶段，企业管理的制度层必须与安全理念相结合，建立一套科学的体制机制，这是做好安全工作的制度保证。首先应细化安全管理法规，明确安全管理制度，完善安全生产制度体系，不仅制度本身要逻辑严谨、权责清晰、符合企业实际，还要使一系列管理安全活动的制度相互配合形成闭环，构成制度体系，如目标责任制度、精细管理控制制度、安全绩效考核制度、安全生产技术管理制度、安全监察制度等一系列安全管理制度。

3）机制层

机制层是指安全文化的落实机制。安全制度将安全理念里一些具体的、可执行的体系在行为约束层面变得易于操作。但是在企业实际执行过程中，虽然企业大令小令不断，监督处罚力度逐年加大，但是安全事故连连发生。这其中的问题就在于安全文化不能只体现制度，安全理念需要一个内化于心的过程。安全文化作为一种观念文化，只有真正的深入人心，才能从根本上起到保障安全的效果。这需要加大执法检查力度，完善激励机制和创新体制机制，只有制度得到高效且全面的落实，才能真正实现企业安全，这是做好安全工作的基本措施。

4）载体层

作为企业生存之根、发展之本，安全文化在企业中需要以有形、无形的力量形成安全文化力场，影响员工的思想、引导员工的行为。除了理念、制度、机制这些无形的力量，安全文化同样有着丰富的、有形的表现方式，这也是安全文化作为物质文化的体现。在企业的安全生产过程中，安全技术系统是安全文化最基础的载体，包括安全生产需要的工具、设备、设施、仪表、材料和技术等。这个层面的持续投资和不断创新，是企业安全生产的基本保障。

依照国家安全管理的要求及工程发展规律，安全文化的体系结构从理念到制度、到落实机制、再到物质载体，一步步丰富着安全文化的内容和实践。作为一项系统工程，企业在安全文化建设上需要充分调动全员力量，在实践中进行长期不懈的努力，不断改进；坚持以人为本、求真务实、持之以恒，共同进行安全文化体系建设，构建中国特色的工程安全文化体系，进一步发展工程实践在社会中的积极影响与作用。

2.5　工程伦理责任

引导案例：“哥伦比亚”号航天飞机坠毁事故

2003 年 2 月 1 日，美国“哥伦比亚”号航天飞机在返航途中，在得克萨斯州北部上空解体坠毁，导致 7 名宇航员全部遇难。

事故初步调查表明，航天飞机发射途中，位于燃料箱的泡沫材料碎片脱落并击中航天飞机。相关工程师想获取详细画面以确定撞击位置及撞击程度，然而美国国家航空航天局（NASA）认为泡沫材料撞击作为已知问题，不会对航天飞机造成严重损害、影响到飞行安全，因此管理人员并未采取进一步措施。后续调查表明，导致“哥伦比亚”号航天飞机坠毁的罪魁祸首正是被认为不会造成严重危害的泡沫材料撞击事件。在收集“哥伦比亚”号航天飞机外部燃料箱的 50 万块碎片并复原后，负责“哥伦比亚”号航天飞机外部燃料箱的首席工程师奥特说，泡沫安装过程中，敷设工艺会导致各块泡沫材料间存在空隙，使液态氢可渗入其间，飞机起飞氢气受热后膨胀，从而使泡沫材料脱落。脱落的泡沫材料击中了航天飞机左翼隔热材料，使航天飞机返程时，与大气摩擦产生的高达 1400℃的高温空气进入航天飞机左翼的内部结构，使机翼与机身熔化解体，导致悲剧的发生。自此之后，美国国家航空航天局为了避免类似事故，规定航天飞机发射进入太空后，打开负载舱进行 360°旋转，通过卫星详细地观测航天飞机外部状况，排除风险因素。

在上述引导案例中值得我们思考的是：

（1）“哥伦比亚”号航天飞机的坠毁是否可以避免？

（2）所有与事故有关的工程师与负责人是否承担了各自应尽的职责？

从上述案例我们可以看出，工程风险伴随着工程活动本身，而工程参与者充分完备地承担各自的工程责任能够有效地降低工程风险发生的概率，保证工程活动正常进行，这些工程责任包括一般的工程责任与工程伦理责任两部分。本节主要对工程活动中的工程伦理责任进行讨论，从对工程伦理责任的理解、工程伦理责任主体、工程伦理责任类型与责任关怀四个方面对工程伦理责任进行分析，明确工程伦理责任中的各种概念。

2.5.1 何为工程伦理责任

工程伦理责任这一概念包含了责任与伦理两个因素，其中责任是主体，定义了这一概念的类型；伦理是角度，说明了行动的方向。通俗的理解是将责任上升至道德层面，承担关于伦理道德方面的责任。因此，充分理解工程伦理责任的含义，了解工程伦理责任与其他种类责任的区别，在承担工程伦理责任的过程中具有重要意义。本小节将主要阐述工程伦理责任的概念，并说明工程伦理责任与工程师职业责任、工程师法律责任的区别。

1. 对责任的理解

责任一词在生活中经常出现，在不同学科、不同角度下，责任被赋予了不同的含义与理解。按照责任的性质分类，责任可分为法律责任、道义责任、因果责任等；按照发生的时间分类，责任可分为事前责任和事后责任。不同种类的责任虽然具有各自所指代的特殊含义，但是通常都会包含如下要素：①责任人；②负责对象；③责任承担的代价；④规范性准则；⑤责任与承担的范围[33]。在 20 世纪后半叶，伦理学家逐渐对责任展开研究。康德（Kant）认为责任是对价值的一种反映；韦伯（Weber）首次将“责任伦理”与“信念伦理”相区分，并强调了在行动领域中“责任伦理”具有优先地位；德裔美国学者约纳斯（Jonas）在《技术、医学与伦理学：责任原理的实践》一书中首次将责任引入伦理学范畴中，并对这一范畴进行深入的讨论，认为这是一个“伦理学的新维度”[34]。至此，伦理责任这一概念逐渐形成，逐渐与其他种类的责任区分开，工程伦理责任逐渐受到更多工程领域技术人员的关注。

2. 工程伦理责任的特点

工程伦理责任融合了伦理与责任两方面要素，因此工程师想要充分理解工程伦理责任，可以从理解工程伦理责任与职业责任、法律责任之间的区别开始。

与职业责任相比，伦理责任具有更大的含义范围。职业责任要求工程师认真履行本职工作应履行的职责，而伦理责任则在此基础上要求工程师肩负起维护社会公众利益、维护社会公平正义等更多道德层面的责任。工程师在大多数情况下可以兼顾职业责任与伦理责任，因为二者在多数情况下具有一致性，工程师可以保证高质量完成自己的本职工作，同时不损害社会公众的利益。但是在特殊情况下，职业责任与伦理责任将会产生分歧。例如，本节引导案例中，在美国国家航空航天局认为泡沫材料脱落为一般事件，不会造成严重后果的惯例下，罗奇尔仍坚持自己的看法，强烈要求进一步的视频确认以保证宇航员的生命安全。尽管罗奇尔的要求没有得到批准，但是他打破惯例思维，为宇航员生命安全负责的态度与行动值得肯定。因此，当工程师的职业责任与伦理责任产生分歧，甚至存在矛盾或者冲突的情况下，工程师应该结合具体情况，做出最正确的选择。这里的正确不仅指职业责任的要求，还包含伦理责任的要求[35]。

与法律责任相比，伦理责任有不同的指代含义。法律责任通常追责已发生的事件，属于一种“事后责任”；而伦理责任更多地针对事件发生前的道德义务、行事动机等，属于一种“事前责任”[24]。因此，工程师的伦理责任相较法律责任具有更高的道德水准。法律条款作为公民的行为底线，其规定的责任自然是所有责任中的基础，这一底线不可被打破。工程师不仅要维护法律责任，更要提高道德水准，维护工程师的伦理责任，这样才能更好地解决工程中遇到的各种问题。

综上所述，工程师的职业责任、法律责任和伦理责任具有不同的含义，明确各自的要求并严格执行，才能更好地成为一名负责任的工程师。

2.5.2 工程伦理责任主体

责任的主体是指承担某种责任的人或团体，当某些事件发生时，承担其带来的后果与责任。工程伦理责任作为责任的一种，明确工程伦理责任的主体能够促进工程伦理责任得到更有效的承担与维护。

1. 主体的含义

主体一词作为哲学名词，其在哲学上的含义是指对客体有认识和实践能力的人，是客体存在意义的决定者，与客体相对应存在。哲学史上，众多哲学家提出了自己对主体的理解与观点，这些观点包括普罗泰戈拉提出的“人是万物的尺度”观点，笛卡儿提出的“我思故我在”观点，康德提出的“绝对理念”观点等。马克思结合前人观点，认为主体是由具有意识能力、行为能力和创造性的个体组成。在马克思主义哲学中，主体被定义为是可以能动地从事实践活动的人，能够将客体作为认识与实践的对象，是行动的思想者，同时也是思想的行动者。由此可见，在哲学角度中，主体一词与人有着不可分割的关系，因此对于主体的理解要结合人的处境，合理地理解人与人之间的主客体关系[36]。同样，将上述哲学观点与工程活动结合，在分析工程伦理责任主体时，也应当结合工程的发展与实际现状对责任主体进行合理地划分。

2. 主体在工程伦理责任中的体现

工程伦理责任主体这一概念是在工程活动发展过程中逐步建立起来的，在不同的时期，人们对工程伦理责任主体有不同的理解。在早期的工程活动中，工程师按照规定或命令完成工作，只需要承担工程师的职业责任，并不需要承担其他伦理道德的责任，因此并没有工程伦理责任主体这一概念，工程师也被认为是工程活动的主体。随着工业发展，工程活动的难度逐渐提升，社会分工得到细化，工程活动的主体不再是个体的工程师，而是逐步转变为工程师群体或一个组织。同时，工程师面对的任务不再仅仅局限于自身的职业，工程师更多地承担了造福社会、维护生态环境等道德层次上的责任。此时，工程伦理责任与对应的主体也同时诞生，工程师个人或群体，乃至进行工程活动的组织作为工程活动的主体，需要承担其工程伦理责任。因此，工程伦理责任主体包括了个人与群体两个概念。

对个体而言，工程伦理责任主体一般指工程活动中的个体工程师。工程师作为工程活动的直接参与者，同时作为专业人员，具有相应的专业知识，能够全面地了解工程的各项要素，包括工程操作流程、设计初衷、潜在风险等。因此，工程师所具备的能力促使工程师在规避工程风险、保证生产安全等方面具有不可推卸的伦理责任。工程师应结合自身的专业知识，在实际的工程活动中时刻观察工程进展，认真思考，预测各个工程活动阶段可能发生的风险事故，而且在紧急情况下工程师必须能够迅速妥善处理突发事件，停止具有危害性的工作，降低工程风险，保证工程参与人员的生命安全[37]。

对群体而言，工程伦理责任主体一般指从事工程活动的组织。在现代工程活动中，从事工程活动的组织不仅包括工程师与建设者，同时还包括工程的投资者、管理者、验收者、使用者等相关人员。此时，不同的参与者都会为了自身的利益需要进行活动，因此工程伦理责任的主体无法再局限于工程师，而是包含所有相关人员的组织，这个组织又被称为工程共同体。此时，工程伦理责任也转变为工程共同伦理责任。在考虑共同伦理责任时，应通过协调相关人员之间的关系，使个人站在整体的角度理解共同伦理责任，承担共同伦理责任，而不能简单地将共同责任均摊在每个工程共同体成员上。例如，“哥伦比亚”号航天飞机的坠毁，不能简单地将责任归咎在有关外燃料箱设计建造的工程师身上，对泡沫材料脱落的忽视、整体隔热材料安装设计的缺陷等诸多要素都应被考虑在内。

2.5.3　工程伦理责任类型

在工程活动中，工程伦理责任主体需要承担各自涉及的工程伦理责任，而这些工程伦理责任又因责任主体的区别、责任涉及因素的不同被分成不同的类型。明确不同类型的工程伦理责任能够促进责任的有效划分，同时避免相应的风险事故发生。

1. 职业伦理责任

职业伦理责任是从业人员在职业范围内应当承担的伦理责任，相比于职业责任，职业伦理责任更多地包含了道德层面的要求。职业伦理责任包括“义务-责任”、“过失-责任”和“角色-责任”[24]。

“义务-责任”是指出于美德或某些优秀的品质，职业人员凭借自身的专业知识与能力做出有益于工程活动或集体利益的行为。这种责任是一种积极的、正向的、超前的责任，往往承担“义务-责任”的工程师可以极大程度地避免工程风险的发生。

“过失-责任”是指因某些过失或过错导致工程风险的发生，需要有人为自身的行为过失负责。这种责任是一种消极的、滞后的责任。在确定责任人的同时，更重要的是从过失中吸取经验教训，避免类似情况再次发生。

“角色-责任”侧重责任涉及的职位或岗位，通俗解释是做好职位或岗位分内的任务。当工程风险的发生是因为某个岗位的疏忽或过失导致的，那么该岗位的负责人便要承担“角色-责任”。与“过失-责任”相似，这是一种消极的责任，不同的是“角色-责任”重点为岗位负责人，而“过失-责任”包含任何因过失造成工程风险发生的人。

工程总是伴随着已知或未知的风险，对工程师来说，职业伦理责任就是为工程的风险负责。如何预测风险、评估风险、处理风险，让工程活动正常进行，保障民众的生命财产安全，是工程师必须时刻注意的问题。

2. 安全伦理责任

安全问题是工程活动中十分重要的问题，安全问题不仅关系着工程活动能否顺利进行，还关系着所有参与工程的人员的生命安全。在工程活动中，工程师由于职业的特殊性，具有其他工程活动参与者不具备的专业知识，在整个工程活动中起到至关重要的作用。因此，承担保障工程活动安全的责任，工程师义不容辞。工程师在工程中需要做到如严格按照相关技术标准进行设计、选用符合标准的施工材料、验收环节严谨公正等，确保工程活动安全进行。

20 世纪 70 年代末，福特汽车公司为了竞争微型汽车领域，迫切地设计并投入量产了一种名为斑马的微型车。然而在设计中，油箱的位置存在缺陷，使汽车在经受小范围碰撞情况下便可导致油箱破裂，造成严重事故。在该汽车问世后的 7 年时间里，发生了近 50 次的汽车被撞爆炸事件，受害者向法院提起诉讼，而在审理过程中，人们得知福特汽车公司知晓设计缺陷问题，但并未采取改进、安装保护装置，原因竟然是在公司相应的评估后，认为改装成本远大于事故的赔偿成本，因此对重大安全隐患视而不见。在这个案例中，汽车的设计师忽视了安全伦理责任，仅从利益角度出发，导致近 50 起悲剧的发生。尽管后来福特汽车公司采取了相应的安全措施，但也无法挽回斑马系列汽车的声誉。设计师与公司的做法不仅危害公众的生命安全，最终也影响了自身的发展。

此外，工程师在承担安全伦理责任的同时，其他工程参与者也应当在各自的职责范围内承担安全伦理责任，如施工人员严格按照操作流程施工操作、投资方为工程提供符合安全标准的施工条件等。虽然工程师是工程活动的主要参与者、执行者，但是工程活动的安全需要全体参与者共同维护[36]。

3. 环境伦理责任

环境伦理责任要求工程伦理责任主体对自然环境负责，减少工程活动对自然环境的破坏。作为一种道德层面上的责任，环境伦理责任要求工程师具有较高的道德自律，自觉承担保护当今生态环境、保护未来生态环境的责任[38]。然而在实际情况中，因为利益的冲突或职业的限制，如公司利益与环境利益相矛盾、生产成本与环境利益相矛盾等，工程师往往不能很好地顾全环境伦理责任。因此，为了更好地实现环境伦理责任，需要相关部门制定更加详细、更加符合国情的环境伦理规范。

2010 年 4 月 20 日，美国路易斯安那州沿海的石油钻井平台发生爆炸，随后受损油井发生原油泄漏事故。经过为期 3 个月的处理后，7 月 15 日，视频显示不再有原油从泄漏点泄漏，至此原油泄漏事件才得到有效遏制。此次事件导致了严重的环境污染，无数海洋生物死亡，墨西哥湾的生态环境遭受严重打击，甚至是灭顶之灾。而在事故原因调查中，英国石油公司对于自己的责任仅用“未能防患于未然”草草了结，声称瑞士越洋钻探公司作为油井拥有者与负责加固的美国哈利伯顿公司在原油泄漏时间上负有主要责任。而瑞士越洋钻探公司则称，英国石油公司在钻井平台的设计与建设过程中节约成本的措施为此次事故埋下了极大的安全隐患。

在上述案例中，原油泄漏造成的生态破坏无法用金钱或恢复时间来简单地衡量，而涉事的几家公司并未从事故的核心原因入手，深刻反思进而避免类似事故，而是将责任推脱出去。无论哪一家公司的阐述是事实，原油泄漏造成的危害都是事实，如果任何一家公司在事故前提出合理的防护措施和解决方案，这场在事后分析中本可以避免的事故就不会发生。因此，在任何工程活动中，工程参与者都应当承担起环境伦理责任，维护生态环境，最大程度避免工程对环境造成破坏。

4. 社会伦理责任

社会伦理责任是指工程伦理责任的主体对工程活动造成的社会问题负责，这就涉及不同工程伦理责任主体对社会问题需要承担的不同责任，包括工程师和其他的工程参与者。

首先，对工程师来说，工程师对工程活动有最直观、最清晰的了解，这就要求工程师在工程活动中时刻关注工程带来的社会影响。工程师需要熟练地使用自身的专业技能、依据自身的社会责任感规避潜在的工程风险，对于无法规避的工程风险，则需要工程师保障涉及风险人群的知情权，减少因工程风险造成的社会恐慌。工程师由于其职业的特殊性，必然需要承担更多的社会伦理责任。

其次，对其他的工程参与者来说，也必须承担各自的社会伦理责任。例如，投资企业之间需要公平竞争，维护良好的社会秩序；在工程后期投入使用后，相关执行人员需要妥善处理可能带来的能源问题、环境问题、消费问题等。

2.5.4　工程责任关怀

责任关怀是化工行业结合自身实际，目的在于保证生产过程安全、健康的自律性管理体系，是一种预防化学品事故发生、快速处理化学品事故以最大程度减小事故影响的有效途径。责任关怀在化工行业具有重要的指导意义，是国际通用的工程伦理准则。

1. 责任关怀的诞生与发展

1974 年，英国 Nypro 公司其中一套串联环己烷氧化反应器发生爆炸，事故造成 28 人遇难，89 人受伤。1976 年，位于意大利的伊克梅萨化工厂由于反应过程中放热失控，导致压力过高发生爆炸，爆炸导致剧毒化学品二噁英泄漏，多人因此中毒。2010 年，青岛海怡精细化工有限公司发生爆炸引发火灾的事故，事故导致 3 人死亡，1 人失踪，1 人重伤。2017 年，中国石油天然气股份有限公司大连石化分公司第二联合车间重油催化裂化装置发生泄漏事故，事故引起原料油泵着火，空冷平台局部塌陷。众多的安全事故给化工行业披上了一层“危险的面纱”，带给化工厂极大的负面影响。为了消除公众对化工厂的误解、排斥等负面情绪，同时保证化工厂生产安全，避免安全事故的发生，全球化工行业逐步探索出一条有效的解决方式，即施行责任关怀制度。

责任关怀是全球化工行业自发地在健康、安全及环境等方面不断改善绩效的行为，是化工行业专有的自律性行动[39]。施行责任关怀的目的在于排查化工安全隐患、防止安全事故发生、改变社会公众对化工厂的印象等。

责任关怀起源于加拿大，1983 年加拿大化学品制造商协会的会员单位在协会的倡议下，几乎全部签署了行业行为指导原则。该原则的内容包括在生产经营活动中不对社会或环境造成不可接受的风险，主动改进环保、安全方面的技术，向公众明确危险化学品的信息等，该协议构建了化工责任关怀的雏形。1985 年，受博帕尔灾难的影响，加拿大化学品制造商协会的会员单位开展生产安全隐患排查，并一致同意强制执行责任关怀指导原则，以避免安全事故的发生，提高整个化工行业形象，责任关怀正式诞生。

1988 年，受加拿大化学品制造商协会的影响，美国化学理事会开始实施责任关怀制度，要求理事会单位实施责任关怀制度体系，并受到第三方审计认证。1995 年，日本责任关怀委员会成立，随后越来越多的地区接受并实施责任关怀制度。

我国的化工行业同样十分重视责任关怀的实施。2015 年，在北京举行的中国责任关怀促进会上指出，伴随着我国化工行业的发展，化工安全问题不再局限于化工行业内部，而是逐渐与众多社会因素交织，成了能够影响和谐稳定的社会问题。实践证明，施行责任关怀制度有利于维护化工行业生产安全、营造和谐稳定的社会环境。责任关怀的推行不仅推动了化工行业的发展，还为化工企业树立了良好的新形象，对化工行业的发展具有重要的意义。

2. 责任关怀的实施原则与意义

责任关怀的实施具有以下原则[39]：

（1）不断提高对健康、安全、环境的认知和行为意识，持续改进生产技术工艺和产品在使用周期的性能表现，从而避免对人和环境造成伤害。

（2）有效利用资源，注重节能减排，将废弃物降至最低。

（3）充分认识社会对化学品及运作过程的关注点，并对其做出回应。

（4）研发采用先进工艺、能够安全生产、运输、使用及处理的化学品。

（5）与用户共同努力，确保化学品的安全使用、运输及处理。

（6）向有关部门、员工、用户及公众及时通报与化学品有关的健康、安全和环境危险信息，并提出有效的预防措施。

（7）在制定所有产品与工艺计划时，应优先考虑健康、安全和环境因素。

（8）积极参加与政府和其他部门制定用以保护社区、工作场所和环境安全的有关法律、法规和标准，并满足或严于有关法律、法规及标准的要求。

（9）通过研究有关产品、工艺和废弃物对健康、安全和环境的影响，提升对健康、安全、环境的认识水平。

（10）与有关方共同努力，解决以往危险物品在处理和处置方面所遗留的问题。

（11）通过分享经验以及向其他生产、经营、使用、运输或者处置化学品的部门提供帮助，推广责任关怀。

（12）责任关怀是自律、自愿行为，但在企业内部又是制度化、强制性行为。

相比于国际社会，我国责任关怀制度的实施起步较晚，因此仍需长期的实践改进并完善责任关怀制度。

2.6　工程师职业伦理

引导案例：归真堂药业“活熊取胆”制药事件

2012 年 2 月，福建省归真堂药业针对越演越烈的“活熊取胆”事件（图 2.4），决定将 2 月 22 日、2 月 24 日定为养熊基地开放日，并邀请众多社会人士参观。事件源于归真堂药业股份有限公司在企业发展过程中决定上市融资，扩大生产规模。随后，关于“活熊取胆”的方式能否被替代，归真堂与亚洲动物基金会等动物保护组织展开激烈的辩论，全国政协委员贾宝兰在全国两会递交提案，呼吁在全国范围内停止“活熊取胆”。

该事件存在众多争议。首先，“活熊取胆”的制药方式是对熊的虐待，还是一种科学无痛的取胆方式，争辩双方持有不同的观点。中国中药协会会长房书亭称，目前应用的无管引流取胆技术对黑熊健康没有任何影响，熊在取胆过程中“很舒服”。然而，世界保护动物协会项目协调员孙全辉博士则称，无管引流技术需要对熊进行相应的手术，手术过程本身对熊来说就是伤害。其次，熊的胆汁在药品制作方面是否存在替代品，争辩双方也各执己见。中国中药协会会长房书亭、北京同仁堂部分专家表示，目前为止没有任何可替代熊胆的替代品出现。但沈阳医科大学原副校长姜琦称，人工熊胆在 1983 年由卫生部批准立项，经沈阳药科大学、辽宁省医药工业研究院不断研发，合成出与优质天然熊胆化学组成、理化性质无明显差别且质量稳定的人工熊胆。另有公开资料表明，香港大学中医药学院研究表明在抑制肝癌细胞增生与扩散时，黄檗、黄连和黄芩的治疗功效较熊胆更为理想。最后，“活熊取胆”方式提取的熊胆是否具有更高的质量也存在争议。沈阳医科大学原副校长姜琦还介绍说，人工合成的熊胆与优质天然熊胆的主要成分牛磺熊去氧胆酸钠，在含量上没有明显区别，并且人工合成的熊胆质量更加稳定。而经引流取得的熊胆质量与优质熊胆相差较大，这主要是由于用于取胆的熊和自然熊在生活方式、饮食结构等方面存在差异，同时为避免手术创伤发炎病变，大多会给熊服用抗生素，这也会对熊胆的质量产生影响。

图 2.4　“活熊取胆”

上述引导案例值得我们思考的是：

（1）熊胆入药的相关技术负责人是否在此事件中充分承担了伦理责任?

（2）在众多利益因素下，相关技术人员的判断是否受到了影响?

在上述案例中，我们可以看出工程师作为一种职业，往往在执业过程中需要承担超出本职工作外的责任，工程师不仅需要完成工程内的任务需要，同时还要考虑工程对公众与社会环境的影响。因此，本节将从工程师这一职业入手，分析工程师职业的特点，讨论工程师在执业过程中应该承担的具体责任。

2.6.1　工程师职业

广义上来说，职业是一种工作，从业者通过向社会服务，以此来获得谋生的手段。工程师作为一种职业，要求从业者具有扎实雄厚的专业知识，是在某些工程活动中从事技术活动方面的“专家”。“专家”一词在英语中与“职业”拥有相同的词源“profess”，意为“一个人声称将某种熟练的知识技能应用到某些实践中，并以此作为职业”。因此，严格来说工程师职业是一种具备专业知识，并将掌握的知识应用到工程建设中的工作形式[40]。

想要成为一名工程师，需要通过工程师职业准入制度的考核。工程师职业准入制度包括五个环节，分别是：高校教育与专业评估认定、职业实践、资格考试、注册执业管理、继续教育。其中，最为重要的是高校教育与专业评估认定环节，这一环节直接限定了申请者的准入门槛，保障了入选者的专业技术能力。职业实践要求高校毕业生具有一定的工作经验，进而允许参加资格考试。通过资格考试后，申请者可进行注册申请，获得职业资格证书。

1. 工程师职业章程

工程师职业章程是一种针对工程师的行为规范，体现了工程师与工程师之间、工程师与公众之间的思想目标的一致。随着社会与科技的发展进步，工程师作为一种职业，其职业观点也在不断地更新。工程师从最初持有的对雇主的绝对服从、完成雇主命令的职业观点逐渐转变为承担本身职业责任、完成雇主要求的同时，兼顾对社会的伦理责任，对社会、自然与生态负责的职业观点。这种职业观点的改变也促使工程师职业章程的发展。同时，社会因素发生的改变也影响着工程师职业章程的发展，为其赋予具有时代特色的内涵。结合中美工程师职业章程的发展过程即可了解这种变化[9]。

中国工程师职业章程起始于中国工程师学会，该组织在 1933 年首次修订了《中国工程师信守规条》，强调工程师对雇主负有的责任。1940 年，在中国工程师学会第九次年会上提出了工程师对国家与民族肩负的责任。次年，在中国工程师学会第十次年会上，《中国工程师信守规条》更名为《中国工程师信条》，此“信条”相比“1933 年信条”，结合抗日战争中凸显出工业的重要性，着重强调了国家和民族的利益，赋予工程师拯救民族危亡的重任。

美国早期的工程师通常认为自己并非服务于公众，而是服务于雇主，即对雇主命令的绝对服从。随后在 19 世纪末期，工业的发展使工程师在社会发展中起到越来越大的作用，这导致工程师雇主的思想观点将会对社会发展产生巨大的影响。此时，桥梁学家莫里斯（Moris）等认为工程师作为工程的主导者，掌握着可以改变人类发展方向的强大力量，不应该被雇主身处的利益团体完全掌控，更应该肩负起社会责任，以确保科技的改变与发展最终会造福人类。此后，越来越多的“工程师反叛”事件发生，库克（Cooke）认为工程师忠诚于大众和工程师忠诚于雇主处于对立面。在随后的 20 世纪，工程师开始逐渐思考自身的职业责任，形成了工程师应兼具对雇主及社会的忠诚、承担社会伦理责任的职业观点。这一观点也被纳入工程师职业章程中，使工程师的行为得到了更有效的规范。

从上述中美工程师职业章程的发展史来看，两者都在强调工程师的责任，对工程师的行为进行规范与指导，工程师在从业过程中必须遵守工程师职业章程的相关规定。工程师职业章程也将随着社会的发展，不断引入更加符合时代要求的观点，完善对工程师行为的指导。

2. 工程师的职业目的

工程师的职业目的可具体归纳为逐步提高的三个层次（图 2.5），分别是工程师的生存、工程师自我价值的实现和工程师对社会的贡献[41]。

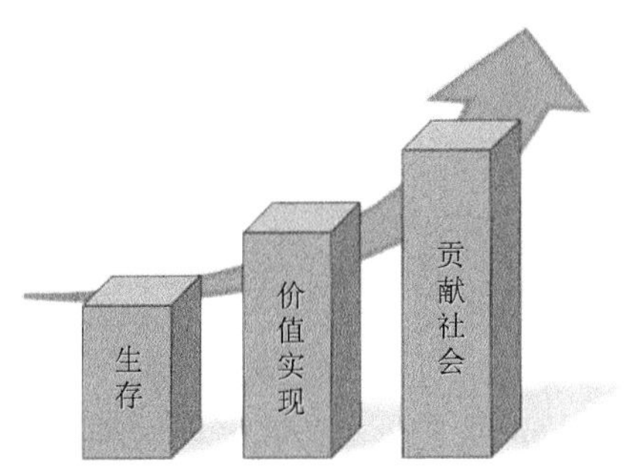

图 2.5　工程师的职业目的

首先是第一个层次，工程师的生存。工程师作为一种职业，是从业者的一种谋生手段，工程师在从业过程中最基本的目的就是通过劳动获取报酬，从而能够在社会中得以生存。生存是一切更高层次目的的基础，如果不能维持生存，其他目标的制定也就失去了意义。

达到了第一层目标，随后工程师的职业目的进入第二个层次，工程师自我价值的实现。在生存得到保障后，工程师便有能力将关注点更多地投入到工作中，通过灵活熟练地运用自身的知识储备使负责的工程变得更加“完美”。在工作的过程中，工程师不再局限于完成工作，而是致力于完善工作，从工作中寻找乐趣，将自己的知识储备转化为实际的工程作品，从而使自身的价值在工程活动中得到实现。

当工程师的自我价值得到实现后，此时工程师应该考虑自身对社会的贡献，也就是工程师职业目的的第三个层次。工程师在进行工程活动时，更要考虑工程对社会环境的影响，让工程活动能够推动社会的发展，而不是给未来造成隐患。此时，工程师的目标不再局限于眼前，而是抛开功利性，站在长远的角度对工程、对社会负责。

工程师的职业目的在工程师从业的不同时期对工程师具有不同的影响。作为一名优秀的工程师，不能局限于生存与自我价值的实现，应该更早地达到对社会的发展负责的境界层次，将社会责任与自身价值结合起来，从而推动社会的进步。

3. 工程师的职业美德

工程师的美德体现在工程师在工程活动中对职业责任与伦理责任的承担，体现在尽力完善工程作品，体现在协调工程与社会、环境的关系等各方面。工程师的美德包括诚实、公正、忠诚、负责、勇敢、谦虚等优秀品质。工程师在工程活动中需要具备这些职业美德，并在实际的工程活动背景下发扬这些美德。在工程师的“义务-责任”中，工程师的一些善举和出于道德层面的抉择，可以避免后续工程风险乃至事故的发生[24]。正如“哥伦比亚”号航天飞机坠毁事件中的工程师罗奇尔，在发现发射过程中的泡沫材料脱落问题后，多次提出做进一步详细的调查，虽然最后被美国国家航空航天局以常规事件为理由拒绝，但是罗奇尔为了航天员的生命健康而坚持自己的主见，展现出的职业美德值得所有工程师学习借鉴。

工程师的职业美德不仅在工程活动中发挥着积极的作用，还具有极大的社会价值。正如前文引述的福特斑马汽车安全事故，如果轻型汽车的设计者能够从消费者的角度出发，在设计中完善安全细节，就能够避免大量事故的发生，同时还可以消除社会对福特公司的负面情绪，维护社会稳定的状态。工程师的职业美德不仅是一种基础美德，也是促使工程师在工程活动中承担社会责任、维护社会稳定的内在动力，具有超出工程活动本身的重要价值。

4. 工程师的职业特征

美国心理学家威特金（Witkin）研究表明，在面对环境带来的信息中，不同人对这些信息表现出不同的反应，具体概括为场依存型特点与场独立型特点。场依存型的人在面对环境带来的信息时，更擅长将其作为参照，进而对信息进行加工；而场独立型的人面对环境带来的信息时，更擅长排除它们的干扰，将自身内在依据作为参照对信息进行加工[42]。两种不同处理信息的方式使这两种特性的人在职业选择上产生差异，场依存型的人更擅长从事社交一类的职业，而场独立型的人更擅长从事与人无关的、将认知转化为技能的职业。

工程师作为职业，并不是所有人都能够胜任，除工程师职业准入制度的要求外，同时具有工程师素质的人才有可能成为优秀的工程师，这与工程师职业特性有关。一名优秀的工程师在从业过程中需要对外界环境因素具有一定的抵抗能力，能够坚持自己的主见，不易受到环境暗示。这些要求对应着场独立型人的工作特点，因此具有场独立型特点的人更适合从事工程师职业。特别强调的是，场独立型与场依存型两种特点在工作中并无高低好坏之分，只是对于不同的工作，两种特点的从业者有着不同的适应能力，从而表现出更适合从事某种工作。作为工程师，需要加强自身的场独立型特点，做到与工程师职业特征需要相一致，从而更好地从事工程师这一职业。

2.6.2　工程师的职业伦理规范

工程活动总是伴随着风险，因此在工程活动中需要及时发现潜在的工程风险及随之而来的对人生命财产的侵害。工程师作为能够掌控工程整体的人，具备常人不具备的专业知识，具有预测风险、规避风险的能力。因此，工程师往往需要承担更多的道德义务和伦理责任，这些义务与责任包括对公众安全的义务、实现可持续发展和正确处理与雇主之间的关系。

1. 对公众安全的义务

工程师职业伦理规范的首要原则是“将公众的安全、健康和福祉放在首位”，任何工程伦理章程中对工程师在安全方面的要求与规范归根结底都是为了减少或避免相关工程风险的发生。工程师在执业过程中必须严格执行对风险的把控，需要在思想与行动中保持一致，在工程的设计构思阶段、工程的执行与验收阶段结合实际工程情况，充分考虑风险状况。同时，面对可能影响自身判断的因素或利益冲突，工程师应当站在全局的角度，充分履行自身对于安全的义务。工程师还应当及时公布工程中存在的可接受的风险，增进公众对工程的了解，消除公众对工程的疑虑，维护社会的稳定，这也是保障工程能够顺利、安全进行的又一条要素。下面这个案例将会促进对公众安全义务的理解：美国阿拉丁兵器试验场长期进行着美军的化学武器开发及实验工作，自第二次世界大战后，美军在此存放了大量的危险化学药品。在一次例行检查中，检察人员发现了严重的安全问题与安全隐患，包括易燃物质与致癌物质露天存放、同房间储存混合后极度危险的不同化学物质、剧毒化学品泄漏等。由于长期的疏忽，大量硫酸泄漏到河流中。虽然没有发生更为严重的后果，但是司法部门仍对主管的三名化学工程师提起公诉。化学武器相较普通化工产品具有更大的危险，相关负责人的疏忽不仅是对实验场内士兵的安全不负责，更是忽视了周围居民与环境的安全，没有承担对公众安全的义务。

2. 具有可持续发展的思想

可持续发展的概念是 1987 年世界环境与发展委员会在《我们共同的未来》报告中首次提出的，核心内容是对人类发展与持续发展的概括，要求人类在发展的过程中，既考虑到发展对自然生态的影响，也要关注发展对人文环境的影响。可持续发展的目的在于在发展的过程中，保证现代人发展需求的同时，还要确保未来子孙发展的需要，实现经济、社会、资源、环境的协调发展。可持续发展不能简单地等同于环境保护，可持续发展的重点是发展，不能因为一味强调环境因素而放弃发展，也不能为了发展不顾环境的恶化，而是在二者之间寻求互利双赢的道路。

对工程师而言，实现可持续发展要求工程师在执业过程中贯彻可持续发展的思想，主动承担起节约资源、保护环境的责任，结合可持续发展的核心内容与目标对工程进行优化，既着眼于当下，也着眼于未来，从而做出对目前和未来发展双赢的安排。

3. 正确处理与雇主之间的关系

工程师作为一种职业，既要对自己的雇主忠诚，同时还要维护公众利益、承担伦理责任。然而因存在的利益因素，工程师的雇主与工程师可能在与工程有关的观点上存在冲突，此时便需要工程师合理地解决这种冲突。

解决这种冲突有很多方式，首先，除紧急情况外，工程师可以通过正常的渠道向上级或雇主提出意见，与上级交换看法，从而达成共识。或者工程师可以向同事寻求帮助或征求意见，在避免被孤立的同时，以集体的形式向上级表达诉求。最后，在以上众多方式都没有达到效果的前提下，还可以采取举报的方式解决问题。然而举报作为最后的解决方式，同样存在着伦理方面的问题，那就是举报雇主是否意味着工程师对雇主的不忠诚。马丁与辛津格认为：举报不是工程师解决与雇主之间矛盾的最好方式，而是作为最后的解决办法[40]。因此，工程师在选择举报这一方式前，首先需要考虑以下几个问题：

（1）其他的解决方式是否都已经尝试过？

（2）尝试过的解决方法是否完全无效，有没有进一步商讨的余地？

（3）自己将要举报的问题是否是肩负社会伦理责任、公众安全与利益的大问题？

2015 年 9 月 18 日，美国环境保护署对大众汽车发起指控，指控内容为部分大众柴油车针对美国尾气排放检测安装了软件，使相应汽车在检测中能够获得“高环保标准”，而在实际行驶中，污染物排放量最大可达标准的 40 倍。因此事件，各个国家分别对大众汽车进行重新检测，并对相关涉事车辆进行禁售处理。10 月 15 日，随着事件进一步发酵，负责柴油发动机研发的负责人鲁道夫被停职。美国称根据美国《清洁空气法》，大众汽车可能面临高达 180 亿美元的处罚。在此案例中，柴油发动机研发部负责人鲁道夫无疑对公司、对雇主展示出了绝对的忠诚，并未将此事件提前曝光，举报雇主。但他的默许行为并没有帮助他的雇主持续地隐瞒超额排放这一事实，反而在事件爆发后给他的雇主与公司带来了更坏的影响，自己也因此受到处罚。如果在他的带领下，公司内部能够提前按相关规定处理好排放事件，那一系列的不良后果也就被扼杀在萌芽中。

2.6.3 工程师伦理决策

工程师作为一种同时肩负职业责任与伦理责任的职业，在影响工程活动发展的同时，也具有对社会环境造成影响的能力。因此，工程师职业伦理章程对工程师的行为做出了许多规范与指导，帮助工程师解决工程中遇到的伦理问题。除此之外，工程师还面临许多伦理准则之外的问题，如具体工程活动中的角色冲突、利益冲突与责任冲突。

1. 角色冲突

工程师在社会中具有不同的角色，每个角色都具有各自需要承担的责任。此时，不同的角色责任相互矛盾时，工程师便处于角色冲突中。工程师作为一种职业，首先扮演的角色是职业人，需要承担相应的职业责任；此时，工程师同时受雇于企业，作为一名雇员，要对自己的雇主负责；工程师在受雇企业中承担的某些职务还可能使工程师成为一名企业管理人员；另外，工程师抛开职业因素，他还具有社会人与家庭成员的角色，这些不同的角色冲突将引发工程师关于道德伦理方面的选择困境。工程师作为职业人与雇员的角色，当需要承担的职业责任与对雇主的忠诚，或自身对社会伦理责任负责的意志相违背时，工程师便面临着工作追求与道德追求的冲突。工程师作为企业管理者时，所代表的是不同的利益阵营，当企业决定与工程伦理道德相违背时，工程师便面临着管理者的角色冲突。工程师作为社会人，作为家庭成员时，工作与家庭生活有时会产生时间上的冲突，当选择陪伴家人还是投身工作时，工程师便面临家庭成员的角色冲突[9]。

面对各种角色冲突，工程师解决冲突的方法依赖于外在的制度与内在的道德基础。外在的制度保障为工程师提供了解决冲突的指导方式，对于已有解决方式的角色冲突，工程师可以结合实际情况进行参考，从而解决冲突。这同时需要外在制度保障的不断更新完善，从而更加适应复杂多变的工程师职业冲突。对于一些外在制度保障并未涉及的角色冲突，可通过工程师内在的道德基础对角色冲突进行判断，这就需要工程师具备良好的道德水准，将道德原则与内心思想结合到一起，才能做出符合道德规范的决定。无论是以外在的制度保障作为参考，还是以内在的道德基础作为参考，工程师在解决角色冲突时，都要结合实际情况在实践中探索，从而得出最佳的解决方式。

2. 利益冲突

工程活动中存在许多利益，对工程师而言，当工程师受到某些利益威胁，有可能干扰工程师做出正确决定时，利益冲突便由此产生[43]。工程师面临的利益冲突通常包括工程师个人利益与公司群体利益的冲突、工程师个体利益与社会公众整体利益的冲突、公司群体利益与社会公众整体利益的冲突。

工程师受雇于公司，需要对公司的利益负责，而工程师个人利益与公司群体利益的利益冲突往往发生在：

（1）雇主所提出的要求与工程师的伦理道德或公众健康安全相违背时；

（2）由于工程师个人原因，因为某些利益影响工程师对决策的判断，从而影响公司的利益。

工程师同时作为社会人与公司的成员，需要维护公司利益与社会公众的利益，在此过程中，当工程师个人利益或雇主对工程师的要求影响到工程师的判断，进而使公众利益受到损失时，工程师个人利益与社会公众整体利益的冲突便由此产生。最后，公司作为营利性组织，遵循利益最大化原则，在这种原则的指导下，公司利益难免不会与社会公众利益相冲突，此时产生了公司群体利益与社会公众整体利益的冲突。

面对各种类型的利益冲突，需要工程师自身做到尽量回避利益，维护自身与雇主、自身与社会公众的信任关系，同时保持自身判断的正确性。例如：

（1）拒绝接受贿赂；

（2）放弃容易受到公众争议的利益；

（3）不参加与自身有联系的第三方评估；

（4）向有关当事人说明存在的利益冲突情况等[9]。

3. 责任冲突

工程师的责任冲突经常来自于面对正当的个人利益与正当的群体利益时，进行抉择判断过程中的矛盾状态，面对不同的具有正确性的选项，工程师需要做出非此即彼的选择。当面临这种抉择时，工程师可以思考以下问题，从而得出解决方案[9]：

（1）做出的选择是否对自身有益处？面对正当的利益，工程师完全可以努力争取，这也是工程师作为谋生手段的目的。

（2）做出的选择是否会危害社会？如果做出的决定将会危害社会或可能危害社会时，这种选择便被工程师排除，因为这违背了工程师需要承担的社会责任。

（3）做出的选择是否会违背公平正义？与上一个问题类似，优秀的工程师无法容忍自身做出违背公平正义的选择。

（4）做出选择前，是否曾经许诺他人？如果曾经许诺过他人，在不违背伦理责任的前提下，工程师应当优先信守承诺，完成对他人的诺言。这也是工程师优秀道德的体现。

通过以上思考，工程师往往可以得出解决的办法，同时工程师还应当结合实际情况做出更加合理的选择。

2.6.4 工程师的权利与责任

工程师在执业过程中，不仅肩负着各种责任，同时还享受着属于工程师的权利。当工程师履行自身使命时，应享有的相关权利必须得到重视。

工程师的权利可以从两个方面理解，首先作为社会人的角色，工程师有维护自身在生活中追求幸福与合法利益的权利，如[9]：

（1）工程师有权利在求职过程中拒绝来自性别、民族、年龄等方面的歧视；

（2）工程师有权利维护自身安全利益，不受雇主的威胁；

（3）工程师有权利获得来自职业贡献获得的劳动报酬；

（4）工程师有权利从事非工作的政治活动；

（5）工程师有权利享受由自身事业特殊性而带来的执业范围内的特殊权利。

此外，工程师作为一种职业，在工作中还享有其他来自职业特征的权利，主要包括：

（1）注册并使用职业名称；

（2）在规定的范围内从事执业活动；

（3）在本人执业活动中产生的文件上签字；

（4）保管并使用本人的执业印章；

（5）对执业活动进行解释与辩护；

（6）有权利接受继续教育。

工程师的合法权利受到法律保护，工程师在执业活动中应擅长使用并维护自身的合法权利。此外，工程伦理章程中明确规定了工程师在执业过程中应该承担的各项责任，包括“义务-责任”、“过失-责任”和“角色-责任”。其中，工程师需要遵守相关法律法规，通过使用自身的专业知识及时预测潜在的工程风险，并避免其发生，承担工程师的“义务-责任”。同时，工程师禁止做出与自身职责不相符的行为，在执业过程中需要时刻保持严谨，不得隐瞒、欺骗，并对因自身工作疏忽而产生的风险伤害承担“过失-责任”。最后，工程师在企业中作为管理人员时，应做到对企业负责、对社会负责，做出相关决策前必须妥善考虑可能因此带来的后果，承担工程师的“角色-责任”。

权利与责任是相互依存的，没有脱离权利的责任，也没有脱离责任的权利。工程师想要做到权利与责任的平衡，充分享受自身应有的权利，需要工程师在工程活动中主动承担应尽的责任。工程师在进行工程活动时，需要认真考虑工程的每一个细节，并养成自律、负责、勇敢、真诚等美德，尽量避免潜在工程风险的发生，以胜任工程师的工作。同时，工程师需要在自身的工作及与工作相关的方面展现出“关心与善意”，应当同时站在伦理道德的角度为工程考虑，从而更加完备地履行自身的职业责任。在承担责任的同时，面对损害自身合法权利的情况，工程师也应该拿起法律的武器，以正当的方式维护自身合法利益，当自身的合法利益得到充分实现时，工程师也将有更多的动力去承担应尽的责任。

在如今全球化的趋势下，工程师及其团队承担其他国家的工程建设任务逐渐成为常态。例如，2015 年中国承担了印尼的高铁项目，将印尼首都雅加达与万隆连接在一起，铁路总长 140 km。在跨国建设中，由于不同国家的法律与文化道德存在差异，工程师在处理工程问题及随之而来的社会问题时，采用的处理方式与道德标准往往存在差异或者冲突[24]。针对这种情况，无论是完全坚持本国的行为规范和道德标准，还是完全服从当地的行为规范与道德标准，都不是解决问题的最佳方式。此时，工程师需要为国际化下的工程行为负责。工程师在对外建设中，应当对当地的法律及道德标准展示出足够的尊重，同时坚守本国在相关领域的法律法规。当本国的法律与道德与当地的法律道德冲突时，工程师应及时与当地的项目负责人进行沟通，秉着求同存异的原则，坚持生命安全的准则，与对方达成共识，并积极宣传，消除当地社会群众的疑虑，保证工程的顺利进行，维护工程参与者与当地社会民众的生命财产安全。

附录 1　中国工程师信条

1.《中国工程师信守规条》

《中国工程师信守规条》首次制定于 1933 年，包括六条对于工程师的行为准则规范[17]：

（1）不得放弃或不忠于职务；

（2）不得授受非分之报酬；

（3）不得有倾轧排挤同行之行为；

（4）不得直接或间接损害同行之名誉或者业务；

（5）不得以卑劣之手段，竞争业务或者位置；

（6）不得有虚伪宣传或者其他有损职业尊严之举动。

此六条准则主要针对工程师的职业责任，以禁止不当行为的形式对工程师损害职业形象、损害雇主利益的行为进行禁止，并未规范工程师承担的社会伦理责任。

2. 抗战时期的《中国工程师信条》

1941 年，中国正处于抗日战争中，中国工程师学会在充分考虑当时国情的条件下，在第十次年会上通过了《中国工程师信守规条》的修订案，并将其更名为《中国工程师信条》，修订后的内容如下[44]：

（1）遵从国家之国防经济建设政策，实现国富实业计划；

（2）认识国家民族之利益高于一切，愿牺牲自由贡献能力；

（3）促进国家工业化，力谋主要物质之自给；

（4）推行工业标准化，配合国防民生之需求；

（5）不慕虚名，不为物诱，维持职业尊严，遵守服务道德；

（6）实事求是，精益求精，努力独立创造，注重集体成就；

（7）勇于任事，忠于职守，更须有互助亲爱精诚之合作精神；

（8）严以律己，恕以待人，并养成整洁朴素迅速确实之生活习惯。

相比于《中国工程师信守规条》，修订后的《中国工程师信条》将民族责任、爱国主义添加到工程师的职业伦理规范中，具有强烈的政治色彩，也符合当时国家与社会公众的需要，并赋予工程师拯救民族于危亡的历史重任。

附录 2　部分美国工程师协会伦理规范[24]

1. 美国土木工程师协会（ASCE）伦理准则

ASCE 制订的伦理准则有以下几条：

（1）工程师应保持和促进工程职业的正直、荣誉和尊严，运用他们的知识和技能改善人类福祉和环境；

（2）工程师应当把公众的安全、健康和福祉置于首位，并且在履行他们职业责任的过程中努力遵守可持续发展的原则；

（3）工程师应当仅在其能胜任的领域内从事职业工作；

（4）工程师应当以客观、诚实的态度发表公开声明；

（5）在职业事务中，工程师应当作为可靠的代理人或受托人为每一名雇主或客户服务，并避免利益冲突；

（6）工程师应当将他们的职业声誉建立在自己的职业服务的价值上，不应与他人进行不公平的竞争；

（7）工程师的行为应当维护和增强工程职业的荣誉、正直和尊严；

（8）工程师应当在其职业生涯中不断进取，并为他们指导的工程师提供职业发展的机会。

2. 美国电气和电子工程师协会（IEEE）伦理准则

作为 IEEE 的成员，我们认识到我们的技术影响到全世界人民的生活质量，我们接受我们每个人所承担的对自身职业、协会成员和我们所服务的社区的责任，因此我们将致力于实现最高尚的伦理和职业行为，并同意：

（1）承担使自己的工程决策符合公众的安全、健康和福祉的责任，并及时公开可能会危及公众或环境的因素；

（2）无论何时，尽可能避免已有的或已经意识到的利益冲突，并且当它们确实存在时，向受其影响的相关方告知利益冲突；

（3）在陈述主张和基于现有数据进行评估时，要保持诚实和真实；

（4）拒绝任何形式的贿赂；

（5）提高对技术、技术适当的应用及其潜在后果的理解；

（6）保持并提高我们的技术能力，并且只有在经过培训或实习具备资质后，或在相关的限制得到完全解除后，才承担他人的技术性任务；

（7）寻求、接受和提供对技术工作的诚实的批评，承认和纠正错误，并对其他人做出的贡献给予适当的认可；

（8）公平对待所有人，不考虑如种族、宗教信仰、性别、残障、年龄或民族的因素；

（9）避免错误地或恶意地损害他人财产、声誉或职业的行为；

（10）对同事和合作者的职业发展给予帮助，并支持他们遵守本伦理章程。

3. 美国化学工程师协会（AIChE）伦理准则

通过下述方式，AIChE 成员应当坚持和促进工程职业的正直、荣誉和尊严，诚实、公平、忠实地服务他们的公众、雇主和客户，努力增强工程职业的竞争力和荣誉，运用他们的知识和技能增进人类的福祉。为了实现这些目标，成员应：

（1）在履行职业责任的过程中，将公众的安全、健康和福祉放在首要位置，并且要保护环境；

（2）在履行职业责任的过程中，如果意识到其行为后果会危及同事或公众当前的或未来的健康或安全，他们应该向雇主或客户正式地提出建议（并且如果有正当理由，可以考虑进一步披露）；

（3）对他们的行为负责，寻求和关注对他们工作的批评性评价，并对其他人的工作作出客观的、批评性的评价；

（4）仅以客观和诚实的方式发表声明或陈述信息；

（5）在职业事务中，作为忠诚的代理人或受托人，为每一名雇主或客户服务，避免利益冲突，并且永不违反保密性原则；

（6）公平、谦恭地对待所有同事和合作者，承认他们独特的贡献和能力；

（7）仅在他们能胜任的领域内从事职业工作；

（8）将他们的职业声誉建立在他们职业服务的价值上；

（9）在整个职业生涯中不断进取，并为他们指导的工程师提供职业发展的机会；

（10）绝对不能容忍骚扰；

（11）以公平、诚实和谦恭的方式行事。

本 章 小 结

每个工程都是人类改造自然的一种社会活动，因此工程同时具有自然性和社会性。一个工程的社会性主要体现在工程目标的社会性、工程活动的社会性和工程评价的社会性。工程对社会有巨大的贡献，不论是改善生存环境和物质条件，还是丰富文化生活，都是工程给社会带来的重要贡献。更重要的是工程也会将纸面上的科学理论进行实践操作，推动科技的进一步发展。具体到单个工程上，每个工程都有自己的实施价值，是为了完成某一方面或者几个方面的要求而建设的工程，这就是工程的价值，工程的价值是一种多元性的价值，其中包含工程的科学价值、政治价值、经济价值、社会价值、文化价值和军事价值等，一个工程的目标价值往往至少包含上述两个价值。

虽然工程的实施是推进人类社会发展的动力，但是在工程的规划和实施过程中也会产生各种矛盾，其中利益攸关方之间的利益纠纷往往是产生矛盾的主要根源，利益纠纷主要表现为“邻避效应”和利益分配不均。为了解决这些矛盾，我们应当秉持公正的原则，保障在工程过程中的补偿公正、惩罚公正、分配公正和程序公正，并且按照法律进行合理的利益补偿，进行利益协商，以此最大限度地解决工程的利益冲突问题。

工程风险也是工程实施过程中需要特别注意的部分，工程风险主要是指在工程活动中或因工程活动引发的一系列难以管控或预测的不良后果，即工程活动中的不确定性因素。有许多因素可以导致工程风险，按照来源可以分为技术原因与非技术原因，其中非技术原因包括人为原因与环境原因。工程风险问题中，绝对的安全是不可能实现的，其可接受性也是相对的，因此对工程风险的可接受性的标准确立原则与关于可接受性的伦理考虑十分重要。随着社会技术的发展，工程风险的评价问题也不再是一个纯粹的工程问题，关于伦理方面的评价研究也在逐渐增多。虽然工程风险必然存在，但是仍可以在一定程度上进行防范。通过采取安全文化构建、工程质量监理、意外风险控制和应急预案制定等措施可以对工程风险进行有效的防范，从而尽可能降低由工程风险带来的不良后果。工程风险的等级评估直接关系到工程的安全，工程安全事故往往分为可抗拒工程事故和不可抗拒工程事故，因此在工程事故中吸取教训、增强安全意识、防患于未然，这对保护施工人员生命和国家财产具有重要意义。同时，需要明确工程实践中的安全义务和基本原则，完善工程安全文化体系建设。工程师等工程负责人应该适应形势发展的需要，提高工程质量，规范工程活动行为，确保工程安全，使工程实践、工程产品更好地彰显公平正义，促进人的全面自由发展。

无论是工程风险还是工程安全都涉及工程伦理责任的问题，工程伦理责任区别于职业责任与法律责任，更多地包含了维护社会公平正义的道德层面的责任，工程师在执业过程中需要明确不同责任的不同要求并严格遵守。同时，工程师在工程伦理责任的主体中扮演着重要的角色，无论是个体主体还是群体主体，工程师都需要利用自己的专业知识对工程中发生的问题做出迅速合理的处理。

在工程活动中，工程责任的主体应该针对不同类型的工程责任，在工程的设计、进行、验收、使用等过程中，结合实际的工程进程进行充分的考虑，从而更加全面地承担各种工程伦理责任，确保工程顺利进行，保证工程参与者的生命健康。

作为全球化工行业针对自身设立的自律性条例，责任关怀在化工行业中的施行改善了公众对化工行业固有的负面印象，同时在排查安全隐患、预防风险事故的发生等方面起到了重要作用。

思考与讨论

一、简答题

1. 工程为何总是伴随着风险？导致工程风险的因素有哪些？
2. 工程风险可接受性标准的确定原则通常有哪些？
3. 对工程风险进行伦理评价需要遵循哪些原则？
4. 如何防范工程风险，有哪些手段和措施？
5. 工程师如何正确面对工程风险？
6. 工程师在执业过程中如何避免触犯相关法律？
7. 工程安全是如何定义的？工程安全涉及的伦理问题有哪些？
8. 工程安全的基本原则有哪些？核心原则是什么？
9. 工程安全伦理教育对当代大学生有何意义？
10. 结合新时代中国特色社会主义谈一谈如何建设工程安全文化体系。
11. 什么是伦理责任？工程师应当怎样承担不同类型的伦理责任？
12. 工程责任的主体包括哪些？各自有何区别？
13. 为什么要实行工程责任关怀？
14. 工程师如何正确处理与雇主之间的关系？
15. 工程师如何保证自身的合法权利？
16. 在国际化的大环境下，工程师应当注意什么？

二、案例题

都江堰水利工程

公元前256年秦昭襄王在位期间，蜀郡郡守李冰率领蜀地各族人民创建了都江堰这项千古不朽的水利工程。都江堰水利工程充分利用当地西北高、东南低的地理条件，根据江河出山口处特殊的地形、水脉、水势，乘势利导，无坝引水，自流灌溉，使堤防、分水、泄洪、排沙、控流相互依存，共为体系，保证了防洪、灌溉、水运和社会用水综合效益的充分发挥。最伟大之处是建堰两千多年来经久不衰，都江堰工程至今犹存。随着科学技术的发展和灌区范围的扩大，从1936年开始，逐步改用混凝土浆砌卵石技术对渠首工程进行维修、加固，增加了部分水利设施，古堰的工程布局和“深淘滩、低作堰”、“乘势利导、因时制宜”、“遇湾截角、逢正抽心”等治水方略没有改变，都江堰以其“历史跨度大、工程规模大、科技含量高、灌区范围大、社会经济效益大”的特点享誉中外、名播遐方，在政治、经济、文化上有极其重要的地位和作用。都江堰水利工程成为世界水资源利用的典范。

根据上述案例，请思考以下几个问题：

（1）上述案例的社会性表现在哪一方面，是如何表现的？

（2）都江堰的建造包含哪几种工程价值？请具体说明。

南水北调工程的实施与征地补偿

南水北调工程是我国一项重大的战略性工程，共分为东线、西线和中线三路，其战略目的是为了合理地配置我国的水资源，解决北方地区，特别是黄淮海流域的用水短缺问题，惠及总人口多达 4.38 亿人。此项工程从 1979 年 12 月成立了南水北调规划办公室开始，1995 年开始进行全面的论证，2002 年 12 月正式开展施工，2013 年成功完成一期工程并试水成功，截至 2019 年 9 月上旬，北京已经累计收到丹江口水库来水超过 50 亿立方米，工程途经区域的 4 亿群众也直接受益。南水北调工程是我国进入 21 世纪以来实施的大型战略性工程之一。

该工程的实施涉及许多社会群众的个人利益，尤其是丹江口库区居民，他们将离开世世代代居住的地方，再也无法回来，因为他们的家乡将永远沉入水底，为了南水北调工程他们做出了巨大的利益牺牲，因此他们的征地补偿就显得尤为重要，因此国家特别制定了《南水北调工程建设征地补偿和移民安置暂行办法》，其中征地补偿包括以下几条：

第十条 项目法人应在工程可行性研究报告报批之前申请用地预审，在工程开工或库区蓄水前 3 个月向有关市、县土地主管部门提出用地申请，经省级土地主管部门汇总后由省级人民政府报国务院批准。移民安置用地由主管部门按照移民安置进度，在移民搬迁前 6 个月向有关市、县土地主管部门提出用地申请，依法报有批准权的人民政府批准。

第十一条 工程建设临时用地，耕地占补平衡等按有关法律法规和政策规定执行。

第十二条 通过新开发土地或调剂土地安置被占地农户或农村移民，有关地方人民政府应将土地补偿费、安置补助费兑付给提供土地的村或者迁入村的集体经济组织，村集体经济组织应将上述费用的收支和分配情况向本组织成员公布，接受监督，确保其用于被占地农户或农村移民的生产和安置。其他经济组织提供安置用地的，根据有关法律法规和政策规定兑付。

第十三条 自愿以投亲靠友方式安置的农村移民，应向迁出地县级人民政府提出申请，并由迁入地县级人民政府出具接收和提供土地的证明，在三方共同签订协议后，迁出地县级人民政府将土地补偿费、安置补助费拨付给迁入地县级人民政府。

第十四条 移民个人财产补偿费和搬迁费，由迁出地县级人民政府兑付给移民。省级人民政府应统一印制分户补偿兑现卡，由县级人民政府填写并发给移民户，供移民户核对。

阅读上述案例并思考以下问题：

（1）南水北调工程的实施过程中存在哪些社会矛盾？

（2）为了解决可能存在的社会矛盾，国家采取了哪些办法，坚持了哪些原则？

参考文献

[1] 李伯聪. 工程哲学引论：我造物故我在[M]. 郑州：大象出版社, 2002.

[2] 殷瑞钰, 汪应洛, 李伯聪, 等. 工程哲学[M]. 3 版. 北京：高等教育出版社, 2018.

[3] 教育部社会科学研究与思想政治工作司. 自然辩证法概论[M]. 北京：高等教育出版社, 2004.

[4] 殷瑞钰, 李伯聪, 汪应洛, 等. 工程方法论[M]. 北京：高等教育出版社, 2017.

[5] 王章豹. 工程哲学与工程教育[M]. 上海: 上海科技教育出版社, 2018.
[6] 成虎. 工程管理概论[M]. 2 版. 北京: 中国建筑工业出版社, 2011.
[7] 殷瑞钰, 李伯聪, 汪应洛, 等. 工程演化论[M]. 北京: 高等教育出版社, 2011.
[8] 沈珠江. 论工程在人类发展中的作用[J]. 中国工程科学, 2007, 9(1): 23-27.
[9] 李正风, 丛杭青, 王前, 等. 工程伦理[M]. 2 版. 北京: 清华大学出版社, 2019.
[10] 成于思, 吕赛男, 成虎. 论科学合理性的建筑工程观[J]. 现代城市研究, 2013, (4): 117-120.
[11] 朱阳光, 杨洁, 邹丽萍, 等. 邻避效应研究述评与展望[J]. 现代城市研究, 2015, (10): 100-107.
[12] 中华人民共和国国务院. 中华人民共和国国有土地上房屋征收与补偿条例[M]. 北京: 中国法制出版社, 2011.
[13] 胡遵素. 切尔诺贝利事故及其影响与教训[J]. 辐射防护, 1994, (5): 321-335.
[14] 曾柳桃. 责任伦理视角下工程风险及其防范研究[D]. 昆明: 昆明理工大学, 2016.
[15] 于汐, 薄景山, 唐彦东. 重大岩土工程可接受风险标准研究[J]. 自然灾害学报, 2018, 27(3): 56-67.
[16] 尹意敏, 李璐, 牛永宁. ALARP 准则下建设项目经济风险评价标准研究[J]. 合作经济与科技, 2019, (4): 129-131.
[17] 牛儒, 旻苏, 周达天, 等. 我国轨道交通安全原则标准制定的研究[J]. 中国标准化, 2015, (6): 80-85.
[18] van de Poel I, Royakkers L. Ethics, technology, and engineering: an introduction[M]. Hoboken: Wiley-Blackwell, 2011.
[19] 万舒全. 整体主义工程伦理研究[D]. 大连: 大连理工大学, 2019.
[20] 刘元欣. 核电建设项目工程伦理风险评估模型与控制研究[D]. 北京: 华北电力大学(北京), 2016.
[21] 徐长山, 张耕宁. 工程风险及其防范[J]. 自然辩证法研究, 2012, 28(1): 57-62.
[22] 杨兴坤. 工程事故治理与工程危机管理[M]. 北京: 机械工业出版社, 2014.
[23] 杨立新. 民法总则规定民事责任的必要性及内容调整[J]. 法学论坛, 2017, 32(01): 11-19.
[24] 哈里斯, 普里查德, 雷宾斯, 等. 工程伦理: 概念与案例[M]. 5 版. 丛杭青, 沈琪, 魏丽娜, 等译. 杭州: 浙江大学出版社, 2018.
[25] 刘星. "安全发展"的实现与伦理道德建设[C]//中国职业安全健康协会. 第十四届海峡两岸及香港、澳门地区职业安全健康学术研讨会暨中国职业安全健康协会 2006 年学术年会论文集. 西安: 煤炭工业出版社, 2006: 58-60.
[26] 张小凤. 我国工程安全的伦理反思[D]. 长沙: 长沙理工大学, 2017.
[27] 冯英. 工程实践中的伦理问题研究[D]. 郑州: 中原工学院, 2014.
[28] 毕妍. 关于网络工程中的安全防护技术的思考[J]. 电脑知识与技术, 2013, 9(21): 4790-4791+4814.
[29] 邵翀. 从工程伦理的角度谈"7 • 23"温州动车事故的伦理困境及出路[D]. 武汉: 华中科技大学, 2015.
[30] 阳富强, 邱东阳. 基于相似安全系统学的高校实验室爆炸事故分析及防控[J]. 安全与环境工程, 2020, 27(2): 92-97+103.
[31] 贺阿红, 赵学锋, 赵鹏飞. 基于工程伦理视角的丰城 11 • 24 特别重大事故研究[J]. 价值工程, 2019, 38(22): 73-74.
[32] 马维伟. 浅谈工程项目安全文化的建设[J]. 城市建筑, 2020, 17(9): 184-186.
[33] 兰克, 唐莳娟. 什么是责任?[J]. 西安交通大学学报(社会科学版), 2011, 31(3): 1-4+50.
[34] 约纳斯. 技术、医学与伦理学: 责任原理的实践[M]. 张荣, 译. 上海: 上海译文出版社, 2008.
[35] 朱葆伟. 工程活动的伦理责任[J]. 伦理学研究, 2006, (6): 36-41.
[36] 刘小立. 工程活动中的伦理责任问题研究[D]. 武汉: 武汉理工大学, 2014.
[37] 梁红秀. 科技伦理责任的主体系统及责任区分[J]. 科技管理研究, 2009, (5): 556-558.

[38] 肖显静. 论工程共同体的环境伦理责任[J]. 伦理学研究, 2009, (6): 65-70.

[39] 中国石油和化学工业联合会. 责任关怀实施指南[M]. 北京: 化学工业出版社, 2012.

[40] 马丁, 辛津格. 工程伦理学[M]. 李世新, 译. 北京: 首都师范大学出版社, 2010.

[41] 顾剑, 顾祥林. 工程伦理学[M]. 上海: 同济大学出版社, 2015.

[42] Witkin H A, Moore C A, Goodenough D, et al. Field-dependent and field-independent cognitive styles and their educational implications[J]. Review of educational research, 1977, 47(1): 1-64.

[43] Davis M, Stark A. Conflict of interest in the professions[M]. New York: Oxford University Press, 2002.

[44] 苏俊斌, 曹南燕. 中国工程师伦理意识的变迁: 关于《中国工程师信条》1933—1996 年修订的技术与社会考察[J]. 自然辩证法通讯, 2008, 30(6): 14-19+110.

第 3 章　化学工程伦理

工程是一种目的性和计划性极强的活动方式，其目标是追求价值的实现，随着工程的不断进展，在其过程中发挥核心作用的因素是动态变化的。将自然科学的理论应用到具体工农业生产部门可形成特定的学科，化学工程（简称化工）就是其中之一。化学工程是以一系列的化学理论知识为背景，结合经验的判断，经济地利用自然资源为人类服务的技术的总和。现代化工除了包括传统的石油精炼、塑料合成等，还包括生物工程、精细化工、纳米新材料等相关内容，近年来发展迅猛，为人民生活带来了极大的便利。

化学工程区别于其他工程学科的特征是化学工程为动态静止的工程，工程的监理具有难度，对公众的影响更为直接，因此用传统工程学科的伦理限定化学工程是不合适的，有必要有针对性地发展化学工程自有的伦理规范。

化学工程伦理依托化学技术本身的特点，对化学工程主体提出伦理规范，使化学工程伦理不是简单等同于化学工程师职业伦理，而是集化学工程与安全、公众、工程生产及后续处理中伦理问题于一体的伦理框架，这些理论基础甚至对环境伦理、生态伦理具有指导意义。本章从石油化工、生物化工、精细化工、新材料化工四个学科入手，一方面分析化学工程中涉及的伦理困境，另一方面提出符合化学工程的伦理准则，使化学工程伦理向着辩证、科学的方向发展，从而推动整个社会的平稳运行。

3.1　石油化工的伦理问题

引导案例：“3・21”响水化工企业爆炸事故

2019 年 3 月 21 日，江苏省盐城市响水县陈家港镇化工园区内江苏天嘉宜化工有限公司化学储罐发生特别重大爆炸事故，并波及周边 16 家企业。爆炸区域附近有多处住宅区和学校，其中一所幼儿园离事发现场直线距离仅 1.1 km，爆炸导致部分孩子受伤，多所学校停课，并造成停电，对居民生活造成严重影响，事故共造成 78 人死亡、76 人重伤，640 人住院治疗，直接经济损失 19.86 亿元。

事故发生后，党中央、国务院高度重视。习近平总书记和李克强总理分别作出指示，应急管理部、生态环境部分别派出工作组赴现场指导抢险救援和环境监测工作，国家卫生健康委员会抽调重症医学、烧伤、创伤外科、神经外科和心理干预专家等组成国家级医疗专家组赶赴当地进行医学救援。

2019 年 11 月，国务院批复江苏响水天嘉宜化工有限公司“3・21”特别重大爆炸事故调查报告。经国务院调查组认定，江苏响水天嘉宜化工有限公司“3・21”特别重大爆炸事故是一起长期违法储存危险废物导致自燃进而引发爆炸的特别重大生产安全责任事故。天嘉宜公司无视国家环境保护和安全生产法律法规，刻意瞒报、违法储存、违法处置硝化废料，安全环保管理混乱，日常检查弄虚作假，固废仓库等工程未批先建。相关环评、安评等中介服务机构严重违法违规，出具虚假失实评价报告。同时认定，江苏省各级应急管理部门履行安全生产综合监管职责不到位，生态环境部门未认真履行危险废物监管职责，工信、市场监管、规划、住建和消防等部门也不同程度存在违规行为。

改革开放以来，我国经济高速增长，石油化工行业也进入快速增长期，30 多年全行业总产值增长了 100 多倍，我国石油化工产业规模已经连续 4 年保持世界第一位，基本满足了人民群众日益增长的物质生活需要，极大地改善和增进了群众的福祉。但是，不容回避的是，随着化工行业生产力的极大发展，整个行业面临着一系列环境伦理和安全伦理冲突，对中国石油化工产业的可持续发展形成了严峻挑战，据不完全统计，仅 2020 年上半年就已发生 42 起化工安全事故，累计造成 42 人死亡，217 人受伤，典型的浙江温岭槽罐车爆炸事件让公众为化工产业捏了一把汗，表 3.1 是近十年国内石油化工及危险化学品行业主要事故汇总。

石油化工与危险化学品行业是除煤炭行业外安全事故较为多发的两个行业，国内石油化工与危险化学品行业的安全管理水平逐年提升，法律法规体系、安全管理组织机构、事故调查、应急救援等方面均趋于完善，从国内亿元 GDP 事故死亡率的角度分析，国内亿元 GDP 事故死亡率由 2006 年的 0.558 减至 2014 年的 0.114，下降约 79.5%，可见国内安全管理能力在不断提升，但是为什么仍有这些重大事故发生？问题的根源在于有关人员在石油化工行业诸多环节中忽视了工程伦理问题。本节将围绕石油化工领域的伦理问题进行探索，旨在解决石油化工与公众、石油化工与环境等的冲突，引导石油化工行业向绿色、健康、可持续方向稳步发展。

3.1.1　石油化工的类型与特点

在化学工业诞生的 200 多年时间里，以石油化工为代表的现代化学工业迅猛发展，使 50% 的世界财富都来自化工行业。据欧洲化工理事会统计，2017 年中国化工产业销售额为 1.29 万亿欧元，明显高于欧美（欧洲 5420 亿欧元、美国 4660 亿欧元）的总和。在我国，石油化工行业已经成为国民经济的支柱性行业，2019 年石油化工产业营业收入 12.3 万亿元，占全国规模工业营业收入的 11.6%；实现利润总额 6683.7 亿元，占全国规模工业利润总额的 10.8%。由此看来，我国石油化工行业是国民经济的重要支柱产业，也在世界石油化工领域具有举足轻重的影响。

1. 石油化工的类型

石油是石油化工产业的原料，按照加工与用途一般分为两大类：①经过石油炼制生产燃料油、润滑油、焦炭、沥青等产品；②馏分油经过热解合成各种石油化工产品。通常把以石油、天然气为基础的有机合成工业，即石油和天然气为起始原料的有机化学工业称为石油化学工业，简称石油化工。我们每天接触到，以及我们可以想象到的很多产品都可以通过石油化工路线获得，所以石油化工是人们生活吃穿行离不开的重要产业，是全球电子信息等制造业、航空航天等军事工业的依赖和保障[1]。

石油化工产品是由石油炼制后得到的原料再进一步加工而得，第一步即对汽油、柴油等原料进行裂解，生成基本化工原料（乙烯、丙烯、苯、二甲苯等），第二步是以这些基本化工

表 3.1　近十年国内石油化工及危险化学品行业主要事故

事故时间	事故地点	事故过程	伤亡情况	财产损失	事故类型
2010.07.16	辽宁大连	中石油大连新港附近一条输油管道起火爆炸，附近 50 km^2 海面被污染	死亡 1 人，失踪 1 人，重伤 1 人	2.2 亿元	特别重大
2010.07.28	江苏南京	化工厂火灾爆炸事故	至少死亡 22 人，受伤 120 人	4784 万元	重大
2011.04.13	黑龙江大庆	富鑫化工厂在生产过程中发生爆炸	死亡 9 人	未统计	较大
2012.02.28	河北赵县	克尔化工硝酸胍车间发生爆炸	死亡 25 人，失踪 4 人，受伤 46 人	未统计	特别重大
2012.06.29	广东黄埔	装有 40t 溶剂油的油罐车与一辆大货车追尾，油罐泄露着火，引燃附近工棚	死亡 20 人，受伤 31 人	未统计	特别重大
2013.11.22	山东青岛	中国石油化工股份有限公司管道储运分公司东黄输油管道泄漏原油，发生爆炸	死亡 62 人，受伤 136 人	7.5172 亿元	特别重大
2013.06.02	辽宁大连	中石油大连石化分公司第一联合车间 939#罐爆炸，引燃 3 个危化罐	死亡 2 人，失踪 2 人	697 万元	较大
2014.07.19	湖南邵阳	沪昆高速上发生车祸，乙醇泄露起火燃烧	死亡 43 人，受伤 6 人	5300 余万元	特别重大
2015.04.06	福建漳州	腾龙芳烃（漳州）有限公司二甲苯装置发生爆炸着火	受伤 6 人	9457 万元	重大
2016.09.18	青海盐湖	海纳化工有限公司在检修时电石渣库闪爆	死亡 7 人，受伤 8 人	996.544 万元	较大
2017.12.19	山东潍坊	日科化学股份有限公司塑料改性剂（AMB）生产装置发生爆燃事故	死亡 7 人，受伤 4 人	未统计	较大
2018.07.12	四川宜宾	恒达科技有限公司员工误投原料引发爆炸着火	死亡 19 人，受伤 12 人	约 4142 万元	重大
2018.11.28	河北张家口	河北盛华化工有限公司氯乙烯气柜发生泄露，遇明火发生爆燃事故	死亡 23 人，受伤 22 人	约 4148 万元	重大
2019.03.21	江苏盐城	响水县陈家港镇化工园区江苏天嘉宜化工有限公司化学储罐爆炸	死亡 78 人，重伤 76 人，640 人入院治疗	19.86 亿元	特别重大
2019.07.19	河南三门峡	河南煤气集团义马气化厂 C 套空气分离装置发生“砂爆”	死亡 15 人，重伤 16 人	8170 万元	重大
2020.02.11	辽宁葫芦岛	辽宁先达农业科学有限公司烯草酮车间爆炸	死亡 5 人，受伤 10 人	约 1200 万元	较大
2020.06.13	浙江温岭	沈海高速发生槽罐车爆炸事故	死亡 20 人，175 人入院治疗，其中 24 人重伤	9477.815 万元	重大

原料为基础生产各领域的有机化工原料及合成材料（塑料、合成纤维、合成橡胶等）。目前，以天然气、轻汽油、重油为原料合成的尿素等也属于石油化工的范畴，部分基础石油化工产品产业链图如图 3.1 所示。

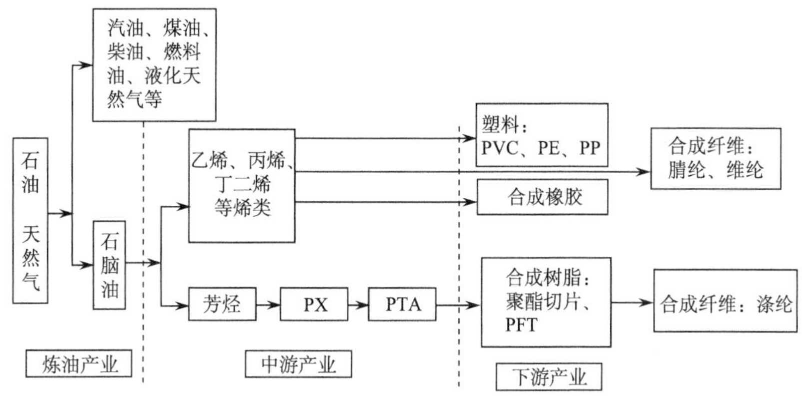

图 3.1　部分基础石油化工产品产业链图

新中国石油化工产业的发展历程可总结为以下几个阶段：

从新中国成立初期到改革开放为第一阶段。这一阶段国家经济紧张，工农业亟待发展，从苏联援建我国兰州化学工业公司、太原化学工业公司、吉林化学工业公司开始，石油化工产业进入了快速起步阶段，后来集中引进大型石油化工和化肥设备，经过自主研发，在 20 世纪 70 年代末期初步形成了我国石油化工产业的雏形。

从改革开放到 20 世纪末为第二阶段。这一阶段国家引进外资，许多跨国公司入驻中国，石油化工产业也进入了快速发展阶段，形成较为完整的工业体系，为打开世界石油化工产业的大门打下了基础。

进入 21 世纪后为第三阶段。我国石油化工产业规模迅速扩大、结构逐步完善，进入了跨越发展的时期，一个重要的标志是在 2010 年，我国的化工产业规模成为世界第一，石油化工产业规模跃居世界第二，并紧跟国家政策走创新驱动发展的战略道路，石油化工产业进入发展的新阶段。

我国作为石油化工大国的另一个表现是很多产品的产能、产量都位居世界前列，2019 年我国炼油 8.61 亿吨、原油加工量 6.52 亿吨、乙烯产量 2052 万吨、聚乙烯产量 1745 万吨，都位居世界第二位；丙烯产量 3288 万吨、聚丙烯产量 2348.5 万吨、聚氯乙烯产量 2010.7 万吨、PX 产量 1470 万吨，以及纯碱产量 2887.7 万吨、烧碱产量 3464.4 万吨、电石产量 2588 万吨、化肥产量 5625 万吨（其中尿素 2502 万吨）、农药产量 225.4 万吨、甲醇产量 4936 万吨、轮胎产量超过 8.4 亿条（其中子午胎超过 6 亿条）、染料产量占世界总产量的 2/3，有超过 20 种石油化工产品的产能、产量都位居世界第一位。中国石油化工产业的产量约占世界总产量的 40%，很多跨国公司都预测中国石油化工产业的贡献会越来越大，到 2030 年将进一步提高到 50%。

2. 石油化工的特点

1）石油化工产业技术密集、资金投入大

石油化工产品的种类繁多、生产原料复杂多样，且石油化工行业工艺路线复杂，因此需要大量的研究人员研发新技术，避免在竞争中被淘汰。石油化工产业一次性资金投入大，化工设备更新快，且向着设备大型、集中化发展，因此许多大型石油化工企业在规划建设及实际运转过程中投入大量资金，石油化工产业也便成为资金密集型的产业。

2）石油化工产业存在安全隐患

化工生产特别注重安全生产的重要性，这是因为化工生产过程本身存在许多潜在的不安全因素，如接触到的有害物质多、设备庞大、工艺复杂等。因此，随着石油化工产业的迅速发展，安全技术和安全生产管理工作在石油化工生产中也变得越来越重要。

3）石油化工生产过程耗能多

石油化工行业是用能大户，对热能和电能的需求量较大。被加热了的物料往往还要进行冷却，需要大量的冷却水，因此也是用水大户。石油化工能量消耗的复杂性使工艺与动力系统的紧密结合成为现代石油和化学工业的一个显著特点。

4）石油化工生产过程污染大

石油化工产业污染物的主要来源一方面在于石油化工生产的原料、半成品及成品，在目前所有的化工生产中，原料都不可能全部转化为半成品或成品，若化工原料为有害物质或者含有杂质，排放后便会造成环境污染。另外，由于生产设备密封不严或操作不当，造成的“跑、冒、滴、漏”也是污染的重要原因。另一方面是石油化工生产过程中排放的废弃物，石油化工工业排出的废弃物不外乎是三种形态的物质，即废水、废气和废渣，因此特别注重节能环保。

5）石油化工工业物流量大

石油化工的物流除了部分普通包装货物与其他行业物流有少许类似外，其他方面差别很大。首先，石油化工产品除了少数是气态，大部分都是液态和固态；其次，石油化工产品的化学和物理性质使国际社会不得不就它们对环境和生物的危害进行分类并加注仓储和运输操作注意事项；最后，石油化工产品的运输方式除了公路、铁路、航空等，管道运输是其独特的运输方式。石油化工物流的流向基本上都是从沿海生产地流向华东、华南、华北等主要消费地，也有部分产品通过外贸出口至海外，物流量巨大。

6）技术创新与技术改造并重

石油化工产业最新的创新及关注点一是烯烃原料的轻质化，二是原油直接制化学品。烯烃新增产能中，丙烯多以丙烷脱氢工艺来制备，乙烯主要来源于乙烷裂解，传统的石脑油裂解制烯烃的占比正逐年下降。中国的石油化工企业开展的技术创新及技术改造活动在整个国家的技术创新体系中所占比重明显低于发达国家，但我国也在稳步向前发展，如了解到埃克森美孚的原油直接制化学品新工艺及新加坡裕廊岛的一套 100 万吨/年装置是全球唯一的一套工业化装置后，清华大学积极与其合作，推陈出新，开发原油直接制化学品的技术。这项技术改善了当时我国石油化工产业结构中高端石油化工产品短缺的局面[2]。

3.1.2　石油化工与安全

石油化工企业对工业的发展与人民的生活都产生了重要的影响。随着经济水平的提高，工业化进程的加快，社会对石油化工企业越来越依赖。但由于石油化工本身的特殊性，在生产过程中存在安全隐患，因此只有对石油化工企业生产中存在的问题进行分析、提出具体的解决措施、减少安全事故的发生，才能保障经济平稳地发展。

1. 根源分析

石油化工事故主要发生在项目规划、生产操作、运营维护三大方面。

1）项目规划

石油化工项目规划主要涉及工业园选址、设备的设计。在《石油化工企业设计防火标准 GB 50160—2008》（2018 年版）里提到：在进行区域规划时，应根据石油化工企业及其相邻工厂或设施的特点和火灾危险性，结合地形、风向等条件，合理布置。石油化工企业应远离人口密集区、饮用水源地、重要交通枢纽等区域，并宜位于邻近城镇或居民区全年最小频率风向的上风侧。石油化工企业的生产区沿江河岸布置时，宜位于邻近江河的城镇、重要桥梁、大型锚地、船厂等重要建筑物或构筑物的下游。引导案例中响水爆炸事故，甚至引起 2.2 级地震，相当于 2 t 多 TNT 的威力，影响到周边居民。事故责任方天嘉宜公司正是违法储存、违法处置硝化废料，同时固废仓库等工程未批先建，无视国家环境保护和安全生产法律法规，最终导致悲剧的发生。同类事故还有 2009 年河南洛染“7・15”爆炸事故，由于企业与周边居民区安全距离严重不足，事故造成 7 人死亡、9 人重伤、108 名周边居民被爆炸冲击波震碎的玻璃划伤。香港土地供应如此紧张，政府都将油库和码头搬到青衣岛西南角。码头仓库云集的青衣岛西部和南部与居民所住的青衣岛东北部隔了一座山，在油库方圆 1 km 地区几乎没有民居。新加坡的石油和化学工业重镇都不在主岛，而是在一个由行车天桥与主岛相连、称为裕廊岛的离岛上，或者在远离主岛 5 km 的毛广岛上。新加坡把石油化工工业放在远离市区的岛屿，不仅使石油化工工业对新加坡主岛的影响减到最低，也保障了新加坡的民众安全和景观。所以，中国的各大城市也应该认真思考项目选址规划这个大问题[3]。

许多石油化工生产工艺离不开高温、高压等设备，由于这些设备能量比较集中，如果设计或制造不符合规定要求，就会导致灾害事故的发生。2015 年 4 月 10 日，大连西太平洋石油化工有限公司 150 万吨/年加氢裂化装置产品汽提塔塔底泵泄露着火，造成 3 台泵、泵上框架、仪表和动力电缆着火，一条管线局部开裂，直接经济损失 16.6 万元。经调查认定，此次事故是一起由于不合格轴承引起的生产安全事故，轴承滚球硬度的设计值偏低，导致出现局部剥离现象。另外，泵进出口阀门缺少远程关闭功能的设计，不能及时切断物料，这些原因共同造成了惨剧的发生。

前两章内容里提到工程伦理是对工程技术人员在工程活动中，包括工程设计和建设以及工程运转和维护中的道德原则和行为规范的研究。如果在项目初期的设计方面出错，将面临后续阶段无法估量的损失。石油化工工程伦理是一种鼓励企业以公众利益为决策基础的手段，如果企业没有用伦理的道义方法证明其工程项目的正当性，必定会遭到人民群众的反对制约。

2）生产操作

我国经常生产和使用的石油化工产品中，70%以上具有易燃、易爆、有毒、有腐蚀性的特点，这些石油化工危险品如果管理不当或生产运输过程中发生失误，就会发生火灾、爆炸、中毒或灼伤等事故。2015 年 5 月 28 日，青岛石油化工原油管线发生渗漏，调查结果显示，运输管道在铺设过程中对实地环境考察不足，在管道下方简单铺垫一块条石，结果在温度波动和车辆震动等因素作用下，出现破裂，导致事故的发生。2018 年 1 月 16 日，美国休斯敦一家化工厂发生化学品储存罐爆炸事故，造成 1 名工人当场死亡，3 人受伤。此次事故是因为管理不当造成储罐过压才引起的。

一条石油化工产品的生产线一般由多个车间组成，每个车间有各自的单元操作，并配备不同的设备和仪表，在这种工艺复杂、设备繁多的生产车间工作时，操作必须十分严格，不能出一点差错，否则将造成严重的后果。典型的案例是 2015 年 7 月 16 日，山东省日照市的山东石大科技石油化工有限公司发生的液化烃储罐着火爆炸事故，根据事故调查报告，罐顶安全阀前后手动阀关闭，瓦斯放空线总管在液化烃罐区界区处加盲板隔离，无法通过火炬系统对液化石油气进行安全泄放，重要安全防范措施无法正常使用，导致本次事故后果扩大。同类事故还有 2000 年 11 月 3 日，吉林油田分公司采油厂联合站锅炉由于燃料油压力不足，安排维修，停泵，司炉工停炉并关闭锅炉的燃料油阀门，维修班开始安装，进行管线试压，发现焊接处有漏点，再次停泵，焊接，二次启泵，给锅炉通风，司炉工站在 2 号水套炉的炉口处点火，即刻炉膛爆炸，炉口封板和风室前板被崩掉，导致司炉工死亡，另有一名工人受伤，事故调查结果分析显示，炉膛内的燃料油在高温作用下产生了大量可燃气体，第一次没点火成功时，供油管线里的凝油和油水混合液已喷入炉膛内，司炉工没有进行外放水的操作，而是把许多油水混合液放入炉膛内，事故责任者司炉工严重违反操作规程，直接造成事故的发生[4]。

从前两章国内外工程伦理的研究及工程师的伦理准则研究我们可以发现，国外大部分是以工程师为主要责任主体，而国内是要求企业有自己的责任制度，从一线操作人员到行业专家都可以作为责任主体，这就包括了化学物品的保存、运输及装置的操作这些基础单元的运行，所以国外的某些伦理并不适用于我国的国情，我们应当发展适合自己国情的工程伦理，要求企业从工程的论证到工程的实施操作再到工程的运行都必须严格控制，任何一个环节都不容忽视。

3）运营维护

石油化工中经常发生的事故一般分为两种，其中一种是原料、成品或半成品的腐蚀性造成容器、管道的腐蚀，如果检修不及时，就会出现泄露、火灾甚至爆炸事故。比较典型的事例是 2015 年 1 月 15 日，万华化学宁波公司在进行工艺泵检修电气拆线作业时，发生了一起残余气体（氯苯）泄漏事件，3 名检修人员中毒，1 人抢救无效死亡，事故的直接原因是氯苯屏蔽泵的定子护套磨穿未及时发现，导致含有氯苯的工艺物泄露，且电气维修人员在拆卸的过程中，未辨识到泵异常损坏后物料串入接线盒的风险。2013 年，山东省青岛市发生的“11 • 22”中石油化工东黄输油管道泄漏爆炸重大事故，直接原因是输油管道与排水暗渠交汇处管道腐蚀减薄导致破裂，从而引发爆炸。此类事故还有 2004 年发生的重庆市天原化工总厂“4 • 16”氯气泄漏爆炸事故，原因是设备长期腐蚀穿孔，发生液氯储槽爆炸，导致氯气外泄，在事故处置过程中又连续发生爆炸，造成 9 人死亡、3 人受伤、15 万群众紧急疏散。从这些案例中可以看出，必须对设备进行及时检修或更新，避免事故的发生。

石油化工中另一种常发生的事故是工艺工程事故，由于石油化工生产条件的特殊性，如果催化剂没有及时更换，同样会造成难以预估的损失。典型的案例是中国石油大连石油化工公司第一联合车间 60 万重整脱砷罐“3 • 14”床层爆裂事故：2015 年 3 月 7 日，天鹏公司对 R-101 反应器中原有脱砷剂进行卸除，充填了新脱砷剂；8 日投用 R-101，对催化剂进行硫化，发现压差远超正常值，打开人口孔发现成层膨胀了约 1.25 m 高，由于结焦严重无法从底部卸除脱砷剂，所以从顶部卸除，采取上下通氮气的保护措施，但催化剂床层突发爆裂，作业人员被冲卡在反应器顶部法兰口处受伤，抢救无效死亡。事故的直接原因是催化剂未及时更换，结焦严重，导致反应器内形成不规则的半封闭空间，加之连续通入氮气，半封闭空间压力突然释放，发生物理爆炸[5]。

针对这些项目运营维护阶段发生的事故，不得不提到化学工程师的职责范围，我国的化学工程师不仅包括经过专业学习后获得权威部门认证并注册登记的工程师，还包括通过专门的机械重复的从业培训后掌握某一个工艺流程的实际参与者，也就是化学工程中从事实际操作和检修的职业人员，应加强对这类人员的责任伦理培训，强化工程责任意识，避免事故发生。

2. 安全管理

1）事故调查

作为化工行业事故调查的一个成功典范，美国化工安全与危害调查委员会（CSB）自 1998 年开始参与和组织了大量美国重大化工事故的调查，同时将这些调查的资料和影像以及各类证据和建议公之于众，以供其他企业和政府参考，深刻影响美国乃至国际化工安全的立法和整体改善。CSB 完成了许多重大事故调查，其中包括 BP 得克萨斯炼油厂爆炸事故、BP 公司墨西哥湾“深水地平线”火灾爆炸事故等。CSB 最突出的特点是，事故调查完成之后，向政府、企业、行业协会和公众提出预防事故再次发生的建议，形成了“事故调查—明确问题—提出建议—进行整改—情况反馈”的闭环管理模式，其所提出的建议与对策具有科学性、合理性、安全性。这些建议与对策没有强制性，可分为“开放”（Open）和“完成”（Close）两类，Open 类表示建议对策还未完全被采纳，Close 类表示建议和对策已经得到有效采纳和落实。截至 2015 年底，CSB 根据事故提出的 753 条对策及建议中属于 Open 类的有 192 条，占 25%；Close 类的有 561 条，占 75%。从数据上看，CSB 提出的建议采纳率较高。欧盟重大事故危害管理局（MAHB）是市民安全保护研究中心下属的经济技术风险管理局中的特殊机构，其主要任务是协助开展事故危害控制活动，为欧盟重大生产事故危害控制委员会提供技术支持。欧盟各国的政府是事故调查的主体，设立专业部门负责事故调查，如英国事故调查主体是职业安全卫生执行局，德国由国家劳动监察署和社会事故保险协会共同执行双轨制事故调查。

我国也有针对安全事故的调查规范，根据 2007 年 6 月 1 日施行的《生产安全事故报告和调查处理条例》，根据事故等级的不同，分别由不同部门组织开展事故调查与处理工作。这种事故调查的体系以隶属政府的各级安全生产监督管理部门为主体，事故调查缺乏独立性，事故调查的透明度也有待提高。技术原因调查与司法调查并未分离，技术原因调查以寻找证据、还原事件真相为主要目的，司法调查则负责认定责任与人员处理。这种问责制事故调查方法在某些特别重大事故发生后，往往容易忽略事故发生的原因及过程。对于表 3.1 汇总的国内石油化工及危险化学品行业事故的调查报告，主要强调事故原因调查和责任认定，而为预防与控制同类事故发生提供的相应措施和参考并未成为调查的重点，事后也没有专门的机构负责跟踪发布事故整改意见的落实情况。

2）法律条文

我国职业安全的主干法是《职业病防治法》和《安全生产法》，后面在此基础上一步步完善了石油化工及危险化学品行业的法规体系，其中包括《危险化学品安全管理条例》、《危险化学品建设项目安全监督管理办法》、《安全监管总局关于加强化工过程安全管理的指导意见》及《常用危险化学品的分类及标志》等。在应急救援方面，纲领性法规是《中华人民共和国突发事件应对法》，此后又先后出台了《国家突发公共事件总体应急预案》《生产安全事故应急预案管理办法》《危险化学品事故灾难应急预案》等12项相关规定，对应急准备、应急响应和应急恢复各阶段应该贯彻的具体制度和措施做出了明确规定，成为我国应急救援的核心法规，此外还有《国务院关于全面加强应急管理工作的意见》《国务院办公厅关于认真贯彻实施突发事件应对法的通知》《国务院安委会办公室关于贯彻落实国务院〈通知〉精神 进一步加强安全生产应急救援体系建设的实施意见》等一系列与应急救援相关的文件，国内应急救援的法规体系正趋于完善。各企业也在上述法律法规框架下，根据自身情况编制了企业安全生产规章制度，凡是涉及危险化学品的要实行实名登记、开展危险与可操作性分析（HAZOP）、实行安全检查表法，划分企业安全级别。

美国 1992 年颁布《高危化学品过程安全管理法规》（PSM），监管对象主要针对存在危险性过程、大型易燃或有毒物质及石油天然气企业。应急救援方面，最高法律依据是美国《超级基金法》的修正法案，除此之外，《危险物质应急计划指南》、《高度危险化学品工艺安全管理》和《风险管理计划》等均对企业事故应急提出了要求。1936 年法国颁布的《劳动法》对危险化学品的生产管理和对事故预防、责任追究等都有非常具体细致的规定，类似的有德国颁布的《企业安全规定》和《化学物品法》。欧盟最权威的应急救援法是 1982 年欧共体通过的《塞韦索法令》，在 2003 年又进行了加强，强调了对应急救援人员的培训。

3）监管机构

2001 年，国家安全生产监督管理局成立，并将原化学工业部和劳动部有关危险化学品的安全监管职责归入其中。2003 年，国务院安全生产委员会成立，负责研究部署、指导协调全国安全生产工作。同年，国家安全生产监督管理局专门设立危险化学品安全监督管理司，具体负责有关危险化学品的安全监督管理工作。2005 年，国家安全生产监督管理局升格为国家安全生产监督管理总局，并成立应急指挥中心。中心按照国务院安全生产突发事件应急预案的规定，协调、指挥安全生产事故灾难应急救援工作，同时负责制定国家安全生产应急救援管理制度、组织编制和综合管理全国安全生产应急救援预案并对地方及有关部门应急预案的实施进行综合监督管理。与国家对应的各省（区、市）也设立了危险化学品安全监管部门，实行从上到下行政隶属的管理关系。地方安全生产监督管理局负责当地应急救援组织协调，企业安全生产部门负责自身应急救援的演练。同时，社会相关安全评价机构是作为第三方开展安全评价的中介服务组织，正在进入逐渐成熟的市场发展状态，优质的第三方安全评价机构能更加有力地推进全社会的安全管理水平。

在安全管理组织结构搭建方面，美国以美国职业安全卫生局（OSHA）、美国化工安全与危害调查局（CSB）和美国化工过程安全中心（CCPS）三大机构分担监察、调查、研究工艺过程安全技术与管理等三方面工作，保障各环节的安全管理。1970 年设立的 OSHA 主要职能是保障所有从业人员的职业安全和健康。CCPS 成立于 1985 年，是美国化学工程师协会（AIChE）下属的一家非营利性的企业联合组织，致力于过程安全在化工、制药、石油等领域的研究和评估。欧盟国家化学事故应急救援行动由欧洲化学工业委员会（CEFIC）组织实施。CEFIC 通过推行 ICE 计划，在欧盟国家内部和欧盟国家之间建立运输事故救援网络，负责协调应急救援行动，与危险化学品管理中心联系，协调国际应急救援行动。[6]

3.1.3 石油化工与公众

随着全球化的推进，我国石油化工行业正处于快速发展时期，快速发展的同时常忽略对公众造成的影响。石油化工行业是风险大的高危行业，一旦出现爆炸事故，往往波及周边社区居民和企事业单位，另外石油化工经常涉及有毒、有害或有腐蚀性的化学物质，稍有不慎便会对生态环境造成破坏，甚至引发严重的生态灾难，因此有必要探究石油化工与公众的伦理问题，使公众变为参与者，与企业共享公开透明的信息，适时提出合理化建议，从而引导中国的石油化工行业向健康、可持续的方向稳步发展。

1. 环境冲突

工程活动是人类改造自然的方法，因而必须要遵循自然伦理准则。环境污染问题随近代工程技术的迅速发展、工业化程度的不断提高、人类对自然的开发力度逐渐加大变得越发严重。现阶段，环境污染问题对公众造成的影响非常大，如何协调保护环境与促进经济发展之间的关系，实现经济的健康可持续发展是现实而迫切的挑战。

石油化工项目的实施会对土地进行大规模的开发和利用，对周边土地及地表水会产生一定的污染，甚至有毒气体的泄漏会对周边居民的身体健康构成威胁。此外，石油化工的大规模开发活动引起的热岛效应也会对生态环境产生破坏。化工项目的实施必须要在所属环境承载力之内，否则会出现生态失衡、环境恶化的不良局面。2012 年，环境保护部发布的全国主要污染物总量减排考核结果中，中国石油天然气集团有限公司、中国石油化工集团有限公司两家企业未能通过减排考核，两家企业有 100 多台锅炉没有上脱硫或脱硝设施，使大量含有 SO_x 或 NO_x 的废气排放到大气环境中。2013 年，环境保护部组织北京、天津、河北、山西、山东、河南六省（市）环保厅（局）全面排查华北平原地区工业企业废水排放去向和污染物达标排放情况。发现有 55 家企业存在利用渗井、渗坑或无防渗漏措施的沟渠、坑塘排放、输送或者存储污水的违法问题，无良企业违规偷排不达标的污水，令我国地下水的水质极度恶化[7]。英国皇家工程院前 CEO 沃尔夫（Wolff）曾说过，过去在设计工程方案时，成本消耗和功能性曾占据主导地位，而现在工程设计应当把生态保护、工程安全、可靠性和可维护性等一系列新要求作为首先考虑的因素，化学工程与自然环境的紧密关联使我们如果只关注局部环节和眼前利益，往往会在其他环节和长远效果上遭受损害。

随着国家环保部门对企业排污的打击力度逐年加大，石油工业领域的责任伦理已逐渐演化为工程活动中的执行标准，中国石油组织修编的《石油和化工工程设计工作手册》包括石油工业中各类工程建设项目的设计规范与标准，其中每个环节的设计均给出了风险识别与控制措施，凡是涉及“三废”排放的设计环节均给出了控制标准，这是安全、环保等伦理准则的体现。除此以外，《联合国全球契约》《联合国气候变化框架公约》《京都议定书》《哥本哈根协议》《石油天然气工业健康、安全与环境管理体系》（ISO/CD 14690 标准草案）等国际性伦理准则均体现了安全、环境、气候等方面的问题；在国内石油行业与企业规章制度方面，《石油天然气工业健康、安全与环境管理体系》（SY/T 6276—2014）《石油天然气管道保护法》《中国应对气候变化国家方案》《中国中化集团公司企业 HSE 管理体系指南》等均体现了环境与人文的发展理念[8]。

石油化工环境影响评价需要遵循生态学伦理，因此在项目实施前都需要对环境影响进行评价，用到的主要技术方法见表 3.2。

表 3.2　环境影响评价中用到的技术方法

	项目分类	技术方法
1	环境影响评价筛选	定义法、核查资料、阈值法、特别地区分析法、排列法、分类别分析法、机构咨询法
2	环境背景调查分析	现场检测分析法、3S 法、调查问卷法
3	环境影响因子识别	核查资料法、排列法、网络分析法、地理信息法
4	环境影响预测	主观分布法、动力法、扩散理论法、气象技术分析法、建模数学分析法、场景现场分析法、风险预测分析法、经济技术分析法、社会成本分析法
5	规划环境影响评价	相似比较法、经济效益分析法、产品层次分析法、可持续发展综合情况评价、对比分析法、环境承载力分析法、风险预测分析法
6	累积环境影响评价	专家综合分析法、核查资料法、矩阵排列法、网络分析法、系统流图分析法、建模数学分析法、环境承载力分析法、地理信息法、风险预测评价与管理法
7	环境影响评价的公众参与	现场会议讨论、调查问卷、访谈、新闻传媒参与等方法

除了分析环境背景、经济效益、环境承载能力外，最后一项是环境影响评价的公众参与，包括现场会议讨论、调查问卷、访谈、新闻传媒参与等方法，说明现在的企业信息越来越透明化，工业与人文的相处越来越和谐[9]。

在政府、企业和人民的共同监督努力下，很多企业有了明显的改善，中国石油化工集团有限公司发布的 2019 年度业绩报告中指出，与 2018 年相比，万元产值综合能耗同比下降 0.4%；工业取用新水量同比减少 1.1%；外排废水 COD 量同比减少 2.1%；二氧化硫排放量同比减少 3.9%；固体废物妥善处置率达到 100%，其全过程清洁管理模式如图 3.2 所示，作为标杆企业，中国石油化工集团有限公司积极践行绿色低碳发展战略，坚持绿色发展理念，着力推进绿色企业行动计划和生态环保工作，全面完成各项污染物减排目标。

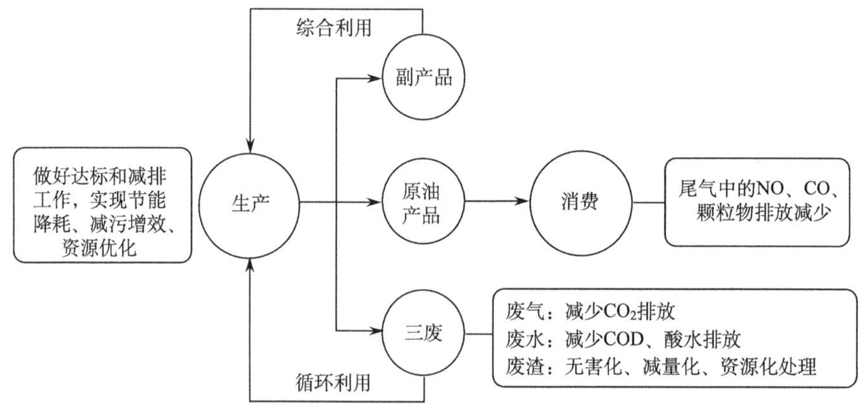

图 3.2　中国石油化工集团有限公司全过程清洁管理模式

2. 社会公开

工程活动是一项十分复杂的活动，涉及整体社会这个复杂网络，如果对安全风险估计不足，特别是对周边社区的安全风险估计不足，没有保障公众的知情权，甚至没有做好风险控制和应急准备，那么随着石油化工企业的生产规模不断扩大，一旦发生安全生产事故，往往会对公众造成严重影响，甚至会导致恶性的生态灾难。在 3.1 节引导案例中，群众事先不了解这些危险化学品堆积造成的后果，因而对周边学校、社区、建筑都造成不可挽回的损失。我国发生的另一个影响比较大的事情是公众集体抵制 PX 项目系列事件：从 2007 年开始，厦门、大连、宁波、昆明、茂名等地陆续发生公众联合反对 PX 项目事件，其引发关注的原因除了工程规模外，还包括政府工程项目决策过程不透明、公众对 PX 毒性和项目本身的危害存在误解。不只是对 PX 项目，对所有石油化工项目而言，都需要向公众公开利害关系，包括项目选址、风险评估、环境影响等，加大信息公开力度，让公众享有知情权，享有透明的信息，广泛听取公众意见，必要时可以召开听证会等。信息公开是公众参与的突破口，是企业承担社会责任的助推器，是预防化工事故的有力手段。

有不少信息公开的良好实践案例，如中国石化股份有限公司九江分公司（简称九江石化）通过公示、座谈会、问卷发放等方式，使企业信息的公开力度达到最大化，让民众共同参与企业的建设：首先成立环境影响评价小组，企业和政府共同参与，在环境影响评价过程中，九江石化进行了两次公示，在当地环保局及现场进行公示，重点在各区政府、街道、村委会、学校等公告栏张贴项目环境影响评价为第一次公告，在报刊、人民政府网站、九江市环保局网站等公示了 27 天，后九江石化在当地报纸进行了芳烃项目第二次公示的补充公示。除公示公告外，九江石化还与周边居民举办了座谈、发放问卷，最终成功走到环境影响评价的最后一步。

3.1.4　石油化工工程师的伦理准则

对石油化工领域的伦理学研究及应用有利于保障石油化工行业健康稳步发展，该过程中，石油化工工程师起着重要作用：一方面，利用伦理学对石油化工领域的支持与引导，解决一系列的价值难题；另一方面，利用伦理学的道德约束，确保石油化工行业向有利于充分满足人民群众物质文化需要的方向发展。具体来说，他们掌握着最科学、系统的专业知识，对石油化工领域的收益有全面的了解，在涉及工程科学、环境伦理和生命伦理时最有发言权。

朱高峰院士认为，当代工程师必须具备品德、知识、能力三个方面的基本素质，这样才能合理运用科学的方法和技术手段分析并解决工程中出现的各类问题。

1. 石油化工工程师的岗位职责

专业的石油化工工程师首先要明确自己的岗位职责，合格的工程师除了要在工程前期对工程的设计负责外，还应该把技术知识贯穿于石油化工项目始终，即使工程完工，也要保持进展联系。一般石油化工工程师的岗位职责包括：

（1）参与装置的技术改造、合理化建议、技术攻关、装置标定、工业实验和技术总结等工作。

（2）负责编写生产装置工艺技术总结、装置能源平衡、装置技改技措方案、工艺优化、技术攻关、装置标定报告、装置开停工方案、工艺技术规程、岗位操作法、工艺卡片等技术文件。

（3）负责装置工艺纪律、操作纪律执行情况的检查及工艺技术基础资料的管理工作。

（4）监督工艺技术规程、岗位操作的正确执行，对不符合工艺技术规程和岗位操作法的指令，有权拒绝执行。在非正常情况下，可以采取紧急应对措施，减少事故的发生和缩小事故的范围。

（5）负责组织装置岗位操作人员的技术培训和技术业务考核。

（6）负责组织装置工艺事故分析，并制定预防措施。

（7）负责监督原料、中间产品、产品的分析计划执行情况。

（8）负责对装置“三剂”使用情况进行分析、调研、总结工作。

（9）负责对装置的物料消耗、能源消耗情况进行分析，制定节能降耗措施。

（10）负责组织装置的装置达标、同类装置竞赛工作，组织本行业的情报调研，及时了解国内外同类装置的生产情况并收集有关的技术资料，与本装置实际生产情况进行对比，找出差距并提出改进方案。

2. 石油化工工程师的职业伦理

2003 年，在 AIChE 修订的伦理章程第一条中提到，其成员必须“在履行职业责任的过程中，将公众的安全、健康和福祉放在首要位置，并且要保护环境”。澳大利亚工程师协会制定的《工程师环境原则》的基本内容包括：工程师需发展和发扬可持续的职业道德，工程师应认识到工程的相互制约性，工程师开展工程应遵循可持续发展的职业道德，工程师的行动应统一化、有目标性并具职业道德，工程师应牢记其对公众的责任，工程师应当从事并鼓励职业发展等。

此外，还有其他国家和地区工程师学会、协会制定的工程师伦理守则，对此我们可以增删补益，构建适合我国国情的“石油化工工程师伦理准则”，对工程师行为进行伦理引导。

石油化工工程师的职业伦理是指各种石油化工工程技术决策和判断、制造方法的选择、安全因素的考量等。运用技术做出正确的决策和判断，是要求工程师本着对工程项目负责的态度，对国家和人民负责的决心，认真执行石油化工行业技术规范标准；制造方法的选择是指，在涉及质量问题时，坚决一丝不苟。另外，工程师要把国家和人民的利益放在首位，不能谋取一己私利。除此以外，还要监督他人，防止腐败，严防豆腐渣工程的出现；安全因素的考量是指既考量工程活动中操作人员的健康，也要考量保障周围群众的生命安全，从频发的安全事故来看，有的隐患早就存在，但工程师忽略了，有的隐患虽已责令整改，但迟迟未见行动，而明知有安全隐患，仍生产运行的行为简直目无法纪，令人发指[10,11]。

石油企业普遍采用 HSE 管理体系，即健康、安全与环境（health，safe and environment）。该体系首先是由荷兰某石油公司于 1991 年颁布，随后迅速风行于世界各大公司。其突出了“以人为本、预防为主、全员参与、持续改进”的先进理念，从而确保石油天然气工业实现现代化管理、走向国际化。风险识别和控制是 HSE 管理体系的核心环节，其根本目的是控制和消减风险，其最终目的是保护人的健康、生命财产安全和保护环境，这一目的本身就具有深刻的伦理内涵。多年来，各石油企业积极推广实施 HSE 管理体系并持续改进，有效控制了重大灾害事故的发生率。比如，中国石油化工集团有限公司有完善的 HSE 体系，公司设有 HSE 委员会，总部设安全环保局，安全环保部门在每个生产企业都有设置，重点生产装置配备了安全工程师，使各项工作有章可循，作业许可证制度和安全确认制度在风险高的直接作业环节中被严格地执行，这种模式成为化工企业的标杆。

总的来说，石油化工工程师伦理应该包括：热爱自然、尊重生命、保护环境、节约资源，使工程技术活动向有利于保护环境和维护生态平衡的方向发展；履行生态伦理学的最基本规范，如公正公开原则、清洁生产原则、可持续发展原则等，更细致的内容需要石油化工工程师协会组织联合生态学家、伦理学家去构建和完善。

参考案例：“7 · 19”沪昆高速客货车相撞事故

2014 年 7 月 19 日凌晨 3 时左右，沪昆高速湖南邵阳段 1309 km 处一辆自东向西行驶运载乙醇的轻型货车，与前方停车排队等候的大型普通客车发生追尾碰撞，轻型货车运载的乙醇瞬间大量泄漏起火燃烧，使大型普通客车、轻型货车等 5 辆车被烧毁，43 人死亡，6 人受伤，直接经济损失 5300 余万元。

事故发生的主要原因是轻型货车未取得危险货物《道路运输证》，属于违法运输危险货物，该轻型货车公告车辆类型为篷式运输车，注册登记时载明车辆类型为轻型仓栅式货车，存在非法改装和伪装，货车核定载货量 1.58 t，实际装载乙醇 6.52 t，属于严重超载运输。另外，该化工公司一直使用非法改装的无危险货物道路运输许可证的肇事轻型货车运输乙醇，且莆田汽车运输股份有限公司对事故大客车在实际运营中存在的站外发车、不按规定路线行驶的现象视而不见。此次事故暴露出企业非法改装危险化学品运输车辆和非法营运危险化学品，以及地方政府及其有关部门安全监管职责不到位、工作不得力等问题。

参考案例：“7 · 19”义马气化厂爆炸事故

2019 年 7 月 19 日，河南省三门峡市河南煤气集团义马气化厂 C 套空气分离装置发生爆炸事故，造成 15 人死亡、16 人重伤，如图 3.3 所示。

经调查分析，事故直接原因是空气分离装置冷箱泄漏未及时处理，发生“砂爆”（空分冷箱发生漏液，保温层珠光砂内就会存有大量低温液体，当低温液体急剧蒸发时冷箱外壳被撑裂，气体夹带珠光砂大量喷出的现象），进而引发冷箱倒塌，导致附近 500 m^3 液氧储槽破裂，大量液氧迅速外泄，周围可燃物在液氧或富氧条件下发生爆炸、燃烧，造成周边人员大量伤亡。

河南三门峡“7 · 19”事故暴露出事发企业安全意识、风险意识淡薄，风险辨识能力差，装置泄漏后处置不及时、带病运行，设备、生产等专业过程管理存在重大安全漏洞，事故还暴露出工厂设计布局不合理，对空气分离等配套装置安全生产重视不够等突出问题。相关地方政府贯彻落实“党政同责、一岗双责、齐抓共管、失职追责”安全生产责任体系不力，贯彻执行党和国家安全生产工作方针政策和决策部署不力，履行属地安全监管职责不到位。

图 3.3　“7・19”义马气化厂爆炸事故图

3.2　生物化工的伦理问题

引导案例：美国卡特疫苗事件

1955 年，5 岁的加州小女孩 Anne 和家人刚刚结束度假，但就在驱车返回加州家中的路上，她突然剧烈呕吐，高烧不断。家庭医生诊断后怀疑这个是小儿麻痹症，这让 Anne 的父母感到无比惊惧，因为在两周前 Anne 就已经注射了卡特实验室的脊髓灰质炎疫苗来预防小儿麻痹症。之后病情的恶化程度对 Anne 和他的父母来说更是晴天霹雳，Anne 的左腿被宣告永久性瘫痪，下半生只能依靠拐杖和轮椅生活。在当年，美国有 12 万个孩子接种了这种疫苗，美国各地陆续还有 7 万人被感染，最终有 113 个孩子瘫痪，10 个孩子死亡。

之后的调查证实，问题就出在了卡特实验室的脊髓灰质炎疫苗里，而这些问题疫苗都来自同一家公司——加州伯克利的卡特药厂。这家公司在生产脊髓灰质炎疫苗的过程中，病毒没有被妥善灭活，疫苗中依然存有活体病毒。更可怕的是，在安全测试中，这个严重的缺陷也未被发现。这批疫苗不但没有产生免疫抗体，而且在孩子们的身体里发酵爆发，最终酿成了美国历史上最严重的制药灾难——卡特惨案。

两年后，Anne 坐在轮椅上，被推进了原告席，起诉加州伯克利的卡特药厂。被告席上虽然是如坐针毡的卡特药厂，但真正的“罪魁祸首”却是负责疫苗监管的美国国家卫生部！根据调查显示，卡特药厂在病毒活性监测技术尚不完善的情况下，就着急向市场推出疫苗。而更让人无可忍受的是，美国国家卫生部还向这样一家缺乏专业技术的药厂提供了合法授权。而在出事 1 年前，就有问题暴露隐患：1954 年，已有研究报道了一些猴子接种这种疫苗后瘫痪，但丝毫未引起美国国立卫生研究院的注意，以致后来酿成史上惨案。

疫苗作为生物化工的产品之一，应用越来越广泛。卡特事件作为典型的负面案例存在着严重的伦理问题。卡特药厂急于向市场推出疫苗，在生产和安全检测的过程中居然都没有发现疫苗中依然存有活体病毒这一严重的安全隐患，这种只追求自身利益，弃公众健康于不顾的行为严重违反了关爱生命、以人们的安全和权益为主的伦理准则。美国国家卫生部的监管不力同样也是导致卡特惨案的重要原因。

近年来，我国生物化工产业发展迅猛，生物化工的发展将有力地推动着生物技术和化工生产技术的变革和进步，产生巨大的经济效益和社会效益。生物化工涉及社会的方方面面，如能源、医药、农业、食品等领域，它与我们的生活息息相关，能够提高我们的生活质量。但在生物化工带给我们种种便利的同时，若稍有懈怠，就有可能对人们的健康、环境保护、社会安全等带来一些隐患和潜在的威胁，就如上述引导案例中的不良后果，所以研究生物化工的伦理问题便显得尤为重要。生物化工作为我国的新兴产业，人们对它的议论越来越多，由此而来的一些伦理问题也逐渐出现。因此，探讨生物化工中的伦理问题将是生物化工发展中必不可少且很重要的环节。这些伦理问题有了答案必然会对生物化工的发展起到导向和推动的作用。本节将围绕生物化工技术及其潜在的伦理问题进行简要的分析，以期为生物化工的健康和持续发展提供借鉴。

3.2.1　生物化工的类型与特点

生物化工是 21 世纪的支柱产业之一，该学科是生物、化学和工程的交叉学科，是生物技术的一个分支学科，也是化学工程的前沿学科之一。生物技术是在生物学、分子生物学、细胞生物学和生物化学等基础上发展起来的，是由基因工程、细胞工程、酶工程和发酵工程四大先进技术组成的新技术群。生物化工是以生物技术从实验室规模扩大至生产规模为目的，以生物生产过程中带有共性的工程技术问题为核心的一门由生物科学与化学工程相结合的交叉学科。它以生物来源的物质为原料，以生物活性物质为催化剂，或借助其他生物技术，进行制备、纯化，从而得到预期的产品。它既是生物技术的一个重要组成部分，又是化学工程的一个分支学科，也是生物技术转化为生产力、实现产业化和商品化的手段。

生物化工学科起始于第二次世界大战时期，以抗生素的深层发酵和大规模生产技术的研究为标志。20 世纪 60 年代末至 80 年代中期，转基因技术、生物催化与转化技术、动植物细胞培养技术、新型生物反应器和新型生物分离技术等开发和研究的成功，使本学科进入了新的发展时期，学科体系逐步完善。中国生物化工起步于 20 世纪 70 年代，已经发展了 40 余年，生物化工产业得到了大力发展。在有机酸中，柠檬酸的产量居世界前列，工艺和技术都属世界先进水平，乳酸、苹果酸新工艺也已开发成功；在氨基酸中，赖氨酸和谷氨酸的生产工艺和产量在世界上都有一定的优势；微生物法生产丙烯酰胺已实现了工业化生产，已形成几万吨级的工业化生产规模；农用抗生素已有赤霉素、井冈霉素、金核霉素及农畜两用的 7051 杀虫素等；甘油发酵水平不断提高，后提取工艺也有很大进展；黄原胶生产在发酵设备、分离及产业化方面也已取得了突破性的进展；酶制剂、果葡糖浆、单细胞蛋白、纤维素酶、胡萝卜素等产品的生产开发也日益成熟。

目前，生物化工的产品涉及医药卫生、农林牧渔、轻工食品、化工能源及环境等领域。生物化工产品包括柠檬酸、氨基酸、疫苗、单细胞蛋白、抗生素、干扰素等。它对促进传统产业的改造和新兴产业的形成有相当重要的作用，并对人类社会有着深远的革命性影响。截至2020年，世界生物高新技术产品的年销售额达到数千亿美元，具有很大的经济潜力。同时，随着人类对环境的要求越来越严格，生物化工产品更加受到人们的青睐。因而，生物化工也引起了各国政府和科技人员的浓厚兴趣，已成为当今世界高科技竞争的一个热点。它的发展水平已成为一个国家科技实力的象征，尤其是生命科学的不断改革与进步，人们逐渐需要越来越多的生物高技术产品。随着基因重组、细胞融合、酶的固定化等技术的发展，未来生物技术不仅可以提供大量廉价的化工原料和产品，还将改变某些化工产品的传统工艺，甚至一些性能优异的化合物也将通过生物催化合成。生物化工的发展将有力地推动生物技术和化工生产技术的变革和进步，产生巨大的经济效益和社会效益。生机勃勃的生物化工前景广阔，预计未来将有20%～30%的化学工艺过程会被生物技术过程所取代，生物化工产业将成为21世纪的重大化工产业。

1. 生物化工的分类

1）生物能源化工

生物能源化工涉及很多方面，如石油、燃料酒精、生物柴油、生物质液化、生物制氢等。生物能源化工是石油和化学工业今后发展的重要方向。我国是能源需求大国，利用生物化工技术，大力发展绿色的生物质能源，取代煤炭、石油等传统能源，是我国能源产业发展的重要方向。围绕能源安全、消费革命及大气污染治理等重大需求，我们必须依靠科技、创新现有能源供应模式、扩大生物质能源的应用领域和范围、提升生物质能源科技转化和产业化水平，推进利用以秸秆纤维素为原料、利用细胞合成、生物酶法转化生产燃料乙醇、丁醇等的示范工程，加大以纤维素为原料开发生物柴油等生物燃料的前沿技术的技术开发和资金投入力度，打造一批示范生产企业，推动生物质能源的市场应用，最终实现生物质能源在发电、供气、供热、燃油等领域的全面规模化应用。

石油作为优质能源和宝贵的化工原料，其本身就是一种特殊的生物产品。随着生物技术的迅速发展和地球上石油变为紧缺资源，生物技术和石油的关系也越来越密切。生物技术与石油化工结合形成生物石油化工。应积极利用生物技术，特别是酶工程和发酵工程技术，开发利用石油、天然气资源，为解决目前世界面临的三大危机开辟新的道路。生物技术是当今迅速发展的技术，而微生物技术更是生物技术中极为重要的部分，在各个领域有很大的作用。石油工业也影响着整个世界工业的发展，而微生物技术作为一项新兴技术，人们开始关注并将微生物技术引入石油工业，以求更好地发展石油工业。为了提高勘探的准确性，在传统勘探方法的基础上，引入了微生物勘探石油的新技术，这是一种依靠地表微生物进行油气勘探的技术。在底土中存在着能利用气态烃为碳源的微生物，这些微生物在土壤中的含量与在底土中的烃浓度存在某种对应的关系，因此可用这些微生物作为勘探地下油气田的指标菌。另外，在石油炼制中，生物技术可用于石油的脱蜡、脱硫和脱氮等精制过程，原油硫含量的持续上升和环保法规的日益严格推动了石油生物脱硫的研究，为提高油品质量，微生物在炼油工业中的应用也越来越多。在石油生产、储运、炼制加工过程中，石油及石油制品的泄漏及溢出是不可避免的，这将对水源和土壤造成严重的污染。因此，保护环境，防止和治理污染特别重要。

乙烯作为重要的合成材料在我国有很大的需求量，但是我国的年产量并不能满足现在的需求量，还有很大缺口。鉴于现在很大的合成材料缺口，许多地方和企业都在积极发展和建设大型乙烯生产装置的路线，以满足国民经济发展对合成材料不断增长的需要。但是产生了一系列新的问题，那就是生产乙烯需要消耗大量的石油，以及生产出几千万吨的合成材料也将产生出千万吨的不可降解的制品垃圾，必将造成严重的白色污染。为了摆脱对日趋枯竭的石油资源的依赖，减轻经济增长对资源供给带来的压力，保障社会经济可持续发展，生物能源化工就起了很大的作用，如合成可生物降解聚合物替代石油基塑料产品，已成为当前全球石油和化工研究开发的热点。

2）生物医药化工

生物化工在医药的研制方面有很大的成就，天然药物资源的自然生产是很有限的，而利用生物化工生产的资源则能满足人们的需求，生产的可控制性是其很大的优势，可适时地提高资源的品质，使药物优化，所以生物医药化工具有很大的前景。医药工业的稳定持续发展对推进健康中国建设具有重要意义，而生物医药化工代表了医药工业最前沿的技术和发展方向，以基因技术快速发展为契机，以临床用药需求为导向，充分利用生物化工工程化技术平台，在肿瘤、重大传染性疾病、神经精神疾病、慢性病及罕见病等领域研发原创性治疗药物，加快研制新型抗体、蛋白及多肽等生物药，把生物技术和化学工程技术应用到药物制造并大规模生产的过程称生物医药化工[12]。总之，生物医药化工是一种技术含量高、知识密集、多学科互相渗透、高度综合的新兴产业。它的应用扩大了疑难病症的研究领域，有效控制了威胁人类生命健康的重病，从而有力地改善人们的健康状况，对我国加快建设生物医药强国具有重要的战略意义。

3）生物农药化工

食物问题一直是人类面临的难题之一，随着人口的持续增长，全球的食物匮乏将会更加严重。20 世纪，有机合成农药的成功开发和使用大大增加了粮食产量，这对解决全世界的温饱问题起到了重要的积极作用。但也正是由于过分依赖有机合成农药，尤其是一些高度农药，使大气、土壤和水体遭受污染；有害生物抗药性增强、再猖獗现象严重；杀伤有益生物，使生物多样性遭到破坏；对植物产生危害，在作物中残留，危及人们的健康。鉴于此，寻求高效低毒、低残留、安全的农药就成了农药科研人员努力的方向。生物农药因源于自然，与环境相容性好，选择性高，药效显著，毒性低，对人畜比较安全，再加之自然界来源广泛，改良潜力大，不容易产生抗药性，诸多方面的优点使生物农药成为近年来发展的热点。20 世纪末全世界掀起生物农药的开发热潮，也包括将生物农药作为先导化合物，通过结构改造来开发化学农药。发展生物农药、寻求新的开发点是解决化学农药不足之处的重要手段。生物化学农药属于生物农药的一种。生物化学农药包括信息素（即外激素、利己素、利它素）、激素、天然植物生长调节剂和昆虫生长调节剂、酶等，同时强调生物化学农药须满足：对防治对象没有直接毒性，而只有调节生长、干扰交配或引诱等特殊作用，必须是天然化合物，如果是人工合成，其结构也必须与天然化合物相同（允许有异构体比例的差异）。

但是生物化学农药在开发、生产和使用方面也存在一些问题：①有些生物化学农药有效活性成分复杂，质量难以控制；②生物化学农药的有效成分多是一些生物提取体或稳定性差的物质，产品的质量保证期短；③外界环境的温度、湿度、光照等对生物化学农药的影响较大，对生产、加工、储运和使用的要求较严格，由于环境条件的不同，在使用时常出现防治效果不稳定、时好时差的现象；④与化学农药相比，大部分生物化学农药防治见效较为缓慢；⑤生物化学农药品种专一性强，对其他有害生物的兼治性较差[13]。

4）生物食品化工

生物食品化工涉及酶制剂、氨基酸、多糖和糖脂、天然色素、高档香精香料、食品添加剂、有机酸等领域。生物食品化工研究的内容有：增加基因数目以改变微生物的生理调控机制，改善微生物对酶、氨基酸、香料、维生素、有机酸等产品的生产工艺，降低生产成本；将动植物基因导入微生物菌体内，再利用微生物生产动植物，以降低生产成本，改变微生物的代谢途径，避免有害物质的产生；合成 DNA 探针，快速检测食品微生物；改变蛋白质的氨基酸组成及立体结构，使其更适合于食品加工，利用固定化酶及细胞，配合生物反应器及自动控制系统，生产甜味剂、氨基酸、维生素、有机酸等高附加值的产品，利用酶改变食品的组成成分，使其更适合于一些特殊要求；利用酶改变食品的化学结构，使其具有功能性；以融合瘤技术生产单克隆抗体，可单独或混合用于检测系统，以快速检测食品中的化学物质、微生物及其毒素；用重组 DNA 及生物反应器生产色素、香料及甜味剂[14]。

5）生物聚合物领域内的生物化工

生物化工在聚合物领域内主要用于合成聚乳酸、聚乙醇酸、聚羟基丁酸酯、聚羟基脂肪酸酯等可生物降解聚合材料。这些材料使用后能被自然界中的微生物完全降解，不污染环境，这对保护环境非常有利，是公认的环境友好材料。

2. 生物化工的特点

生物化工是生物技术的重要分支。与传统化学工业相比，生物化工具有一些突出特点：

（1）主要以可再生资源作为原料，不依赖地球上的有限资源，注重再生资源的利用。摆脱了传统的以石油、煤及矿物质为基本原料的化工生产体系。

（2）在常压、常温下生产，反应条件温和，一般为常压、常温、能耗低、选择性好、效率高的生产过程；可连续化操作，并可节约能源，减少环境污染。

（3）可解决一般技术和传统方法不能解决的问题，能生产目前不能生产的或用化学法生产较困难的性能优异的新产品。

由于具有上述优势，生物化工已成为化工领域重点发展的方向，已成为一项重要的化学工业技术，是生物技术产业化的关键，也是化学化工技术的主要前沿领域[15]。

3.2.2　生物化工与安全

1. 食品领域的安全问题

“民以食为天，食以安为先”。食品安全直接关系广大人民群众的身体健康和生命安全，事关国家的经济发展、社会的和谐稳定和民族的兴衰。近几年来，随着经济的快速发展、科技的不断进步，人民的生活水平不断提高，与生物化工相关联的食品领域的安全问题也越来越引起人们的关注。所谓食品安全，主要是指食品无毒、无害，符合应当有的营养要求，对人体健康不造成任何急性、亚急性或者慢性危害。食品主要包括以下几点基本属性：①必须具有一定的营养成分与营养价值；②在正常饮食的情况下其不会对人体的健康造成不利影响；③符合人类长期形成的食品概念，即具有良好的感官属性。在与生物化工相关联的食品领域中，食品安全主要有化学污染和生物污染两方面。

在食品化学污染方面，常见的化学性危害有重金属、自然毒素、农用化学药物、洗消剂及其他化学性危害。食品中的重金属主要来源于农用化学物质的使用、食品加工过程中有毒金属及植物生长过程中从含重金属的土壤中吸取的有毒重金属等三个途径。自然毒素有的是食物本身带有的，如发芽的马铃薯（土豆）含有大量的龙葵素，有的则是细菌或霉菌在食品中繁殖过程中所产生的。在生物污染方面，一般情况下，生物污染载体主要为细菌、病毒等微生物，肉眼无法直接察觉。如果食品生产加工厂在生产环节中缺乏对食品生物污染的检测与管理，加之其他方面的疏忽，很容易在无形中造成食品生物污染[16, 17]。

例如，2013 年 8 月 2 日新西兰乳制品巨头恒天然集团向新西兰政府通报称，在浓缩乳清蛋白的生产过程中，有三个批次的浓缩乳清蛋白中检测出肉毒杆菌，影响包括 3 家中国企业在内的 8 家客户。我国国家质量监督检验检疫总局要求进口商立即召回可能受污染的产品。

恒天然集团是全球最大的乳制品出口商，占全球乳品贸易的 1/3。恒天然在全球有 84 个加工厂，其中新西兰 24 个，澳大利亚 10 个，其余的分布世界各地。恒天然在中国的业务发展已长达 30 余年，今天中国已成为恒天然全球最大的市场，年增长率达两位数。中国有 70% 的进口奶粉都来源于新西兰，而这些几乎全部出自恒天然，雅士利、雅培、美赞臣、惠氏等奶粉企业均是其合作伙伴。

肉毒杆菌是一种生长在常温、低酸和缺氧环境中的革兰氏阳性菌。肉毒杆菌在不正确加工、包装、储存的罐装食品或真空包装食品里都能生长。肉毒杆菌食物中毒在临床上以恶心、呕吐及中枢神经系统症状如眼肌、咽肌瘫痪为主要表现，中毒者如抢救不及时，病死率较高。由于 1 岁以内的婴儿肠道微生态屏障还没有完全形成，正常菌群还不够强健，因此肉毒杆菌的芽孢进入婴儿的肠道后，有可能生根繁殖、释放出毒素，毒素进入到血液后有可能导致孩子出现神经痉挛或麻痹的中毒症状。半岁以内的婴儿、处于转奶或者添加更改辅食阶段的婴儿属于“高危”人群。

据我国国家质量监督检验检疫总局通告，约 227.8 t 乳清蛋白被进口至中国。这些乳清蛋白用于和其他原料搭配起来生产婴幼儿奶粉和功能性饮料。其中，杭州娃哈哈进口浓缩乳清蛋白 14.475 t；上海市糖业烟酒（集团）有限公司进口浓缩乳清蛋白 4.800 t；多美滋婴幼儿食品有限公司进口原料乳粉 208.550 t。

乳清蛋白粉是采用先进工艺从牛奶分离提取出来的珍贵蛋白质，以其纯度高、吸收率高、氨基酸组成最合理等诸多优势被推为“蛋白之王”，属于生物化工产品。而恒天然受肉毒杆菌污染的浓缩乳清蛋白问题其实早在 2012 年 3 月就已检测出来，并且在 2012 年 5 月就被怀疑有问题。此次涉事的毒奶粉销往澳大利亚、中国、马来西亚、泰国、越南和沙特阿拉伯等国家，无一例外都在监管部门的眼皮下畅通无阻。食品安全点多面广，从大型企业、餐饮巨头到小作坊、小摊贩，从生产、加工到储存、销售，每个单位、每个环节都可能存在风险和隐患，更何况面对庞大的监管对象，有限的监管力量也是捉襟见肘、分身乏术。这又将是除去产品被污染问题之外的又一个现实状况，这对于国内外乳业企业是一个值得深思的问题。

毒奶粉事件充分反映了在生物化工伦理中安全性和责任性的问题。在此事件中乳清蛋白的生产加工人员因操作不当导致乳清蛋白被肉毒杆菌污染，有不可推卸的责任，直接导致了毒奶粉事件的发生，这归因于生产加工人员对工作的不严谨，缺乏责任感。另外，毒奶粉在多国监管部门的监管下仍然畅通无阻，这更是反映了监管部门的监管力度不够、缺乏社会责任感、执法流程不规范、监管体系不完善等问题。

2. 医药领域的安全问题

生物化工在医药领域中的产品之一便是疫苗，疫苗一出现，随之而来的也有各种问题。随着免疫规划的发展，接种疫苗的种类和剂次的增加，疫苗可预防传染病并降低传染病的发病率，由于疫苗属于高科技产品，技术要求非常高，对人体来说毕竟是异体，因此存在会对人造成危害的可能性。因为疫苗本身就是病原体提取物，无法规避潜在的风险。

例如，2006 年 HPV 疫苗获得美国食品和药物管理局（FDA）批准，是具有预防癌症效果的疫苗。人乳头瘤病毒（HPV）感染被认为是诱发宫颈癌的重要因素，由于 HPV 疫苗能防止 HPV 感染，因此也被称为宫颈癌疫苗。之后，HPV 疫苗已在全球一百多个国家获得批准。一种疫苗首先要看是否有效，其次要看价格或成本高低。美国默沙东公司的宫颈癌疫苗加达西（Gardasil）于 2006 年首先在美国上市，英国葛兰素史克公司生产的另一种疫苗卉妍康（Cervarix）随后上市。在美国，每针宫颈癌疫苗费用为 120 美元，全部接种完需 360 美元，在德国，全部接种三剂疫苗总共需要花费 150 欧元。这个价格让许多低收入家庭望而却步。即便 HPV 疫苗正在印度进行人体试验，3 剂 HPV 疫苗售价也要 150 美元。这些宫颈癌疫苗在发展中国家尚未广泛引进和使用。宫颈癌疫苗不但价格昂贵，而且接种时间较长，需要接种三次。

2007 年 2 月，美国得克萨斯州州长佩里（Perry）签署了行政命令，强制要求得克萨斯州所有六年级女生在 2008～2009 学年开始前完成 HPV 疫苗的接种，得克萨斯州成为全美强制接种 HPV 疫苗的先锋，此后 20 多个州效仿。反对者认为，这种强制性的法令侵犯了父母的权利，因为父母无法行使其监护权，无法选择什么是对孩子最好的建议和做法，法律却在代替父母做决定，强制孩子接种疫苗。很多父母也担心 HPV 疫苗的安全性。

2013 年上半年有 30 多名日本女性接种 HPV 疫苗后出现浑身疼痛，而且经过治疗后病情不见好转。厚生劳动省的第二次会议决定，暂时中止“主动推荐”现有的两种 HPV 疫苗，并要求生产厂商提供增补数据。女性可在被告知详细的疫苗接种的益处与风险后，自由选择接种。尽管 HPV 疫苗从进入市场以来就被业界认为癌症预防效果显著，但在欧美国家 HPV 疫苗的实际接种率却相当低。HPV 在发达国家接种率低的原因主要与人们对此疫苗的态度有关，有人认为这是一种过度预防。

上述事件存在着一些伦理问题。以人为本的工程伦理原则意味着要充分考虑人的利益，把对人的尊重、关心、服务和发展作为核心目标。在这方面，美国政府强制六年级女生接种 HPV 疫苗，这已经影响了公众的权利，使相当一部分父母觉得自己的监护权利被侵犯，而且疫苗的价格不菲，也增加了家庭的负担，没有尽到以人为本的目标。在安全和知情选择方面，厚生劳动省在 30 多名女性接种 HPV 疫苗产生异样状况之后才给出了“要求生产厂商提供增补数据。女性可在被告知详细的疫苗接种的益处与风险后，自由选择接种”这一防范手段。政府和疫苗生产商应该在疫苗发行前就已经做好万全的准备及提供可能存在的风险信息，让人自主选择，这样才能更好地保障人的安全及知情选择的权利。

3.2.3 生物化工与公众

1. 社会公开

生物化工的应用已涉及人们生活的方方面面，包括农业生产、轻工原料生产、医药卫生、食品、环境保护、资源和能源的开发等各领域。同时生物化工产品也得到了极大的拓展：医药方面有各种新型抗生素、干扰素、疫苗等；氨基酸方面有赖氨酸、天冬氨酸、丙氨酸等，以及各种多肽酶制剂 160 多种，主要有糖化酶、淀粉酶、蛋白酶等；生物农药有 Bt、春日霉素、多氧霉素、井冈霉素等；有机酸有柠檬酸、乳酸、苹果酸、己二酸、脂肪酸、亚麻酸等。由于生物化工涉及面广，涉及的行业多，所以从事生物化工的企业较多。据报道，20 世纪 90 年代中期，美国生物化工企业有 1000 多家，西欧有 580 多家，日本有 300 多家。近年来，虽然由于行业竞争日趋激烈，生物化工企业有较大幅度减少，但与生命科学（主要指医药和农业生化技术）诸侯割据的局面相比，生物化工行业依然是百花齐放、百家争鸣。既有诺华、捷利康等从事生命科学的世界大公司，也有 DSM、诺和诺德等大型的精细化工公司，当然也有在某一方面有专长的小公司如 Altus 等。我国的生物化工企业也逐年增多，但随着生化企业的增多，企业涉嫌作假、抄袭他人专利、隐瞒实情、损害社会和公众利益的例子越来越多。

凯赛生物是以合成生物学等学科为基础，利用生物制造技术，从事新型生物基材料的研发、生产及销售的高新技术企业。该公司实现商业化生产的产品之一为长链二元酸。据悉，凯赛生物突破了发酵法制备长链二元酸的技术瓶颈，有效地解决了分离和精制的难题，这使得凯赛生物成为最早大规模把采用生物法生产的长链二元酸推向全球市场的中国企业。

凯赛生物把长链二元酸大规模产业化的全套技术申请了发明方法专利，把各步骤中的核心工艺以无时间限制而且无需对外公开的商业秘密形式予以保护。然而，百密仍有一疏，凯赛生物独家研发的长链二元酸产业化生产专利遭高管“窃取”。2009 年，凯赛生物突然发现，山东出现一家同样生产长链二元酸的企业。这家名为山东瀚霖的公司的其中一个股东，正是原来担任凯赛关联公司山东凯赛生物科技材料有限公司的副总、并全面负责长链二元酸二期扩产项目的王志洲。2008 年 8 月，王志洲在未完成凯赛离职手续的情况下即进入山东瀚霖工作，任山东瀚霖总工程师，并负责山东瀚霖长链二元酸的生产线建设及生产管理工作。

2010 年底至 2011 年初，山东瀚霖公司提交的“生物发酵法生产长碳链二元酸的精制工艺”等 10 件发明及实用新型专利申请引起了凯赛生物的注意。凯赛生物仔细对比后发现，山东瀚霖提交的这 10 件专利的权利要求书、说明书均与凯赛生物独家研发的技术和商业秘密存在诸多相同或近似技术特征。凯赛生物得出结论：山东瀚霖剽窃凯赛生物的技术，侵犯凯赛生物的商业秘密。

此后十年，凯赛生物拿起法律武器维权并拿到多份胜诉判决最终赢得胜利。

对于创新创业公司来说，知识产权保护常是桎梏其发展的最主要原因之一。“侵权易发多发”——这是当前中国创新创业公司遭遇的普遍困境。与之伴随的则是“举证难、周期长、成本高、赔偿低”的维权之痛。而另一方面山东瀚霖公开的信息欺骗公众、隐瞒抄袭事实，这也侵犯了公众的知情权，导致社会风气和公众的利益受到了严重的影响。凯赛生物维权这一案例反映了在生物化工中的诚实守信和职业道德问题。类似山东瀚霖企业篡改或抄袭生物化工技术并屡禁不止的现象都严重腐蚀着生物化工工程技术人员的道德良心，并对社会和公众产生了一系列负面影响。企业应当诚信守法，要有“道德”，在向社会公开的一系列信息中，要尊重公众的知情权，做到真实可靠，保障公众的利益。诱发生物化工企业不端行为的因素主要有：科研诚信教育培训的缺失，禁不住名和利的诱惑，评价体系不健全，对不端行为的监督和处罚力度小等。我们应该以此为戒，并努力改善。

2. 可持续发展

20 世纪中期以来，全球许多国家相继走上了以工业为主要特征的发展道路。高投入、高产出、高消费的经济发展模式促进了经济的快速发展，创造了人类前所未有的巨大物质财富，并加速了世界文明的演化过程，但伴随而来的是地球资源被肆意开发和过度消耗，生态环境急剧破坏和日趋恶化。面对严峻的现实，无论是发达国家还是发展中国家，都被迫开始理性地探索新的发展模式和发展战略，寻求一条经济增长和社会发展与资源环境和谐发展、良性循环的可持续发展道路。当前，构筑节约和合理利用资源、高效利用和寻找新的替代能源、发展低碳经济、减轻环境污染的和谐型社会，走可持续发展道路已成为全球经济的发展方向和共识。作为生物化工产品之一的可降解塑料（特别是生物基塑料和生物降解塑料），作为实现上述目标的措施之一，正日益受到广泛关注。

众所周知，塑料材料及制品具有综合性能优异、价格较低、易成型加工、可回收利用等特点，与传统材料相比，它在节省资源、节约能源方面具有较大的市场竞争力。塑料作为一种新型材料，与钢铁、木材、水泥并称为 4 大支柱材料产业，对未来经济发展将起到十分重要的作用。塑料与我们的生活息息相关，已被广泛应用于农业、工业、建筑、包装、国防尖端工业以及人们日常生活等各个领域。但是塑料给我们生活带来方便的同时，也带来很多长久的危害。塑料从生产到处理，整个过程都会耗费大量资源，并会污染地球环境。塑料的自然分解需要 200 年以上，会污染周围的土地和水源，全塑料回收价值较低，塑料结构稳定，不易被天然微生物菌降解，在自然环境中长期不分解。这就意味着废塑料垃圾如不加以回收，将在环境中变成污染物永久存在并不断累积，会对环境造成极大危害。

这时，由生物化工生产的可降解材料就起了很关键的作用。生物化工在聚合物领域内合成的聚乳酸、聚乙醇酸等是新型的可降解材料，使用可再生的植物资源（如玉米）所提取出的淀粉原料制成。淀粉原料经糖化得到葡萄糖，再由葡萄糖及一定的菌种发酵制成高纯度的乳酸，再通过化学合成方法合成一定分子量的聚乳酸。其具有良好的生物可降解性，使用后能被自然界中的微生物完全降解，最终生成二氧化碳和水，不污染环境，这对保护环境非常有利，是公认的环境友好材料，如可降解塑料袋（图 3.4）。普通塑料的处理方法依然是焚烧火化，造成大量温室气体排入空气中，而聚乳酸塑料是掩埋在土壤里降解，产生的二氧化碳直接进入土壤有机质或被植物吸收，不会排入空气中，不会造成温室效应。

国家发展和改革委员会、生态环境部等九部门联合印发的《关于扎实推进塑料污染治理工作的通知》提出，自 2021 年 1 月 1 日起，在直辖市、省会城市、计划单列市城市建成区的商场、超市、药店、书店等场所，餐饮打包外卖服务，各类展会活动中，禁止使用不可降解塑料购物袋，暂不禁止连卷袋、保鲜袋和垃圾袋。

同时，从 2021 年 1 月 1 日起全国禁止生产和销售一次性塑料棉签、一次性发泡塑料餐具；在全国餐饮行业中禁止使用不可降解一次性塑料吸管，暂不禁止牛奶、饮料等食品外包装自带的吸管。

从 2021 年 1 月 1 日起禁止使用不可降解塑料购物袋等的规定从侧面显示出了生物可降解材料的需求会越来越大。生物可降解材料的成功应用之一便是可降解生物地膜（图 3.5）。例如，浙江省绍兴市加强农膜市场准入管理，加大农膜使用技术支撑力度，利用生物化工技术，开展全生物可降解地膜试验，护航“无废城市”创建。其中，越城区斗门镇、马山街道和上虞区盖北镇日前成为全市“可降解地膜”试点。这也是“无废城市”以从源头解决农膜污染问题为目标的试验案例。

据了解，越城区斗门镇等三个试点过去一直使用聚乙烯塑料地膜，不易分解和降解，给农业生产和环境带来破坏性影响。2019 年 5 月，在绍兴市农业农村局指导下，试点使用可降解地膜，这种可降解地膜以具有完全生物降解特性的脂肪族——芳香族共聚酯、脂肪族聚酯等为主要成分，采用吹塑等工艺制成。它能在自然界存在的微生物作用下完全降解成二氧化碳、水及其所含元素的矿化无机盐，避免了聚乙烯塑料地膜残留破坏土壤结构等不良影响。在成本方面，可降解地膜的购买成本比聚乙烯塑料地膜每亩高 50～100 元，但降解膜后茬可直接翻耕，节省揭膜人工费用，综合成本基本相当。

图 3.4　可降解塑料袋

图 3.5　可降解生物地膜

以上显示出了生物化工对公众做贡献的一面。由生物化工制得的生物可降解塑料在我国目前的情况下显得尤为重要，生物可降解塑料可以做到对环境没有污染，对人类健康没有损害，正因为它的这种特性，生物可降解塑料的采用将会大大改善我国的环境污染问题和能源损耗问题，对促进低碳经济的发展、改善生态环境、推动可持续发展有重大的意义。

3.2.4　生物化工工程师的伦理准则

随着生物技术的持续深入发展，生物化工产业在国民经济中发挥出越来越重要的作用，深刻影响着人民群众衣食住行各个方面。为满足人民群众对健康、绿色生态等方面的迫切需要，必须深入落实国家相关产业政策，进一步加大在生物化工产业的研发投入力度，立足长远，以全球视野对生物化工产业进行布局和谋划，依靠科技创新驱动生物化工产业突破发展，规范生物化工产业产品国家标准，推动生物化工产品在食品、保健、医药、能源等领域的应用，努力打造经济增长新动能，为建设“健康中国”发挥重要的作用[2]。而要想实现这一切，生物化工工程师扮演着重要的角色，因为他们掌握专业的知识与技术，并且在相关工程进行时有很大的影响力和约束力，甚至拥有改变人类命运的能力。美国化学工程师协会伦理章程中以坚持和促进工程职业的正直、荣誉和尊严，努力增强工程职业的竞争力和荣誉，运用他们的知识和技能增强人类的福祉为目标。而作为一名生物化工工程师，也应该以这一目标为动力，所以生物化工工程师的伦理准则可归纳为：

（1）关爱生命。关爱生命要求生物化工工程师要尊重人民的生命权，始终将人们的生命、健康摆在首要位置。不从事危害人的生命健康的生物化工产品的研发。这是生物化工工程师最基本的道德要求，也是所有工程伦理的根本依据。

（2）知情选择。自主性是指有行为能力的人在不受干扰的状态下，自愿选择行动方案的意识和能力。尊重自主性主要体现在知情同意保护隐私、保守机密、维护尊严等方面。生物化工工程师要用通俗、清晰、准确的语言告知研究目的、方法、程序、意义和内容，以及预期的收益和潜在的风险，有无其他替代物，任何时候雇主均可以自由退出而不受影响。雇主要充分理解，有同意的能力，能够自主做出决定。对于重大的生物化工工程，社会公众要有知情权，政府、资助机构和科研人员要创造条件让社会公众参与其中。

（3）诚实守信。生物化工工程师要保证工程设计、执行和评估中的精确性和客观性，获得最佳的知识，倡导最佳工程实践；对雇主忠诚，保守机密，履行专业职责，维护专业声誉；面对工程信息披露的多重要求，不说谎，不隐瞒，不误报，提供完整、精准的知识和判断；自觉维护专业尊严，防止行业不正之风，对行贿受贿、贪污腐化零容忍；在论文发表、专利申请、成果报奖等方面杜绝不端行为；避免利益冲突，避免不当干预；严格遵守科研经费管理规定，不得虚报、冒领、挪用科研资金；在项目验收、成果登记及申报奖励时，提供真实、完整的材料，评审专家参加科技评审时，应当认真履行评审、评议职责，遵守保密、回避规定，不得从中谋取私利。机构行政、业务负责人及管理人员应当率先垂范，严格遵守国家规定，不得通过任何渠道去非法获取他人成果和谋取不当利益。

（4）责任担当。生物化工工程师要有专业胜任力，肩负社会职责，维持和促进个体和人群健康。工程技术人员对自身行为有选择自由，但要遵循道德规范，自觉抵制学术不端行为。确保研究开发的生物化工药物、生物化工产品、生物化工原料等的质量，做好优质基础研究，使所有需要者平等、公平分享科学成果，促进社会公正。

（5）公平正义。生物化工工程师要遵守公平正义原则。公平正义原则包含了三层含义：程序公正、回报公正和分配公正。程序公正明确了生物化工工程活动的各个环节都要遵循科学合理的程序，主要体现在确立利益冲突的公开程序和监督程序、明确伦理审查的程序等。回报公正要求那些来自公共研发资金的生物化工研发成果要回馈于社会，让广大公众得以享用。分配公正要求在宏观层面，国家在生物化工科研人力、财力和物力上的分配要统筹安排。

参考案例：“反应停”事件

1953 年，联邦德国一家生物制药公司合成了新药“反应停”(酞胺哌啶酮)，1956 年开始在市场试销，1957 年获本国专利，随后在全球 51 个国家获准销售。在市场推广初期，该药在怀孕早期妇女止吐方面显示了很好的疗效，且未发现明显的毒副作用。然而，1959 年 12 月联邦德国儿科医生 Weidenbach 却报告了一例女婴的罕见畸形；1961 年 10 月，三名联邦德国妇科医生也发现了类似的缺少臂和腿的畸形婴儿，手和脚连在身体上，很像海豹的肢体，故称为“海豹畸形婴儿”。后续的研究证实了这些畸形婴儿是妇女在怀孕初期服用“反应停”所致。原因是酞胺哌啶酮有手性碳结构，分为左旋体和右旋体两种结构。右旋体可以减轻孕妇的呕吐反应，左旋体则不仅没有药用活性，还会导致胎儿在发育时畸形，因为当时欧洲药学家对酞胺哌啶酮的这个旋光异构无知，导致了使其进入市场后造成不可弥补的灾难。截至 1962 年，全世界 30 多个国家和地区共报告了 1 万余例海豹畸形婴儿，仅联邦德国就超过 6000 例，英国超过 5000 例。这是 20 世纪最大的药物导致先天畸形儿的灾难性事件。1962 年以后，国际社会禁止把“反应停”作为孕妇止吐药物，仅在严格控制下可用于治疗癌症、麻风病等。就在“反应停”声名狼藉之际，一名以色列医生却偶然发现“反应停”对麻风结节性红斑有较好疗效。1998 年，美国 FDA 批准“反应停”可作为治疗麻风结节性红斑的上市药物。

“反应停”在市场销售中一波三折的惨痛经历表明新药研发具有潜在的高风险，同时特定药品或许会有其他方面的疗效。联邦德国涉事制药公司在对酞胺哌啶酮的化学结构没有完全了解的情况下，就开始试销这一新药，结果造成了悲剧。此事件反映了制药企业和研发人员缺乏严谨的科研态度、伦理意识淡薄、伦理审查不规范，没有把人们的安全和权益放在首位。制药企业应该以此为戒，在药品上市前要反复排查、排除潜在的风险，上市后药品的安全性更要持续追踪考察，要把人们的生命安全放在第一位。

3.3　精细化工的伦理问题

引导案例：安徽省安庆市万华油品有限公司“4・2”燃爆事件

2017 年 4 月 2 日，安徽省安庆市万华油品有限公司发生燃爆事故。经过消防人员 2 个多小时的不懈努力，于当晚 8 时 10 分扑灭现场明火。这起事故造成 5 人死亡、3 人受伤，直接经济损失达到了 786.6 万元。事故现场如图 3.6 所示。

图 3.6　安徽省安庆市万华油品有限公司“4・2”燃爆事故现场

据当地监管部门调查，万华油品有限公司是一家专门生产经营特种油品的企业。于2014年5月已停产，2016年10月将闲置的厂房非法租赁给不具备安全生产条件的江苏省泰州市盛铭精细化工有限公司。该公司使用从网上查询的生产工艺，未经正规设计，私自改造装置生产医药中间体二羟基丙基茶碱（未烘干前含有25%的乙醇）。事发当天17时左右，操作人员在密闭的操作车间内粉碎未完全干燥的二羟基丙基茶碱时发生燃爆，瞬间引爆二羟基丙基茶碱中挥发出的乙醇与空气形成的爆炸性气体，并且进一步引燃粉碎机附近的甲醇、乙醇等危险品，导致事故发生。事故发生后由于操作车间布置不合规范，生产安排不合理，应急处理能力差，导致事故规模进一步扩大。

此案例充分反映了精细化工工程师伦理责任缺失的问题。这可以归因于专业技术水平和职业道德素养与社会职责要求相比还有差距、约束精细化工工程师行为的相关法律体系还不够健全。

精细化工与农业、国防、人民生活和尖端科学都有极为密切的关系，是化学工业发展的战略重点之一。20世纪70年代，两次全球性的石油危机迫使各国开始制定化学工业精细化的战略决策。这说明发展精细化学工业是关系到国计民生的战略举措。但是由于部分企业存在工艺技术欠缺及设备老化严重等问题，生产过程中往往存在很大的安全隐患。同时公众对精细化工品不够了解，后续使用过程中因为缺少监管，也会对消费者的利益造成损失。本节将围绕精细化工中存在的伦理问题加以讨论，以便让人深刻意识到伦理问题与我们生活之间的紧密联系。

3.3.1　精细化工的类型与特点

随着科学技术的不断发展，精细化工行业与人类社会的发展之间联系得越来越紧密。精细化工行业起源于20世纪70年代，当时由于传统的煤化工和石油化工行业效益不佳，导致美国、德国等发达国家的化工企业开始走精细化工的工艺路线，开始致力于生产精细化学品，如医疗产品和杀菌剂等。相比于欧美等发达国家，我国的精细化工起步较晚，从20世纪80年代开始起步，我国一直把精细化工行业作为重点发展的行业之一，如今精细化工的地位已在我国得到确立。

1. 精细化工的类型

化工产品的种类繁多，所涉及的范围很广。通常来说，化工产品可以分为通用化工产品和精细化工产品。1974年，美国的克兰（Kline）博士提出从商品学中的质和量的角度出发，将通用化工产品分为非差别性产品（如盐酸、硫酸、乙烯、甲苯等）和差别性产品（合成橡胶、合成塑料、合成纤维等）。精细化工产品则可以分为精细化学品（涂料、食品和饲料添加剂、黏合剂等）和专用化学品（表面活性剂、皮革化学品、金属表面处理剂等）[18]。

目前，根据原化工部1986年3月6日颁发的《精细化工产品分类的暂行规定》[19]以及近十年间我国精细化工行业发展的实践，我国将精细化学品暂分为11类，即农药、染料、涂料（包括油漆和油墨）、颜料、试剂和高纯物、信息用化学品（包括感光材料、磁性材料等能接受电磁波的化学品）、食品和饲料添加剂、黏合剂、催化剂和各种助剂、化工系统生产的化学药品（原料药）和日用化学品、高分子聚合物中的功能高分子材料（包括功能膜、偏光材料等)。其中催化剂和助剂可分为催化剂、印染助剂、塑料助剂、橡胶助剂、水处理剂、纤维抽丝用油剂、有机抽提剂、高分子聚合物添加剂、表面活性剂、皮革助剂、农药用助剂、油田用化学品、混凝土用添加剂、机械和冶金用助剂、油田添加剂、炭黑、吸附剂、电子工业专用化学品、纸张用添加剂、其他助剂等 20 个小类。

2. 精细化工的特点

精细化工产品拥有多品种和具有特定功能这两大基本特征。精细化工的生产过程不同于一般化学品，由化学合成、剂型加工、标准化三个部分组成。其中每个过程中又衍生出化学、物理、经济的综合考虑，这就使精细化工必然是技术密集度极高的产业。与传统的大宗化工(无机化工、有机化工、高分子化工等)相比，精细化工的特点可以归结为：

(1) 多品种、小批量。随着精细化工产品的应用领域越来越多，专用性越来越强，应用面越来越窄，往往一种类型的产品可以有多个牌号。另外，对于化学组成相同的产品，可以通过不同的功能化处理使其具有明显的专用性。例如，表面活性剂根据其所拥有的润湿、洗涤、乳化、分散、平滑等性能，制造出各种各样的洗涤剂、渗透剂、乳化剂、分散剂、柔软剂等。再如，活性碳酸钙是碳酸钙经过表面活性剂处理后的产物。在处理过程中可以使用的表面活性剂多达十几种，处理后的活性碳酸钙可以用于橡胶、造纸、涂料、染料等不同行业。且随着科学技术的高速发展，必然会使精细化学品更新换代的速度加快，而用量又不大，这就导致精细化学品具有多品种、小批量的特点。这种特点使厂家需要不断开发新品种的生产工艺，从而提高产品的市场竞争力。多品种不仅是精细化学品的一个特点，还是评价精细化工综合水平高低的一个重要指标。

(2) 采用综合生产流程和多功能生产装置。精细化工产品为了适应市场，在生产中需要经常更换和更新品种。为了提高企业随着市场需求变动调整生产规模和生产品种的灵活性，在生产中必须摒弃单一产品、单一工艺流程、单一生产装置的落后生产方式，转而采用综合生产流程和多功能生产装置，做到可以使用一套工艺装置生产出不同品种和牌号的产品。这样可以充分发挥设备和装置的潜力，实现经济效益的最大化。但与此同时这也给技术人员和相关工作人员的职业素质提出了更严格的要求。

(3) 技术密集度高。技术密集度高是由几个因素共同决定的。首先，一种精细化学品的研究开发需要解决一系列的技术难题，其中包含技术、知识、经验和方法。其次，精细化学品开发难度高、成功率低、耗时长。除了精细化工行业本身技术密集度高以外，产品更新换代快、市场竞争激烈也是重要原因。技术密集还表现在生产过程中的工艺流程长、原料复杂、中间反应过程控制要求严等方面。例如，在制药工业中，除了采用合成原料外，还要采用天然原料得到合成中间体。在产品分离流程中，还要用到异构体分离技术。同时由于整个生产流程中涉及众多化学反应，对反应终点的控制是精细化学品合成工艺的关键步骤之一。

(4) 大量采用复配和剂型加工技术。因为精细化工产品的应用对象的特殊性，通常很难用单一原料满足使用需要，需要加入其他原料进行复配，即把不同种类的成分采用特定的工艺过程进行配比，以满足不同场合的需要。例如，在合成香精的过程中，通常需要几十种甚至上百种香料复配而成，除了主香剂之外，通常还有辅助剂和头香剂等组分。为了满足精细化学品的特殊功能，便于使用和储藏，通常将化学品制成剂型。剂型是指将专用化学品加工制成易于使用的分散态或物理态，如液剂、乳状液、粉剂、颗粒等。例如，为了使用方便通常将香精制成溶液；洗涤剂可以制成溶液、颗粒及半固体状。采用复配和剂型加工技术得到的产品，性能往往超过单一结构的产品。这也是我国精细化工发展的一个薄弱环节。

（5）商品性强、竞争激烈。因为精细化学品种类繁多，同一种类又往往具有多种牌号，用户有很大的选择自由度，市场竞争激烈。而由于精细化工行业利润丰厚，往往会吸引众多商家，极容易造成市场饱和，因此企业在开发生产技术的同时，需要积极开发应用技术和技术服务环节。只有不断改进技术和研制新产品，实现产品的更新换代，才能在竞争激烈的市场中处于不败之地。

（6）产品具有特定功能。精细化学品的功能是指其可以通过物理作用、化学作用和生物作用产生某种功能或效果。对精细化学品来说，其特定功能完全依赖于使用对象的要求，如化妆品，有的适用于油性皮肤，有的则适用于干性皮肤。如果不按照要求使用，便不会达到最佳的使用效果。当然，这些要求随着科学技术的不断进步也处于不断发展变化中。

3.3.2　产品研发及生产过程中的伦理问题

通过对原料的化学处理与转化加工制造的精细化学品，为人类生活带来巨大便利的同时也不可避免地制造出大量有害物质，产生了很多化工污染，这严重威胁到了生态环境和人类的身体健康。所谓化工污染，就是化工产品制造和使用过程中所产生的废弃物所造成的污染和危害。一般情况下化工废弃物都是有害物质，进入环境后会对环境造成极大的破坏。据统计，化工污染在环境污染中所占的比例达到了 70%，因此明确化工污染的类型并有针对性地减少化学品生产过程中的化工污染能够有效减轻化工生产对生态环境的破坏和对人类健康的危害。

1. 健康伦理问题

化妆品是为了美化、保留或改变人的皮肤而用于人体的一种调剂（除肥皂），作为一种日常用品，人们几乎每天都会使用。因此，化妆品不能对人体健康有害，并且在使用过程中不能有任何副作用。影响化妆品安全性的主要因素有配方组成、原料组成和纯度及原料组分间的相互作用。生产化妆品的原料必须符合规定，当不符合要求的化学原料存在时，如重金属元素，长期使用会引发癌症。又如，长期使用含丙二醇高的产品会引起湿疹。消费者在平时选择化妆品时，一定要注意产品的有效期，并根据自身体质进行简易的皮试，从而选择适合自己的化妆品。除此之外，在化妆品的生产过程中，当生产原料不纯时，可能会使化妆品中的甲醇含量超标。甲醇是化妆品中限用的有毒物质，反复接触中等浓度的甲醇会造成暂时性或永久性视力障碍[5]。即使是浓度较低的甲醇，也会使人产生头痛、眩晕、健忘等症状。比如，发胶在使用过程中极易喷溅到眼睛部位，长久以来会对人体产生极大的危害，甚至引发失明。据数据统计，化妆品中甲醇的超标情况见表 3.3，这不得不引起人们的警觉。

表 3.3　2011～2013 年化妆品中的甲醇超标情况[20]

年份	样品数	甲醇含量超标数
2011	16	2
2012	58	0
2013	167	0
合计	241	2

涂料在中国通常称为油漆，是一种涂覆在被保护或者被装饰的物体表面，并能与被涂物体形成牢固附着、具有一定强度的连续薄膜材料。涂料在生活中的应用十分广泛，涉及日常生活的方方面面，为了满足不同场景的需求，必须生产出性能和规格各不相同的产品。涂料一般由成膜物质（树脂、乳液等）、填充剂（颜料等）、溶剂和功能性添加剂（助剂）四种基本成分组成，目前涂料产品形成了以丙烯酸树脂、乙烯树脂、环氧树脂、醇酸树脂、聚氨酯树脂涂料为主体的五大系列。

但是涂料化工行业是一个高污染的行业，因为在涂料的生产过程中常伴随着大量的可挥发性碳氢化合物（VOC）污染。VOC 通过其化学结构可将其划分为醛类、烯类、酯类、酮类、芳烃等。其通常具有特殊的刺激性气味，且大多具有毒性及致癌性，如果长时间接触，会破坏人体免疫系统，使神经中枢受到影响，是一种严重的空气污染物。

鉴于涂料生产中存在的严重污染，为了保证企业生产安全、顺利地进行，务必做好安全防护措施。首先，切实做好生产管理工作，企业须结合自身的生产工艺制定出明确的管理规章制度，严格保证生产工作标准化、规范化。其次，还必须做好 VOC 的定期检测工作，对超标的区域开展整改措施。最后，还应该提升操作人员和管理人员的专业水平和职业素养，保证各项工作能顺利进行。除了以上措施外，还可以从改进工艺设备方面入手，降低生产带来的污染。对于一些比较陈旧的设备，企业应加大投入，改造或者更换现有设备，尽量减小涂料生产过程中带来的污染。

2. 环境伦理问题

本书 2.4.1 节介绍了中国石油天然气股份有限公司吉林石化分公司双苯厂胺苯车间爆炸事件，这次爆炸事故对松花江造成重度污染，我们可以充分看出化工生产对环境造成的影响。现在化工生产变得越来越复杂，在生产过程中一定要坚持生态伦理原则，对于可能破坏生态环境的生产活动，一定要做好应对措施，建立与环境的友好关系。

洗涤剂是指以清洗、去污为目的而专门研制的产品，在人们的生活中随处可见，通常由活性成分（表面活性剂等）和辅助成分（助剂、添加剂、酶等）构成。表面活性剂是一种能降低物体表面张力的有机化合物，具有润湿、渗透、乳化、润滑等性能，在工业生产很多领域中都得到广泛应用。洗涤剂中使用的表面活性剂主要有直链烷基苯磺酸钠（LAS）、脂肪醇聚氧乙烯醚硫酸盐（AES）、烷基硫酸盐（AS）、仲烷基磺酸钠（SAS）等。助剂通常可分为无机助剂和有机助剂两类，主要有三聚磷酸钠（STPP）、碳酸盐、硅酸盐、4A 分子筛等。在洗涤剂的生产过程中，很多企业都配套了磺化设备。磺化装置的尾气中通常含有微量硫化物（SO_2、SO_3 等），这会造成严重的大气污染，现在企业通常通过碱洗塔喷淋吸收硫化物。而在肥皂生产过程中，磺化设备排放的废气以有机挥发物（VOC）为主，对于含有有机污染物的废气的处理，可以通过吸收、吸附、燃烧等方法。除了废气外，洗涤剂生产过程中往往还伴随着废渣的产生。废渣处理困难，往往造成大气、土壤的污染并直接危害人体健康。磺化装置产生的废渣通常来自于废催化剂和干燥剂，应该设立专门单位进行回收。而在洗衣粉的生产过程中，通常会在燃煤或生物质热风炉产生废渣，燃煤热风炉产生的废渣可以用于烧砖、铺路，而生物质热风炉产生的废渣可用作肥料[21]。

综上所述，在洗涤剂的生产过程中会不可避免地产生大量的工业“三废”，企业除了做好应做的治理措施，还应加大环保力度，与当地环保部门配合，设立专门的废品收购单位进行回收，对危险废物进行集中处理。

胶黏剂是指通过界面黏附等作用，使得两种或两种以上材料连接在一起的一类物质。目前，胶黏剂已经渗透到人类生活中的各个角落，人类的生活已经离不开胶黏剂产品。现在我国生产的胶黏剂产品中，“三醛”胶（脲醛、酚醛和三聚氰胺甲醛树脂）产量最大，而从行业用量来看，建筑业所占比例最大，用胶量约占总用胶量的 51.8%。脲醛树脂胶黏剂因为黏结强度高、固化速度快、成本低而被广泛使用，但是脲醛树脂生产过程中会产生工业“三废”，并且产品中游离的甲醛会对环境造成极大污染。近年来，为了提高人们的生活质量，如何整治胶黏剂生产中产生的污染逐渐引起人们的重视。

在脲醛树脂胶黏剂的生产过程中，在投料、调节 pH 及排气环节中都会产生废气。在操作中应尽量保证反应器处于密封状态，进甲醛过程采用泵进行输送，在反应过程中会有部分甲醛通过真空泵排出，因此需要进一步进行分离，使排入大气中的甲醛含量最低。在整个操作过程中 pH 调节最为复杂，可以考虑在生产流程中配备酸度记录仪，实时监测 pH。除了废气外，脲醛树脂胶黏剂的生产过程中排出的废水占总胶黏剂生产量的 10%～25%，如果大量的废水直接排放会对环境产生极大污染。通常将排出的废水回用或者使用 HCl 进行酸化处理，然后加入一定量的尿素煮沸，待冷却沉淀出固体后，通过将液相在 65℃下蒸馏加以净化。

除此之外，在化妆品的生产过程中同样也涉及环境伦理问题。在化妆品生产过程中，常伴随着工业废水的产生。2008 年 2 月的全国第一次污染源普查数据显示：每生产 1 t 化妆品会产生 10.56 t 的工业废水，其中化学需氧量 49550 g，氨氮 309.4 g，石油类 121.6 g，并且其中含有高浓度的有机物、悬浮物和表面活性剂等[22]。生产过程中的废水主要来源于：①清洗冲洗废水，如产品或中间产物精制过程的洗涤水、更换产品时反应设备和反应釜中的洗涤水等，这些水的主要成分是原料、产品及中间产物和副产物；②产品加工过程工艺排水，如生产过程中产生的废水，包括蒸馏残液、结晶母液、过滤母液等。化妆品生产过程中产生的废水污染物浓度高、成分复杂、难降解生物质多、有毒有害物质多，这些有机污染物对微生物有很强的毒害作用。这些都为化妆品生产中产生的废水的处理增加了难度。

针对化妆品生产过程中产生的污染，通常处理的主要方法包括物理法（均化调节、格栅调节、气浮等）、化学法（化学氧化、微电解、光催化等）、生物法（厌氧生物处理、好氧生物处理等）。例如，均化调节法，由于化妆品厂生产的产品种类繁多，各个车间在不同时段排放的废水水质水量各不相同。如果变化幅度太大对设备的运作有害，可以通过设立调节池提高废水的可处理性，减小在废水处理过程中产生的水力冲击负荷。而化学法通常是利用化学反应对废水进行处理。例如，微电解法，利用金属腐蚀的原理形成 Fe-C 原电池对废水进行处理。该法不仅明显降低了水中的污染物含量，还提高了水的可生化性。

3. 安全伦理问题

2015 年 8 月 31 日 23 时，山东东营滨源化学有限公司新建年产 2 万吨改性胶黏新材料联产项目二胺车间混二硝基苯装置在投料试车过程中发生重大爆炸事故，如图 3.7 所示。事故造成 13 人死亡，25 人受伤，直接经济损失达到 4326 万元。

据事后调查，事故发生的直接原因为操作人员向地面排放含有混二硝基苯的物料，混二硝基苯在硫酸、硝酸及硝酸分解出的二氧化氮等强氧化剂存在的条件下起火燃烧，从而引发爆炸。间接原因为滨源公司安全意识严重欠缺，在项目设备建设和产品生产过程中存在严重的违规违法行为。例如，违法建设、违规投料试车、安全管理混乱、安全防护措施不到位和违章指挥。

图 3.7　山东东营滨源化学有限公司爆炸事件

近年来，精细化工行业层出不穷的安全事故逐渐引起了人们的重视，给整个精细化工行业拉响了警报。例如，2019 年发生的四川达州硫化氢中毒事故、山东招远爆裂着火事故、内蒙古东兴化工爆炸事故、广西兰科新材料事故等。据统计，2019 年全年化工行业伤亡近千人！频发的精细化工事故不仅带来了巨大的经济损失，也给受伤者的家属带来了不可挽回的伤害，而且在社会上造成了极为恶劣的影响。这些事故暴露出了目前精细化工行业存在的重大安全隐患：①从业人员的业务能力和职业素养还不够高，不同岗位的工作人员对自己岗位的一切都要做到心中有数、应对有方；②化工生产原料和生产设备的质量不达标，原料的纯度、浓度及设备的选材都需要严格把控，否则就会埋下安全隐患；③生产事故的应急措施做得不到位，如反应器中的反应温度过高该如何降温、反应压力过大应该怎么调整都要在生产过程进行前做好应对措施。精细化工行业不同于其他行业，安全规范的操作一直是重中之重，在生产过程安全一定要落实到实处、落实到行动中。一定要做到防患于未然，将风险扼杀在摇篮里，这才是一个合格的企业应尽的社会责任。

美国学者威特雷（Vittore）指出：风险是关于不愿意发生的事件的不确定的客观体现。任何工艺流程的进行都隐含着各种各样的风险。正确认识工程风险，积极地采取措施规避风险、化解风险，是使工艺流程顺利进行的重要前提。虽然工程风险带有必然性，但是并非完全不可控制，我们要正确认识风险发生的原因。事实上，工艺过程中的风险具有一定的规律性，只要正确认识风险，就可以将风险控制在一定范围内，不至于给我们造成不可估量的损失。因此，精细化工工程师在化工生产中要以增进人类福祉为目的，增强处理复杂性问题的能力，清晰地审视过程中的伦理问题，消除道德困境。

3.3.3　产品使用及后续处理中的伦理问题

众所周知，历史上曾发生过许多震惊世界的污染事件，如 1944 年美国洛杉矶光化学污染事件、1952 年英国伦敦烟雾事件、1984 年印度博帕尔毒气泄漏案及 1986 年切尔诺贝利核电站事故等。这些事故使成千上万人失去了生命，我们应该引以为戒，以杜绝此类事件再次发生。在化学工业迅速发展的今天，作为废物被排入环境中的化学物质越来越多，其中绝大部分都是有害物质，对人体的健康存在严重危害或潜在危险。如何最大限度地降低化学产品的危害，加强环境保护，已经成为当务之急。正因为如此，精细化学品对生态环境和人类健康的不利影响受到了当今社会的广泛关注。

1. 健康伦理问题

目前，食品添加剂已经广泛存在于食品中，正确合理地使用食品添加剂在防止食品变质、延长保质期等方面有明显作用。但在人们日常生活使用中，食品添加剂也存在很大的安全隐患。例如，有些不法经营者非法使用未经国家批准的或一些不能食用的添加剂代替食品添加剂，这会对人们的健康造成极大威胁。另外，由于人们缺乏食品添加剂相关的专业知识和安全意识，存在超剂量、超范围违规使用食品添加剂的情况。例如，曾经报道过的有人在泡菜中过量添加苯甲酸钠，过量食用会给人体带来不良后果，甚至会致癌，长期累积还会危害下一代，造成胎儿畸形。

牙膏也是我们每天都会用到的一种精细化工产品，有的人在挤牙膏时会满满挤一整条，如果误吞，长期下来会造成氟摄入过量。氟作为人体必需的元素之一，当摄入不足时会患龋齿病，但当氟摄入过量时会形成氟斑牙，造成牙齿变脆。另外，牙膏中含有的月桂醇硫酸钠被认为可能会导致胃病，令口腔容易溃烂，日积月累，会诱发口腔癌。除此之外，牙膏中的研磨剂被认为会伤害牙龈，所以使用牙膏时不要挤太多，适量即可。

2. 环境伦理问题

随着化学工业的迅速发展，表面活性剂的使用量也得到进一步增大。但在使用过程中，不可避免地会将含有表面活性剂的废水、废渣排入土壤和水体中，随之而来的便是环境污染问题。例如，当表面活性剂吸附在土壤中时，能有效改变土壤的物化性质。表面活性剂可以与土壤中的离子发生交换反应，长期在土壤中排放含有表面活性剂的废水会使土壤 pH 升高。同时废水中的表面活性剂还可以与土壤中的重金属离子发生竞争吸附，增加土壤中铁锰氧化物结合态和有机结合态镉的含量，导致土壤中镉的可移动性和生物有效性降低。除了向土壤中排放含有表面活性剂的废水外，还有企业直接向水体中排放，当表面活性剂的浓度达到 1 mg/L 时，水体中会出现大量不易消失的泡沫，它们在水面形成隔离层，减弱了水体与大气之间的气体交换，导致水体发臭。另外含表面活性剂废水的排放也会杀死水体中的微生物，抑制了水中有毒物质的降解，对环境的危害性不可忽视。表面活性剂对一些水生生物的毒理学数据见表 3.4。

表 3.4　表面活性剂对水生生物的毒理学数据[23~27]

水生生物	半数致死时间（LT_{50}）/h	表面活性剂质量浓度/（mg/L）
幼鱼	96	3.4～5.9
蜗牛	96	4.7
大型蚤	96	6.2
鲤鱼	48	3.74

注：LT_{50} 指半数致死时间，即在一特定的毒物浓度下，受试动物达到半数死亡所需的时间。

除了表面活性剂外，洗涤剂也会对生态环境造成极大的破坏。如果在使用过程中将含磷的废水排入水体中，会引起水体富营养化，使水体中的藻类水生植物疯长，大量消耗水中的氧气，造成鱼类、浮游生物及其他生物缺氧死亡，而藻类植物腐烂后又会对水质造成二次污染。因此，现在许多国家对洗涤剂中的磷含量做了严格的规定，大力提倡人们使用无磷洗涤剂。对于洗涤剂污染的治理，首先要从源头出发，按照清洁生产要求，开发无污染或低污染型的洗涤剂，如易生物降解洗涤剂、低磷或无磷洗涤剂等。洗涤剂使用后产生的废水送至污水处理场进行集中处理。少用洗涤剂、不用含磷洗涤剂是每个公民在日常生活中所能做到的、为环境保护做出的贡献。

3. 安全伦理问题

2008 年 9 月 8 日，甘肃岷县 14 名婴儿同时患上肾结石，引发外界广泛关注。至 2008 年 9 月 11 日甘肃全省共发现 59 例患肾结石的婴儿，部分患儿已发展为肾功能不全，经调查发现这些婴儿均食用了三鹿牌奶粉。2008 年 9 月 11 日，三鹿集团承认 2008 年 8 月 6 日前出厂的部分批次三鹿婴幼儿奶粉受到三聚氰胺的污染。三聚氰胺在精细化工行业中用途广泛，如将其与甲醛缩合聚合能得到三聚氰胺树脂，可以用于涂料与塑料行业。但是在食品中添加三聚氰胺对人体是有害的，这就要求三聚氰胺在后续使用过程中一定要全程监管，防止类似于“毒奶粉”这种恶性事件再次发生。事发不久，国家质量监督检验检疫总局立刻对婴幼儿奶粉的质量进行检查，根据 2008 年 9 月 16 日公布的抽检结果显示，22 个企业中共有 69 个批次检测出三聚氰胺，部分数据见表 3.5。

表 3.5　婴幼儿奶粉抽检结果（部分）

企业	抽检数	不合格数
三鹿	11	11
上海熊猫可宝	5	3
蒙牛	28	4
青岛圣元	17	8
江西光明英雄	2	2
山西古城	13	4
深圳金必氏	2	2
湖南培益	3	1
广东雅士利	30	10
烟台奥美多	6	6

精细化工产品使用过程中存在的安全隐患比比皆是。比如，一些厂家为迎合消费者的“白就是干净”的心理，在家用清洁剂中添加荧光增白剂，使衣物在清洗后雪白、透亮。事实上荧光增白剂是一种能吸收紫外线的化学增白染料。当进入人体后，会和人体中的蛋白质迅速结合，并很难排出体外，容易对皮肤产生刺激，引起皮炎。如果使用过程中溅入眼睛，还会伤及眼角膜、结膜，导致眼睛刺痛，存在很大的安全隐患。

3.3.4 精细化工工程师的伦理准则

精细化工是当今化工行业中最具生机的新兴领域之一。精细化工产品用途广泛，在国民经济的诸多行业中都有所涉及。大力发展精细化工行业成为世界各国调整化学工业产业结构、提升产业能级以及扩大经济效益的战略重点。这背后精细化工工程师的功劳不言而喻。精细化工工程师是指从事精细化工工艺的开发和执行工作，确保工艺流程的顺利进行并不断提高产品质量的人员。他们主要负责产品生产工艺的开发、评估生产工艺的安全性和可行性、参与各类生产事故的处理并提出改进措施等。因为精细化工种类繁杂，涉及各个领域，所以精细化工工程师在生活中的许多领域都有贡献。

如今随着时代的不断发展，科学技术在社会发展中所起的作用越来越重要。掌握科学技术的精细化工工程师的地位也越来越高。但是由于精细化工工程师所从事的工作往往存在很大的不确定性和复杂性，这种不确定性和复杂性或许对他们的个人利益来说没有什么影响，但是对整个社会发展的影响往往是巨大的。这就决定了精细化工工程师在社会公众和自然环境两个方面肩负着重大的伦理责任。之所以精细化工工程师的行为对社会、自然界会产生比别的职业群体更大的影响，是因为他们掌握着专业知识并在工程进行过程中拥有相当大的权力，也正因为如此，他们需要承担更多的伦理责任，这就需要特殊的规范约束其行为。美国职业工程师协会把“将公众的安全、健康和福祉放在首位”这条工程师伦理准则作为基本准则，强调了服务和保护公众的首要任务，明确表述了工程师的道德责任。我国工程师职业伦理规定也明确指出，保证工程质量，维护工程安全是工程师的义务和责任。正如工程师斯蒂芬·安格所说，工程要致力于公共福利义务。因此，对于社会公众，工程师同样应承担一定的伦理责任。基于此，精细化工工程师的伦理准则可归纳为：

（1）以人为本。以人为本就是以人为主体，以人为前提，以人为目的，以人为动力。这是工程伦理观的核心，是精细化工工程师处理工程活动最基本的伦理原则。它体现了工程师对人类根本利益的关心，对社会的关爱。以人为本的工程伦理准则意味着精细化工工程师的工作要致力于提高人类生活水平，改善人们的生活质量。

（2）关爱生命。关爱生命要求精细化工工程师要尊重人的生命权，始终将人的生命、健康摆在首要位置。不从事危害人生命健康的工艺的设计、开发。这是精细化工工程师最基本的道德要求，也是所有工程伦理的根本要求。

（3）安全可靠。对工艺流程高度负责，充分考虑工艺过程和产品的安全性能等。在工艺流程设计和生产过程中以对待人生命的态度去对待产品，必须做到安全可靠，对人无害。

（4）关爱自然。美国学者维西林曾提出，工程师与其他职业不一样，直接涉及环境保护，无论什么工程，工程师均对环境负有特殊的责任。精细化工工程师在生产活动中要注重生态伦理原则，尽可能不从事和开发破坏生态环境或对生态环境有害的工程，精细化工工程师要做到在生产中保护，在保护中生产。在生产活动中要注意保护生态环境，建立人与自然的和谐关系，实现生态的可持续发展。

（5）公平正义。公平正义原则要求精细化工工程师的伦理行为要有利于他人和社会，在面对利益冲突时要按照道德原则采取行动。公平正义原则还要求精细化工工程师不把从事相关活动视为名誉、声望的敲门砖，在精细化工工艺设计和产品生产过程中尊重并保障每个人的个人合法权益，在生产过程中处处树立维护他人权利的意识，对不能避免的或者已经造成的损害应给予相应的补偿。

参考案例：四川宜宾恒达科技有限公司“7・12”重大爆炸着火事故

2018 年 7 月 12 日 18 时 42 分，四川宜宾恒达科技有限公司发生重大爆炸着火事故，如图 3.8 所示。事故造成 19 人死亡、12 人受伤，直接经济损失约 4142 万元。

图 3.8　四川宜宾恒达科技有限公司燃爆事故

事后调查认定事故发生的原因为：四川宜宾恒达科技有限公司操作人员在生产咪草烟（一种咪唑啉酮类除草剂）的过程中，将无包装标识的氯酸钠当作 2-氨基-2,3-二甲基丁酰胺（以下简称丁酰胺）补充投入反应釜中进行脱水操作，引发爆炸着火。而燃爆事故发生的间接原因有：四川宜宾恒达科技有限公司违法建设，非法生产，未严格落实企业安全生产主体责任。另外，该企业安全管理人员、操作人员的素质能力明显无法满足安全生产要求，应该对管理人员和操作人员在上岗前进行全员安全培训和安全教育。江安县工业园区管委会和江安县委县政府坚持“发展绝不能以牺牲安全为代价”的红线意识不强，没有始终绷紧安全生产这根弦，没有坚持把安全生产摆在首要位置，对安全生产工作重视不够，属地监管责任落实不力；负有安全生产监管、建设项目管理、易制爆危化品监管和招商引资职能的相关部门未认真履行职责，审批把关不严，监督检查不到位。

综上所述，这起事故可以看作精细化工生产中安全伦理方面的一个典型案例。充分暴露了宜宾恒达科技有限公司管理人员的不专业和操作人员的疏忽大意，是由于伦理道德观念不足引发的行为后果，政府部门和该公司应主动承担起安全伦理责任。其他企业应该从这起事故中充分吸取教训，企业生产一定要正规化、合理化，加强工作人员的安全素质教育，加强防火检查、巡查，落实火灾隐患整改，把火灾隐患降到最低。

参考案例：莱茵河污染事件

1986 年 11 月 1 日，地处瑞士巴塞尔附近的桑多兹（Sandoz）化学公司的一个化学品存放仓库发生火灾，装有1250 t左右剧毒农药的钢罐爆炸，导致硫、磷、汞等毒物随着大量灭火用水被排入莱茵河，有毒物质构成了70 km长的污染带。污染带流经河段的鱼类死亡，沿河自来水厂全部关闭。近海口的荷兰将所有与莱茵河相通的河闸全部关闭。这次事故带来的污染使莱茵河的生态受到了严重破坏。

桑多兹公司事后承认，共有1246 t各种化学品被冲入莱茵河，其中包括824 t杀虫剂、71 t除草剂、39 t除菌剂、4 t溶剂和12 t有机汞等。第二天，化工厂用塑料塞堵住了下水道。但是8天后，塑料塞在水的压力下脱落，几十吨有毒物质又流入莱茵河，造成了二次污染。

1996年11月21日，德国巴登市的苯胺和苏打化学公司冷却系统故障，又使2 t农药流入莱茵河，使河水含毒量超标准200倍。这次污染使莱茵河的生态受到了严重破坏，这次事故给莱茵河沿岸的国家带来的直接经济损失高达6000万美元。

莱茵河污染事件造成160 km范围内的多数鱼类死亡，莱茵河的生态系统遭到严重破坏，480 km范围内的井水受到污染，不能饮用，沿河所有自来水厂全部关闭。由于莱茵河在德国境内长达865 km，是德国最重要的河流，因而德国遭受损失最大，几十年来德国为治理莱茵河投入的210亿美元付诸东流。

事故发生后，莱茵河沿岸的国家迅速建立流域多国间高效合作机制，树立一体化系统生态修复理念，注重工程和非工程措施的结合，做到源头控制、分散治理。注重维护、恢复河流的自然特性，且更注重其生态恢复，从而为各种生物提供了生存环境。同时建立了完善的监测预警体系，从瑞士到荷兰共设立了57个水质监测站，通过最先进的方法对莱茵河的水质进行监测，同时每个监测站还设有报警系统，能及时对突发性的污染事件进行预警。最后建立流域信息互通平台，注重各国间的密切合作与协调。当发现污染物时，在瑞士、法国、德国和荷兰设置的7个警报中心能够及时沟通，迅速确认污染物来源，并发布警报。经过莱茵河流域各国的不懈努力，莱茵河的污染治理工作已取得成功。2002年底的调查显示，莱茵河的生物多样性已经恢复到第二次世界大战前的水平。莱茵河水污染治理成为全世界环境保护的典范。

当工程生产过程涉及伦理问题时，需综合多方意见，逐步建立起与工程伦理准则相关的制度规定，从多个角度分析问题，在不损害公众利益的前提下制定出一个理想的解决方案。

3.4　新材料化工的伦理问题

引导案例：塑料污染

塑料污染对全球海洋生态系统的危害越来越受到人们的重视，塑料对觅食的海洋动物构成了极大的威胁（图3.9）。从微小的珊瑚到庞大的鲸鱼，已知有700多种海洋物种曾因吞食塑料或被塑料纠缠而死。目前，海洋中有致命危险的塑料多达51万亿片。

鲸鱼是最常被塑料碎片杀死的物种。记录在案的第一批被塑料杀死的鲸鱼之一是 1989 年法国的一条抹香鲸，该抹香鲸摄入了 30 m 长的塑料布。2002 年在法国，仅 800 g 塑料袋便杀死了一头小须鲸。2008 年，马来西亚的一头布莱德鲸鱼被一条尼龙绳、一个塑料袋和一个瓶盖杀死。2011 年，在波多黎各发现一头喙鲸的胃中装有 17 kg 塑料。2018 年 11 月，一头抹香鲸在印度尼西亚吃了 155 个杯子、4 个塑料瓶、25 个一次性袋子和 2 只拖鞋后死亡。2018 年，在西班牙海岸发现了一头幼小的抹香鲸，其肠道中装有 30 kg 塑料。2019 年 3 月，在菲律宾水域发现一头喙鲸呕吐血液，不久后死亡，尸检时发现其胃部堆积了将近 40 kg 大米袋、薯片小袋和渔具球，从而导致胃酸堆积，使鲸鱼的胃壁溶解并在内部流血致死。

图 3.9　海洋塑料污染

与人类不同的是，野生动物没有分辨“易消化”材料中的塑料的能力。简而言之，如果它看起来、闻起来或者尝起来像食物，那么就会认为它是食物。例如，塑料可以释放出闻起来像食物的化学物质，从而触发如凤尾鱼等物种找到它；吃水母的物种，如海洋翻车鱼和海龟，将塑料袋和气球丝带误认为是水母；塑料微珠类似于鱼卵，经常被水母和食卵鱼吃掉；飞翔时在海面掠过的海鸟（如信天翁）无法区分漂浮食物和垃圾；狩猎海鸟将小块的悬浮塑料（如打火机）误认为是小猎物，红色、粉红色和棕色的塑料碎片被误认为是虾。参差不齐的塑料被动物误食后可能会卡在它们的喉咙中，导致窒息而死。塑料会积聚在动物的胃中，使它们感到饱胀，阻止它们进食并导致饥饿。被塑料纠缠的海洋哺乳动物和爬行动物可能无法浮出水面。此外，微塑料表面容易与其他不同类型污染物发生结合作用，如多氯联苯、多溴联苯醚、有机氯农药、多环芳烃、石油烃、双酚 A 等，还会吸附一些重金属如铅、锌、铜、铬、镉等，当微塑料颗粒与其他污染物通过吸附或其他表面反应作用结合到一起时，会成为其他污染物进入生物组织和器官的载体，届时微塑料与化学污染物会对生物机体产生复合毒性效应。

随着材料技术的发展和进步，许多新材料产品为人类的生活带来了便利，促进了人类社会的发展，改善了人们的物质生活水平，因此人们开始对新材料技术的前景充满了期待，科技界和企业界更是将其看作是能够引领未来产业革命的核心技术。但与此同时，这些新材料产品的生产、使用和废弃物给人类健康、生态环境、社会安全带来的担忧与顾虑与日俱增，人们担心其潜在的对环境、人体健康和社会的有害影响最终是否会超过其带给人类社会的效益。

因此，开展新材料化工伦理问题探讨具有重要的理论和现实意义：不但有利于我们深入了解新材料化工科技在发展过程中面临的伦理学问题，在新材料科技产品大规模产业化之前，提出解决预案，避免影响产业化进程的向前推动，同时可使公众了解新材料科技可能面临的伦理学问题，避免造成误解。本节将对新材料化工技术的发展及其潜在的伦理问题进行简要的分析，以期对新材料化工技术的健康和持续发展提供借鉴。

3.4.1　化工新材料概述

1. 化工新材料的概念

新材料是科技进步的基石，是国民经济各行业，特别是战略性新兴产业发展的重要基础。不论是航空航天、国防尖端技术领域的发展，节能减排国策的贯彻实施，还是人们日常生活中各种新型仪器设备的不断问世，都离不开新材料的开发和应用。化工新材料涉及有机氟、有机硅、节能、环保、电子化学品、油墨等多个新材料领域，是指具有传统化工材料不具备的优异性能或某种特殊功能的新型化工材料。新材料与传统材料之间并没有截然的分界线，新材料可在传统材料基础上发展而成。

2. 化工新材料的类型

与传统材料一样，新材料可以从结构组成、功能和应用领域等多种不同角度对其进行分类，不同的分类之间往往相互交叉和嵌套。一般来说，化工新材料主要包括功能高分子材料、特种工程塑料、有机硅材料、有机氟材料、高性能纤维及复合材料、纳米材料、特种橡胶、聚氨酯、高性能聚烯烃、新型涂料及特种涂料、特种胶黏剂、特种助剂等。

从物质结构看，化学合成的化工新材料主要指有机材料，也包括少量的无机材料（主要是无机非金属的纳米粉体和纤维材料）。

从产品的工业类别看，化工新材料包括三类产品：①新领域的高端化工材料；②传统化工材料的高端品种；③通过二次加工生产的化工新材料（如高端涂料、高端胶黏剂、功能性膜材料等）。

1）功能高分子材料

功能高分子材料可分成以下五个大类：合成纤维、合成橡胶、塑料、油漆涂料、高分子黏合剂。与之相对应，人们为了满足某些特殊需要，希望一些高分子材料能在某些条件和环境下表现出非常规的物理或化学特性，从而精心设计出特殊性质的高分子材料，被称为功能高分子材料。功能高分子材料根据性质和功能划分，可以分为六种类型：反应型高分子材料、光敏型高分子材料、电活性高分子材料、膜型高分子材料、吸附型高分子材料和其他类型高分子材料。

2）特种工程塑料

通用工程塑料是指聚碳酸酯（PC）、聚甲醛（POM）、聚酰胺（PA）、聚苯醚（PPE）、热塑性聚酯（PET/PBT）。特种工程塑料又称高性能工程塑料，是现代先进材料之一，它具有质量轻、强度高、耐热、耐磨、耐辐射、耐疲劳、耐燃、耐老化、尺寸稳定性好、介电性优良、耐化学介质等优良特性，在机械、汽车、电子、电器和航空航天等工业上可以代替某些金属作为结构材料，且它的某些特性和用途是一般金属材料所不能比拟和替代的。

3）有机硅材料

有机硅材料包含硅油、硅树脂、硅橡胶和硅烷偶联剂等含硅的精细化工产品。有机硅产品能耐高温、具有优良的电性能、阻燃性、耐候性、耐臭氧及生理惰性等，并且无毒无味，形态多样，已广泛应用于日常生活和各工业部门。

4）有机氟材料

有机氟材料是指含有氟元素的碳氢化合物。有机氟材料属于一类特殊材料，具有卓越的耐化学性和热稳定性，还具有优良的介电性、不燃性和不粘性，摩擦系数极小，为许多其他合成材料所不及，广泛用于军工、电子、电器、机械、化工、纺织等各个领域。从其性能和用途来分，有机氟材料可分为氟氯烷及代用品、氟树脂、氟橡胶、氟涂料四大类。

5）高性能纤维及复合材料

高性能纤维具有普通纤维没有的特殊性能，是一种优质的工程材料，具有强度高、耐高温、密度小、耐腐蚀、加工简便的特性。

高性能复合材料是由强度高、模量高的纤维、树脂、金属、陶瓷等基体材料复合而成，已从试用进入实用化阶段。目前，树脂基复合材料是技术较成熟、应用最广的复合材料，如碳纤维增强环氧树脂基复合材料，质量轻、强度高、易加工，广泛应用于航空、航天及交通、环保、文体等方面。

6）纳米材料

纳米级结构材料简称为纳米材料，其结构单元的尺寸为 1～100 nm。纳米材料大致可分为纳米粉末、纳米纤维、纳米膜、纳米块体等四类。其中纳米粉末开发时间最长、技术最为成熟，是生产其他三类产品的基础。不同的纳米材料各具独特效应，如界面效应、量子尺寸效应及宏观量子隧道效应等，进而导致在声、光、电磁、热、化学、力等作用下，呈现独特的物理和化学性质。近年来，它在化工生产领域（催化、高分子材料改性、化学纤维、涂料、电池等）也得到了一定的应用，并显示出它的独特魅力，具有十分广阔的应用前景。

3. 化工新材料的特点

新材料作为高新技术的基础和先导，应用范围极其广泛，它与信息技术、生物技术并称 21 世纪最重要和最具发展潜力的三大新兴领域。与传统化工材料相比，化工新材料具有以下特点：

（1）性能优异。新材料的性能发展趋势是性能和功能快速增加，质量和性能得到惊人的改进。例如，在建材里特别重要的是强度与密度性能，碳纤维就是一种既非常轻，又非常坚韧的新材料，它的比强度远远超过各种钢、铝及合金材料。

（2）技术壁垒高。化工新材料的技术壁垒普遍较高。

（3）产品附加值高。化工新材料产品的附加值普遍较高，相关企业的盈利能力强。

（4）行业景气周期长。目前，国内新材料的研究水平与国外发达国家相比，仍然存在差距，导致产能存在一定的缺口。一般来说，技术难度越大，产能缺口越大，对国外的依赖度就越高，如有机硅行业。技术的差距导致行业发展壁垒高、产能扩张进程较慢，因此行业景气周期比一般的行业要长得多。

4. 化工新材料的应用和发展趋势

1）生物及医学

生物材料学是一门涉及生物材料的组成、结构、性能与制备相互关系的学科，其目的主要是在分析天然生物材料微组装、生物功能及形成机理的基础上，发展新型医用材料、仿生高性能工程材料，以用于人体组织器官的修复与替代。与其他材料相比，生物材料几乎都属于复合材料，因此体现出一定的“杂化优势”，即生物材料能够在一定程度上调节自身的物理和力学性质，以适应周围环境，且具有自适应和自愈合的能力。在过去的 30 多年，生物材料学得到了飞速的发展，各种生物材料不断出现，研究范围日益广泛，成果斐然，生物材料学已形成了自己特定的研究对象、研究方法和学科体系。其中经生物过程天然形成的材料，如结构蛋白（胶原纤维、蚕丝等）、生物矿物（骨、牙、贝壳等）和复合纤维，通过处理和化学修饰后，形成新的改性高分子材料，目前其制品在食品工业、化工工业、医疗卫生等方面正在被广泛地研究和应用。

2）生态与环境产业

20 世纪 90 年代初，在材料、环境与化学之间诞生了一门新兴的交叉学科——环境材料。其主要目的在于研究材料与环境的相互作用，定量评价材料对环境的影响，研究如何改善材料对环境的副作用，开发环境协调性的新材料及绿色产品。有关环境材料的主要种类及产品，见表 3.6。

表 3.6　环境材料的主要种类及产品

环境材料	分类	有关产品
环境相容材料	纯天然材料	木材、竹材、石材
	仿生物材料	人工骨、人工关节、人工脏器
	绿色包装材料	绿色包装容器
	生态建材	无毒装饰材料、绿色涂料
环境降解材料		生物降解塑料、可降解无机盐陶瓷材料
环境工程材料	环境修复材料	治理大气污染的吸附、吸收和催化转化材料
	环境净化材料	过滤、分离、杀菌、消毒材料
	环境替代材料	替代氟利昂的制冷剂材料 工业和民用的无磷化学材料 用木、竹替代环境负荷大的结构材料

目前，关于环境材料的发展趋势已基本被大家认可：①材料的环境性能将成为 21 世纪新材料的一个基本性能；②到 21 世纪，评价材料产业的资源和能源消耗、“三废”排放等将成为一项常规的评价；③结合资源保护、资源综合利用，对不可再生资源的替代和再生资源化研究将成为材料产业的一大热门；④各种环境材料及绿色产品的开发将成为材料产业发展的一个主导方向。

3）新能源材料

近年来新能源材料的发展热点很多，其中氢能、太阳能电池、燃料电池和各种新型绿色电池受到了广泛重视。氢能的利用关键是氢的生产技术和高密度、高安全性的存储和运输技术，利用储氢材料关键在于研究开发高性能、低成本的储氢材料和大型的储氢装置。太阳能电池的发展趋势是高效和低成本，薄膜电池是一个重要发展方向，利用选择性吸收涂层和光谱转换涂层来提高太阳能电池的转换效率也是一个发展方向。镍-氢电池的核心也是储氢材料。目前通过采用更高性能的储氢合金，改进工艺和设计，使正极和负极的性能不断提高，在电池的容量上取得了突破性的进展。在锂离子电池方面目前特别要重视的是提高安全性、降低成本和提高性能。锂离子动力电池也是研究开发的热点，采用非自由流动的电解质和正负极与电解质的复合结构，安全性好，质量轻，循环寿命长，成本低，很有发展前景。燃料电池的发展主要有两个方向：用于发电的熔融碳酸盐燃料电池（MCFC）和固体氧化物燃料电池（SOFC）；用于汽车动力的质子交换膜型燃料电池（PEMFC）。材料是这些燃料电池发展中的一个关键，如固体氧化物燃料电池（SOFC）用的固体电解质薄膜和电池阴极材料，质子交换膜型燃料电池用的有机质子交换膜等。这些都是目前的研究热点。

4）纳米材料

纳米材料的用途很广，其中在化学工业中的应用包括：化妆品、橡胶、涂料、黏合剂和密封胶、催化剂、塑料、纺织工业、陶瓷工业等。

在化妆品中，纳米 ZnO、TiO_2 等一批无机粉体的防晒剂备受青睐，因为它们无毒、无味，本身为白色，可以简单地加以着色，价格便宜，吸收紫外线能力强，对 UVA（长波 320～400 nm）和 UVB（中波 280～320 nm）均有屏蔽作用，因而得到广泛使用。

纳米 ZnO 是制造高速耐磨橡胶制品的原料，如飞机轮胎、高级轿车用的子午线胎等，具有防老化、抗摩擦着火、使用寿命长、用量小等优点。纳米 Al_2O_3 粒子加入橡胶中可提高橡胶的介电性和耐磨性。纳米 SiO_2 可以作为抗紫外线辐射、抗红外线反射、高介电绝缘橡胶的填料。添加纳米 SiO_2 的橡胶，其弹性、耐磨性都会明显优于白炭黑作填料的橡胶。

在各类涂料中添加纳米 SiO_2 可使其抗老化性能、催干性、光洁度及强度显著提高，涂料的质量和档次自然升级。添加纳米 TiO_2，可以制造出杀菌、防污、除臭、自洁的抗菌防污涂料，广泛应用于医院和家庭内墙涂饰。添加纳米 SiO_2、TiO_2 可以制造出防紫外线涂料，应用于需要屏蔽紫外线的场所，如涂覆在遮阳伞的布料上，制成防紫外线阳伞；制造出吸波隐身涂料，可用于隐形飞机、隐形军舰等国防工业领域及其他需要屏蔽电磁波的场所的涂覆。

将纳米 SiO_2 作为添加剂加入到黏合剂和密封胶中，使黏合剂的黏结效果和密封胶的密封性都大大提高。其作用机理是在纳米 SiO_2 的表面包覆一层有机材料，使其具有亲水性，将它添加到密封胶中很快形成一种硅石结构，即纳米 SiO_2 形成网络结构抑制胶体流动，固化速度加快，提高黏结效果，由于颗粒尺寸小，增加了胶的密封性。

在催化剂中，纳米 ZnO 由于尺寸小、比表面积大、表面的键态与颗粒内部的不同，表面原子配位不全等，导致表面的活性位置增多，形成了凸凹不平的原子台阶，加大了反应接触面积。

在塑料加工过程中添加纳米材料，如纳米 ZnO、纳米 $CaCO_3$，不仅可以增加塑料制品的致密性、提高使用强度，还可以提高塑料薄膜的透明度、防水性和抗老化性等性能。在聚丙烯树脂中添加纳米 SiO_2 制成的塑料制品，其强度和韧性明显提高，具有良好的低温冲击性能，且尺寸稳定、加工性能改善，有极好的表面光洁度，适合于制造汽车车身防护板、保险杠和设备仪表组件等，可代替尼龙改性聚苯醚和塑料合金等高级材料，从而降低汽车生产成本。

在纺织工业中，在合成纤维树脂中添加纳米 SiO_2、纳米 ZnO、纳米 SiO_2 复配粉体材料，经抽丝、织布，可制成杀菌、防霉、除臭和抗紫外线辐射的服装。

在陶瓷工业中，纳米 ZnO 可不经磨碎直接用于陶瓷行业，并使陶瓷制品的烧结温度降低 400～600℃，烧成品光亮如镜，减少了生产工序，降低了能耗。加有纳米 ZnO 的陶瓷制品具有抗菌、除臭和分解有机物的自洁作用，一些粘在表面上的物质，如油污、细菌在光的照射下，经纳米 ZnO 的催化作用，可以变成气体或者容易被擦掉的物质，大大提高了产品质量。

3.4.2 研发和生产过程中的伦理问题

1. 健康伦理问题

纳米材料作为最有发展前景的化工新材料，应用于电子业、运输业、生化武器制造等，小到纳米食品、高性能轮胎的制备、衣服的染色和除皱、化妆品的制备等，但到目前为止，纳米材料的安全性在世界范围内仍有争议，尚未定论。纳米材料有毒性，纳米颗粒结构微小，通过吸收或摄入可以轻易进入到有机体中，穿透细胞膜进入细胞中，引起类似环境超微颗粒所致的严重反应。就同一物质而言，纳米颗粒与微米颗粒相比较，纳米颗粒更容易导致炎症或肿瘤等毒性的发生[28]。纳米颗粒可以通过皮肤接触、呼吸系统、食用和注射，以及在生产、运输、使用、处理等过程中向人体进行释放，因此所有处理纳米物质的人员：研究人员和所有参与组装、运输、修理、回收和处置纳米技术产品的工人，其健康最容易受到威胁。

2007 年 1 月～2008 年 4 月，在同一家印刷厂的同一部门有 7 名年轻女性患病。她们患有相同的症状：呼吸急促、胸腔积液和心包积液等。于是地方疾病预防控制中心的流行病学家和朝阳医院的医生仔细调查了患者工作的工厂。工作场所约为 70 m^2，有一扇门和一台用于喷涂材料、加热和干燥木板的机器，没有窗户。该机器有三个雾化喷嘴和一个排气装置，但在疾病发生前五个月就破裂了。所用的糊料是聚丙烯酸酯的象牙白色软涂料混合物。8 名工人（7 名女性和 1 名男性）被分成两组，每组工作 8～12 h。工人用勺子将上述涂料（室温）带到机器的底部开口锅中，以 100～120 kPa 的压力自动将涂料喷涂到聚苯乙烯（PS）板（有机玻璃）上，然后就可以在印刷和装饰行业中使用。将 PS 板加热至 75～100℃并干燥，然后通过排气装置清除过程中产生的烟雾。通常每天共使用 6 kg 涂料。在患病前的 5 个月中，由于室外温度低，工作区的门保持关闭状态。工人都是工厂附近的农民，不了解工业卫生和所使用的材料可能具有的毒性。偶尔使用的唯一个人防护用品是棉纱布口罩。根据患者的描述，在空气喷涂过程中经常会产生一些絮凝物，导致其面部和手臂发痒。据估计，由于缺少窗户和关闭门，室内空气的流动非常缓慢。在 8 名工人中，有 7 名女性工人在那里工作了 5～13 个月，并且全部都有上述症状，唯一的男性工人就业了 3 个月，没有症状。通过气相色谱/质谱（GC/MS）分析患者使用的糊状材料和在局部通风中积累的灰尘颗粒为聚丙烯酸酯。它包含以下组分：丁酸、丁酯、*N*-丁醚、乙酸、甲苯、二叔丁基过氧化物、1-丁醇、乙酸乙烯基酯、异丙醇和环氧乙烷。电子显微镜观察发现糊料和粉尘颗粒为直径约 30 nm 的纳米颗粒。通过将这些病例与在动物实验中观察到的纳米材料的毒性进行比较，推断出患者可能遭受了与纳米颗粒（直径 30 nm）有关的损害[29]。

聚丙烯酸酯在建筑、印刷和装饰领域广泛用作黏合剂，通常被认为是低毒的。为了使该材料更坚固、更耐磨，可以将无机纳米粒子改性，使其表面从亲水性变为亲有机性，然后可以直接添加到有机树脂中制成有机和无机杂化体。这些无机物包括硅纳米颗粒、氧化锌、二氧化钛、纳米级银团簇和其他工程纳米材料。一系列含硅聚丙烯酸酯纳米颗粒也已经被成功地合成和广泛使用。然而，长期接触某些纳米颗粒而没有采取保护措施，可能会严重损害人体肺部，并且无法去除已经穿透细胞并滞留在肺上皮细胞的细胞质和核质中或聚集在红细胞膜周围的纳米颗粒，严重损害暴露在其中的工人身体健康。

该案例引起了人们对工人健康和安全的特别关注，因此有关纳米粒子的毒性研究、危害和风险的识别、工作场地的选择和风险控制、工人对风险的知情问题，以及工人健康的医学保障等成了工程伦理关注的话题。然而令人担忧的是，到目前为止，关于纳米材料对人类健康和安全可能产生的影响的研究很少。为了评估纳米颗粒的毒性并了解可能导致毒性的表面性质，需要在生态毒理学方面进行大量研究。在进行更深入的研究和针对纳米技术特点的更全面的法规出台之前，预防原则必须成为保护研究人员和工人健康和安全的所有行动的基础。

（1）在开发过程中，研究人员在使用尚未完全了解其特性的新材料时，必须意识到潜在的危险，实施严格的预防措施，以防止职业病的产生。

（2）科研机构必须及时将有关纳米粒子毒性的研究情况告诉公众尤其是相关职业人员。

（3）雇主必须以人为本，制定切实可行的安全防范措施，识别、控制和消除危险，为其设施配备安全设备、工具，制定安全工作方法，并确保工人遵守适当的安全措施。

（4）工人必须采取必要措施保护自己和同事的健康、安全，并帮助识别和消除工作场所的风险。

（5）政府必须确保现有的规范和条例得到维护。

意外和不良后果的风险取决于纳米颗粒的毒性程度和接触纳米颗粒的程度，这表明了制定特殊的健康和工作安全标准的重要性。2005 年，弗吉尼亚州的 Luna 创新公司实施了一个名为 NanoSAFE 的具有借鉴意义的指导方针[30]，以期将纳米技术的不良影响降到最低：

（1）定期监测工人健康状况，以便快速发现职业活动的潜在有害影响。

（2）实施检查工作场所安全的机制（特别是通过安装传感器测量纳米颗粒的存在和速率，以及基本的安全措施，如戴长手套或袖子，以充分覆盖手腕，避免接触皮肤）。

（3）进行毒理学研究。

（4）对可能的环境影响进行研究。

（5）确保工作场所和产品的战略管理，尤其是为了防止纳米颗粒排放到环境中。

2. 环境伦理问题

随着科学技术和工业的发展，人类对化工新材料的应用提出了质量轻、功能多、价格低等要求。与此同时，人类已掌握了丰富的知识和技能，能人为制造出一些自然界不存在的材料（如特种陶瓷、各种高分子材料），来满足社会各种各样的要求。然而，这些材料在人工合成的过程中，都或多或少地带来了环境的污染与破坏。

例如，高分子材料在合成过程中，有些聚合物采用了对环境有污染和对人体健康有害的有毒单体，如氯乙烯、丙烯酸酯类等单体。在加工过程中，某些配合剂的添加也会引起环境污染，如作为稳定剂用于聚氯乙烯中的镉系、铅系等重金属化合物毒性很大。用于软质聚氯乙烯塑料及某些涂料中的增塑剂在加工过程中会以微粒形式飞溅到空气中。

随着世界争相用清洁能源替代化石燃料，清洁能源的开发和使用越来越受到关注。比如锂，一种反应性碱金属，可以为手机、平板电脑、笔记本电脑和电动汽车提供动力。锂离子电池是全球实现清洁能源的重要组成部分，然而提取锂电池成分带来的环境影响可能成为一个主要问题。

据国外媒体报道，2016 年 5 月，数百名抗议者将从玻利维亚的阿塔卡玛高原内陆水域中打捞的死鱼扔上当地街头。当地锂矿的有毒化学品泄漏对生态系统造成了严重破坏。工人们在盐碱地地表钻孔，在富含大量镁和钾的盐水中寻找锂元素含量较高的地方。自 21 世纪以来，世界上大部分的锂都是通过这种方式提取的，而不是使用矿砂资源。一些目击者称河流上漂着大量死鱼，还看到牲畜死于饮用受污染的水，尸体向下游漂浮。随着当地采矿业活动的急剧增加，环境在不断恶化。

在南美洲，最大的问题是水。该大陆的锂矿分布三角区覆盖了阿根廷、玻利维亚及智利的部分地区。在当地的厚厚盐层下，拥有世界上超过一半的锂金属矿藏。这里也是地球上最干燥的地方之一。若要提取锂，矿工首先需要在盐滩上钻一个洞，并将富含矿物质的盐水泵出地表，然后矿场会让这种矿物质水蒸发几个月，首先制成锰、钾、硼砂和锂盐的混合物，然后将其过滤并放入另一个蒸发池中，依此循环往复。经过 12～18 个月的过滤之后，就可以从这种混合物中提取出碳酸锂——一种白色的“黄金”。这种方法相对便宜和有效，但在整个过程中要使用大量的水，平均提取每吨锂大约需要 190 万升水。在智利的阿塔卡马省，采矿活动消耗了该地区 65%的水，这对当地农民的生产活动产生了巨大的影响。

即便在水资源丰富的地区也情况堪忧。锂矿的有毒化学品极有可能从蒸发池泄漏到供水系统中。这些有毒化学品包括用于将锂元素加工成可出售形式的盐酸，以及在每个阶段从盐水中过滤掉的那些废物。在阿根廷的姆尔托盐沼，锂工业污染了地下水、溪流和农作物。

因此，研究人员需要开发新的电池技术，使用更普通、更环保的材料制造电池，代替锂和钴。当务之急应该是开发一个全新过程，从而能够在整个生命周期内安全地使用锂离子电池，并确保不会从地表提取过多的锂元素，或者不让旧电池中的化学物质对环境造成损害。

3.4.3　产品使用及后续处理中的伦理问题

1. 健康伦理问题

随着纳米技术的发展，纳米产品的数量越来越多，有些已经作为消费品在市场上销售：某些化妆品（粉底液、唇膏、防晒霜、抗皱霜等）、保健品（维生素补充剂、减肥产品等）、清洁和保养品（气雾剂或非气雾剂），还有少量的食品（奶昔粉、油等）。目前，由于缺乏关于这些产品对动物、环境和人类的影响的研究结果，无法确定这些产品是否有害。各种面霜中使用的纳米颗粒是否会导致长期的健康问题，是否会在体内产生有害反应，现在要回答这些问题还为时过早，然而由纳米颗粒组成的许多化妆品已经在市场上销售。

除了化妆品，建筑装修材料也与人们的生活密切相关。随着生活水平的不断提高，人们也在不断地改善和装饰自己的居住环境。然而，房屋建筑、装修时使用的一些化学材料中含有大量的有毒有害物质。其中，聚氨酯涂料是常见的一种涂料，其性能优良、品种繁多、应用广泛，可用于飞机、船舶、车辆涂装，木材、家具、皮革的表面涂料，建筑物涂料，防腐涂料等。由于它可以在常温、低温固化，因此施工方便；并且可用很多树脂改性，具有良好的弹性、耐候性和装饰性，因此发展前景非常好。双组分聚氨酯涂料一般是由异氰酸酯预聚物（也称低分子氨基甲酸酯聚合物）和含羟基树脂两部分组成，通常称为固化剂组分和主剂组分，由于双组分聚氨酯涂料含游离异氰酸酯，特别是甲苯二异氰酸酯（TDI），是一种有毒物质，蒸气浓度高时会刺激眼睛，吸入后会严重刺激鼻子和喉咙，可能产生胸闷，进而引发哮喘，甚至支气管痉挛，液态 TDI 也可对皮肤、眼睛产生严重刺激，摄入有低毒性更能刺激肠胃，会给环境和人类身体健康带来危害。因此，我国涂料业一直在寻找物理化学方法减少聚氨酯涂料中的游离 TDI 含量，但效果不明显。在我国，一些小型的建筑和施工企业为了节省开支，通常选购便宜的聚氨酯涂料，其 TDI 含量远远超过规定标准，加上施工安全标准不达标，因此因聚氨酯涂料施工而中毒的案例非常多。

例如，2011 年 6 月 13 日上午，新疆一建筑工地内 4 人在地下室涂刷聚氨酯防水涂料时，气体中毒，全部瘫倒在地下室内，无法动弹。在我国，因聚氨酯涂料施工不当而中毒的案例屡见不鲜，此次案件的发生也再一次为我国聚氨酯涂料行业敲响了警钟。

针对聚氨酯涂料行业显现的种种问题，在这里提出了一些关于涂料行业的发展和安全使用涂料的建议：

（1）施工方面。工人须在使用任何涂料和工具前仔细阅读有关技术说明书，并遵守有关安全操作指示；在使用和处理涂料时必须穿戴防护工作服；在使用有毒有害涂料及辅料时必须小心，不要使其接触眼睛、口腔和其他身体裸露部分。如有接触应马上用大量清水洗涤，并请医生处理。在工作后，饮食前必须彻底清洗双手及面部，并随时清理溅在地面上的漆料及其他易燃品，施工完毕后应封闭油漆桶、清理工具和涂料。

（2）材料选择。选用无毒、不易燃的其他有机溶剂，研制不用溶剂稀释和不用底涂料的聚氨酯防水涂料，研制、选用非溶剂型底涂料。

（3）企业把关。在聚氨酯涂料产品包装上、在含 TDI 容器的显著位置上标明“含异氰酸酯”、“有毒”及施工的注意事项；引进国外成熟的减压薄膜蒸发游离 TDI 技术，减少聚氨酯涂料中的游离 TDI 含量；与相关科研单位加强协作攻关，争取在技术上尽快取得突破；加快研究开发或引进快速检测游离异氰酸酯含量的仪器和方法；开发精密聚合技术，使预聚物的相对分子质量达到最佳值，从根本上解决 TDI 单体过量引起的聚氨酯涂料中的游离 TDI 问题；积极开发水性脂肪族双组分聚氨酯涂料，使其在适应环境保护要求的同时解决游离 TDI 引发的毒性问题。同时政府也要加快相关标准和政策的制定、完善、落实与实施，为涂料行业的产品升级和结构调整、市场优胜劣汰的规范提供强有力的支撑。

2. 环境伦理问题

自地球起源以来，纳米颗粒就自然存在于环境中。除了自然存在的纳米颗粒外，还有伴随如家庭取暖、工业、焚烧运输等人类活动而释放出来的纳米颗粒。从进化的角度来看，这在很短的时间内对人类和环境造成了额外的负担，如雾霾、温室效应等。如今的一些纳米技术可能对环境产生许多积极影响，有助于可持续发展，但尽管如此，要确定由工程纳米颗粒的特殊物理和化学性质所构成的潜在危险和可能风险，还需要进行更详细的研究。

一般来说，纳米颗粒是通过气流扩散分布的，并且从源头经过很长的距离，然后聚集并沉积到树叶上、地面或水中等。在水中，纳米颗粒通常表现为胶体。虽然天然纳米颗粒已经存在于水中，但有时工程纳米颗粒会与天然纳米颗粒结合并随天然纳米颗粒一起移动而不沉淀。当纳米颗粒与土壤接触时，它与土壤中的固体颗粒结合在一起，或者停留很长时间，或者经过一段时间后降解，这取决于纳米颗粒的特性。通常，天然纳米颗粒具有随机的结构并在环境中扩散分布，而工程粒子大多是纯纳米材料，具有均匀的尺寸和优异的性能，如碳纳米管。纳米材料对环境影响的因素有很多，如浓度、有机或无机物的存在、pH 等。纳米材料本身就构成了新一代有毒化学物质。在许多纳米材料中，随着粒径的减小，自由基的产生增加，毒性也随之增大。初步研究表明，某些纳米材料会损害生物体的器官和组织。如果纳米粒子长时间停留在生态系统中，其毒性更大。

1）碳纳米管

碳纳米管（CNT）通常经过表面官能化处理，因此它们在水中的精细分布非常稳定，并且不会沉淀到底部。然而，这种表面变化促进了碳纳米管积累重金属的趋势，这可能影响其在水体甚至在生物系统中的运输。一项研究发现，两种类型的碳材料——C_{70} 富勒烯和多壁纳米管（MWNT）使水稻开花延迟至少 1 个月，并显著降低了水稻的产量（C_{70} 使结实率降低了 4.6%，MWNT 使结实率降低了 10.5%）。种子暴露在 C_{70} 富勒烯中仅 2 周，就能将这些遗传给下一代种子。暴露于碳纳米管会使小麦植株更容易吸收污染物。碳纳米管穿透了小麦植物根部的细胞壁，提供了一个“管道”，通过它污染物被输送到活细胞中。碳纳米管可能会降低水稻的产量，并使小麦更容易吸收污染物。另外，在碳纳米管生产的单独生命周期研究中，Khanna 等发现它们对全球变暖、臭氧层消耗、环境或人类毒性的潜在贡献可能比每单位质量铝、钢和聚丙烯等传统材料高出 100 倍[31]。

2）纳米二氧化钛

纳米二氧化钛（TiO_2）颗粒是研究最频繁的纳米材料之一。纳米 TiO_2 具有光催化作用，即在紫外线辐射下会产生可破坏微生物细胞膜的活性氧（ROS）。在实验室规模条件下模拟天然流水（所谓的水生微观世界）的研究表明，TiO_2 纳米颗粒和低浓度的、较大的、自然形成的团聚物都可以显著破坏微生物的细胞膜。微生物对纳米 TiO_2 非常敏感，然而纳米 TiO_2 对生态系统功能的确切影响尚不清楚。初步研究结果表明，纳米 TiO_2 光催化作用不会破坏水生生物，如小型甲壳动物（在水生食物链中起重要作用的浮游动物）。然而，纳米颗粒可以附着在动物的甲壳质外骨骼上，阻碍蜕皮，而蜕皮是幼体生长所必需的[32]。

3）纳米银

来自银化合物的银离子或通过与水接触而从纳米银颗粒中产生的银离子对微生物（如细菌、真菌和藻类）具有剧毒作用。例如，当被纳米银污染的污水污泥散布在田地上时，土壤微生物会受到影响。低浓度的纳米银颗粒已经对鱼类和甲壳类动物产生了负面影响。在哺乳动物中，这种物质仅在非常高的浓度下才有毒。目前尚无关于植物的研究，但最近的论文显示由于细胞损伤，纳米银颗粒对草苗的生长有影响。纳米银可能的主要进入途径是通过水，因为纳米银可以从特殊纺织品中洗出，或者源自化妆品和清洁剂中的一种成分。因此，来自不同科学领域的国际研究人员小组将废水中的纳米银确定为可能威胁生物多样性的 15 个令人关注的领域之一[33]。

纳米材料最可能进入环境的途径是污水和废物。包含纳米材料的废物可能会在原材料生产过程中、使用纳米材料制造产品的过程中及产品生命周期的末期产生。虽然当前的法律框架未包含处理含有纳米材料的废物的具体规定，但工程纳米颗粒有可能从废物释放到环境中。纳米银可通过各种途径进入废水，如在洗涤特殊纺织品时，通过化妆品或清洁剂。约有 90%的纳米银已从污水处理厂的废水中去除，然后剩下的在污水污泥中。如果将其作为纳米肥料传播到田间，则该纳米材料会进入环境，从而无法排除对土壤微生物的损害；此外，TiO_2 颗粒也可以从外墙涂料中冲洗掉并进入环境；发光二极管（LED）包含半导体材料砷、镓、磷及其化合物的纳米级涂层，使用后被丢弃在土壤中会污染农作物和地下水。因此，它们属于需要特殊处理或监测的废物类别。特别地，半导体材料砷化镓在没有大气氧和水的情况下，在材料的表面会形成非常薄的剧毒层，可能会在垃圾填埋场中造成环境破坏。

除了需要进一步研究纳米材料对生态环境的影响外，引入纳米技术的相关成本也必须得到审查，并且需要进行成本效益研究。例如，尽管采用 LED 技术实施新的道路照明系统需要大量的前端投资，但是到 2025 年，大规模使用 LED 可使城市照明成本降低 50%。这样的困境充分体现了生命周期、保护环境和考虑子孙后代需求等理念在伦理决策中的重要性。

3. 安全伦理问题

自 2001 年 9 月 11 日美国遭受恐怖袭击以来，安全和军事防御问题在世界许多地区日益突出。对政府来说，从军事和公共安全的角度来看，保护国家边界和保护公民生命已成为重大挑战。在这两个领域，纳米技术都具有广泛的潜在安全应用。然而，与其他基于纳米技术的发展一样，必须解决伦理问题，以确保正在开发的目标和安全应用不会对社会产生不良甚至有害的影响。

1）军事方面的安全伦理问题

纳米技术在军事上的广泛用途是世界各国推动纳米技术研究与开发的一个重要动力。纳米军事研究工作利用纳米材料特性和纳米生物技术的结合和融合，实现某些需求和目标[34]，包括：

（1）保护士兵，特别是设计高科技战斗服。这项研究的目的是结合纳米技术的潜在优势，制造出一种轻巧舒适的套装，其特点是：像变色龙一样改变颜色，融入周围环境，防止受到炮弹、化学和生物制剂的伤害，当需要时变得僵硬，以便在受伤时用作夹板，配备传感器以监测士兵的生命体征并根据需要注射药物，并配备远程即时通信系统和外骨骼，以帮助运输重物。士兵自己也可能装备视网膜植入物以获取电子信息，装备耳蜗植入物以接收信息或改善听力，装备神经或肌肉植入物以改善精神和身体的表现。

（2）依赖远程机器人化和通信代替军事人员或帮助他们完成危险或复杂的任务，尤其是在战场上。机器人的外形不一定像人，而是所有能够执行不同复杂程度功能的设备、系统或单元，无论是通过远程控制还是通过电子编程（如火星上使用的 Spirit 和 Opportunity 机器人）。根据具体情况，机器人可用于攻击或防御（如坦克和其他类似的战争机器），运输弹药或重型货物，收集信息，清除地雷或设置炸弹，探测化学、生物或核武器，进行空中监视（无人机）和电子监视。

（3）发展虚拟现实与人工智能，特别是为了训练武装部队，控制机器人部队，以及使用作战管理和战略规划系统来辅助决策或能够在没有人为干预的情况下做出决策。

（4）提高人员绩效。无论是身体上还是精神上，都要让士兵们更好地完成任务。这可能包括使用植入大脑的芯片创造一个大脑-人-机界面；通过视网膜植入物改善视觉和交流；修改人体的生物医学组成以弥补睡眠不足；将电极连接到感觉器官和神经、运动神经或肌肉，或大脑皮层等。

纳米技术在以上几个方面的应用还主要以防御为目的。从进攻主要是纳米技术在武器方面的应用来看，包括更具有穿透性、伪装性和精确定位功能的导弹；携带武器装备的大型或者小型机器人，包括生物技术的混合体。一方面，纳米技术将使弹药胶囊的释放更加安全，并更加准确地定位目标；另一方面，纳米技术将使对目标的监控更快、更灵敏和更具有选择性。

也就是说，军事研究可以是“双重”研究，因为军事研究可能产生的有害影响（如开发攻击或防御装置和各种致命装置）与由此产生的利益之间存在某种互惠关系。由于这类研究很大程度上依赖于大学研究实验室开发的基本和相对容易获得的知识，所以人们担心某些个人或团体可能会滥用这些知识。而纳米技术武器的毁灭性功能可能是一般的大规模杀伤性武器所不能比拟的。在这种情况下，什么样的机制能够更好地保护人类的生命，尤其是他们作为人的自主权和尊严的问题，是军事伦理学所面对的重要问题。此外，由于纳米技术的微型化趋势，特别是所谓“蚊子导弹”“苍蝇飞机”“间谍草”等的出现使这些武器的交易变得更隐蔽，恐怖组织获得这些武器的可能性也增加。一旦具有高杀伤力的纳米武器落入他们之手，其后果将不堪设想。

2）公民方面的安全伦理问题

（1）个人隐私安全问题。

随着纳米技术的迅速发展，新的传感器和监测技术正在成为可能。许多纳米技术，从光刻到分子电子学，正在帮助计算机设备变得更小更快。用于信号检测、太阳能收集和各种机械、电气和化学操作的设备正在微米级上小型化。纳米技术与信息和通信技术在发展越来越小和更有效的控制和监测工具方面的融合是伦理关注的主要方面。一方面，电子、信息和通信技术方面的纳米技术的发展及由此产生的最先进和潜在的廉价小型化应用，在监视和跟踪产品方面发挥重要作用；另一方面，网络监控、视频监控、音频监控、生物识别控制、非法物质检测，以及军队为侦察敌人而开发的许多其他技术，在维护平民安全方面起到了重要作用。纳米技术可以在没有检测的情况下穿透某些地方和设备，它可以检测并恢复人们本来有能力保密的信息。因此，纳米技术有可能成为警察镇压或监督的巨大引擎，但电子产品的小型化也给隐私和人权带来了新的危险。小相机可以被植入曾经不可思议的地方，电子窃听器可以在安静或非常嘈杂的地方监听，并以极低的电子发射量传输数据。现在植入这种装置的常规方法需要一个人将装置植入敌方位置。未来，随着纳米机器能够自行移动，植入更小的设备可能成为现实，加密的私人消息将更容易被未经授权的人解密。显然，如果这样的人是在法院搜查令下工作的执法人员，这是一个积极的发展；如果它是一个企业的竞争对手或黑客，它就是一个社会问题[35]。

（2）人身安全问题。

目前，高分子材料由于具有优良的性能而得到广泛的应用，但是在使用过程中也有许多不尽如人意之处。多数高分子材料具有燃烧性，遇火易燃，并释放大量烟雾和有毒气体，其扩散速度超过火焰蔓延速度。在火灾事故中，中毒死亡率大于燃烧死亡率。在飞机坠机事故中，约 80%的死者是死于机舱高分子材料燃烧时放出的烟和毒气。高分子材料燃烧时的分解产物为 CO、CO_2、HF、HCl、HBr、HCN、NO_2、SO_2、H_2S 等，其中水溶性产物对鼻腔有刺激作用，而非水溶性产物对动物有窒息作用，会渗入肺部，导致血液中毒[36]。

另外，在当前国家政策的支持下，新能源产业也得到了快速发展，但在锂离子电池的应用过程中也出现了许多安全事故。在锂离子电池的组成材料中，电解液对电池的安全性能有显著影响，电解液的成分包括有机溶剂、锂化合物与其他添加剂。其中常见的电解液溶剂包括环状碳酸酯和链状碳酸酯等，锂化合物主要有 $LiPF_6$、$LiClO_4$、$LiBF_4$ 等。在新能源汽车的应用过程中，锂离子电池的主要安全问题为热失控问题，在温度达到 70～120℃时，电池会发生鼓胀现象，当温度继续升高到 150～200℃时，则会出现燃烧和爆炸事故[37]。造成这一问题的原因在于电池进行充电和放电时，内部发生化学反应生成热量，如果此时不能有效散热，热量就会累积，使电池中的反应加速，最终导致热失控问题。造成这一安全问题的具体原因主要包括两方面：一方面是由于电池的材料与生产工艺问题，另一方面是由于电池的使用方法不当。针对该问题，需要通过改进电池材料、加强散热和监测保护技术提升电池运行的稳定性，此外还要对电池进行合理的保养和使用。

2016 年 8 月 2 日，三星 Note7 在美国纽约正式发布，并宣布 8 月 19 日正式发售。8 月 24 日，在韩国三星 Note7 首次发生爆炸，但官方称爆炸原因是夜间充电所致，是个别事件。直到 8 月底，越来越多的 Note7 发生爆炸，三星才宣布对产品质量进行额外测试，推迟 Note7 的出货时间。而 9 月 1 日国行版 Note7 仍然照常开售。9 月 2 日三星声明国行版 Note7 电池没有任何问题，同一时间，三星在首尔举行新闻发布会，对 Note7 存在的电池问题致歉，并宣布召回并更换包括美国韩国在内的十个国家的 Note7。9 月 18 日，国行版 Note7 首次出现爆炸，三星与其电池供应商表态怀疑是人为所致，但随后陆续发生多起国行版 Note7 爆炸事件令三星颜面尽失。直到 10 月 5 日，国外部分市场早些时候被召回并已更换的“安全版 Note7”再次发生爆炸，令全球消费者对三星完全失望。经调查，该爆炸事故的原因为电池的设计和制造存在问题。三星电子无线事业部总裁表示，为了追求创新与卓越的设计，他们对 Galaxy Note7 电池设置了规格和标准，而这种电池在设计与制造过程中存在的问题，他们未能在 Note7 发布之前发现和证实，对此感到非常痛心和抱歉。

三星手机频频发生质量问题，这一系列的事件给三星敲响了警钟。消费类产品，无论配置有多高，功能有多出色，质量稳定可靠才是最重要的。如果忽视产品的质量，势必会威胁到消费者的财产和人身安全。经分析，该问题的主要原因有以下几点：①技术不过关，在手机大量投入生产前，应该有专业的检验机构对手机性能、安全、质量严格把关；②企业伦理的缺失，企业管理者道德意识淡薄，忽略道德在企业管理中的作用；③外部环境和监管力度不够。

我们可以从该事件中得到以下几点教训：①诚信守法是企业最基本的伦理。企业要想健康发展、生产优质产品、清洁生产、保护环境减少污染、承担社会的责任，就要减少利润，但能提高企业的社会信誉，争得企业的发展空间，可以为企业赢得更多的消费者，如果企业只追求利润而不考虑企业伦理与应承担的社会责任，则企业的经营活动越来越被社会所不容，必定会被时代所淘汰。②加强企业的责任意识。维护市场秩序、保护消费者合法权益和生命安全，推进经济发展，是企业社会责任中至关重要的方面。企业作为社会的成员，其行为也处于社会的监督之下。③加强社会监督。督促企业自觉遵守伦理与履行社会责任。对企业的监督应是一个全方位的监督，可以从法律监督、环境监督和自我监督三个方面考虑。

3.4.4 新材料化工工程师的伦理准则

现代科学技术的研究多受雇于政府、企业、学校等机构，科学已不是单纯为了探索自然的奥秘，而是为了满足社会经济发展的需要，为其雇主、资金的提供者或赞助者服务。科技人员在进行科技活动的同时受到利益组织的控制，研究目的和行为时刻在社会各阶层的关注下，受制于社会普通伦理道德标准。作为科技活动的第一线工作者，其伦理责任不仅仅是个人的道德行为和价值观念，而关系到整个社会的发展前途。科技工作者的伦理责任是在参加科技活动中所履行的恪守道德伦理规则的责任。作为材料工程活动的重要参与者，新材料化工工程师应该严守道德规范，在追求个人利益与雇主利益的同时，维护好公众利益。具体表现在以下几个方面：

（1）应该遵守科学活动本有的道德规范。美国科学家莫顿（Morton）曾在“为科学而科学”的道德价值观中指出科学家应当遵守的普遍性、公有性、合理的怀疑性和无私性这四个基本原则。从事材料工程相关工作的科学家与工程师们应当在相关的研究开发活动中以这四项基本原则为指导，发扬科学精神，使材料科学、材料工程的发展造福于人类、自然和社会。麦金（McGinn）认为科学家和工程师的基本道德责任使他们不能伤害他们的同事、老板、客户及产品。具体来说：①如果工作中的科技活动可能会对公众有伤害或风险，则应停止；②如果工作中遇到别的科技活动者或受管理层等人的控制而做出会对公众有伤害或风险的科技活动，应及时阻拦；③提醒其他科技工作者在科技活动中所涉及的危险；④尽最大努力满足雇主或客户的合法权益。

（2）应该客观评价科学活动的社会后果。新材料化工工程师不仅要有坚持实事求是、求真务实的科学精神和态度，还要对某项即将诞生的科研成果所带来的社会后果进行充分评估。不论是材料应用给人们带来的巨大福利，还是给人类社会、生态环境带来的安全隐患，都应该从专业角度向公众做出全面、客观的介绍，使公众比较全面和客观地了解新材料技术和新材料产品。由于科技风险的不确定性和不可避免性，新材料化工工程师必须以人类的幸福，科技的“向善”作为研究的根本出发点，尽可能考虑其成果会对人类健康和生态环境造成的消极影响。处于材料的生产和销售环节的职业人员，作为材料本身及其应用所具有的安全隐患的知情者，也要对自身的行为负责，保障社会公众的利益。例如，材料生产商要在选取原材料、生产材料产品时保证其质量合格；销售人员对销售的产品要进行客观全面的介绍，包括其优缺点和可能存在的安全隐患等，让消费者自主选择。

（3）新材料化工工程师要忠于自己的职业操守。材料的研发与应用需要大量的人力、财力、物力的支持，这也就决定了从事材料研发与应用的新材料化工工程师在材料工程活动中的双重身份。一方面，新材料化工工程师要忠于自己的职业道德、伦理守则，要把社会公众的福祉和利益放在首位；另一方面，作为企业的一分子，新材料化工工程师所进行的探索活动必然受制于其所服务的组织或机构，他们要忠于雇主，维护雇主的利益。这就使得材料的研发活动带有一定的功利性。新材料化工工程师在从事材料工程活动的过程中，是选择忠于自己的职业操守、保障社会公众的利益，还是选择放弃社会责任、只顾企业的利益，进而保护自己的经济利益，将对人类社会、自然环境及整个生态系统产生重要影响。

参考案例：美国“杜邦特氟龙事件”

作为 20 世纪最重要的化工产品，氟化有机物（fluorinated organic compounds）在工业生产和生活消费领域有广泛的应用。全氟辛烷磺酸（perfluorooctane sulfonate，PFOS）和全氟辛酸（perfluorooctane acid，PFOA，美国“杜邦特氟龙事件”中被指控的对象）等全氟有机物是目前氟化有机物中应用范围最广、使用数量最多的代表性化合物，如被广泛用于纺织品、皮革制品、家具和地毯等表面防污处理剂；作为中间体用于生产涂料、泡沫灭火剂、地板上光剂、农药和灭白蚁药剂；用于微电子零配件生产中的光刻胶和部件清洗。此外，还被广泛用于合成洗涤剂、义齿洗涤剂、洗发香波、纸张表面处理和器皿生产过程（包括与人们生活接触密切的纸制食品包装材料及不粘锅涂层等）。

PFOS 和 PFOA 原本是美国 3M 公司的产品，其生产和使用时间已近 60 年。3M 公司主要生产 PFOS 及其系列产品，将 PFOA 生产技术转让给美国杜邦公司。2000 年 5 月，美国 3M 公司突然宣布：考虑到 PFOS 在环境中的难分解性和对生态系统造成污染的可能性，作为企业自律行为与美国国家环保局（EPA）开展合作，即使公司每年失去 3.2 亿美元的商业利润，也要从 2001 年 1 月起停止生产含 PFOS 的全部系列产品，到 2004 年则完全停止销售和使用 PFOS 系列产品。而另一主要 PFOA 生产应用商杜邦公司则继续坚持生产和使用这类产品，并且在 1981 年 6 月～2001 年 3 月，多次拒绝向美国国家环保局提交关于含 PFOA 的产品、特别是不粘锅“特氟龙”材料对人体健康和环境有实质威胁的报告和信息。2004 年 7 月，美国国家环保局以杜邦公司在“特氟龙”制造过程中所释放出的主要成分 PFOA 违反《资源修复法》和《有毒物质控制法》、造成公共水域和居民饮用水水源污染、并且长期隐瞒公司环境污染和毒性研究结果为由，对其提出正式司法指控，开出了 3 亿美元（这是美国历史上最高的一项环保罚金）的罚单。2004 年 9 月，杜邦公司迫于压力承诺将减少 99% PFOA 的排放量，并且承诺向其他厂商广泛地提供减排技术。2005 年 3 月，杜邦公司支付了至少 1.76 亿美元的和解金；此外，还支付 2.35 亿美元用于监控当地受 PFOA 影响的居民健康状况的卫生计划。同时，如果今后科学研究证明 PFOA 对人体健康有害，受 PFOA 影响的当地居民还有进一步提出诉讼的权力。

“杜邦特氟龙事件”在国际社会掀起了轩然大波，引起了有关国家在污染控制、环境保护、人体健康和公众知情权等社会问题方面的关注，并为国际社会监控 PFOA 及其对环境污染和健康危害问题提供了司法借鉴基础。随着环境科学界对其认识的深入，社会公众环境意识的提高，特别是相关科学研究和监测数据的积累，PFOS 和 PFOA 对生态环境和人体健康的副作用日渐被国际社会所重视。目前，一些发达国家和非政府组织已将 PFOS 和 PFOA 等全氟有机化合物对环境及人体健康可能造成的危害作为热点问题加以关注，并进行环境监测和人体健康安全性评价的研究。

本 章 小 结

本章分别从石油化工、生物化工、精细化工、新材料化工四个学科入手，深入分析化学工程本身的特点，构建了集化学工程与安全、公众、工程生产及后续处理于一体的伦理框架，为环境伦理、生态伦理等的构建提供理论基础。

第一节主要阐述了石油化工行业的类型和特点，介绍了我国石油化工的发展历程，同时肯定了石油化工在国民经济乃至世界经济体系中对能源、农业等方面发挥的巨大的促进作用。发展的过程中必然带来风险，为了更好地实现石油化工的安全运行，研究了石油化工领域的伦理问题，对生产操作中的隐患进行分析，以达到对工程项目的客观公正评估。我国石油化工领域的伦理建设已经贯穿法律法规、企业管理、公众评价等各个方面，但是还需要随着行业的发展继续向深度研究。石油化工工程师在石油化工行业中扮演着重要的角色，在科学系统的管理、积极有效地应对突发事件、新技术研发等方面引导着本行业安全平稳运行。

第二节主要介绍了生物化工的相关知识，从生物化工与安全、公众两个角度结合具体的案例讨论并分析了生物化工中存在的伦理问题，总结了生物化工工程师的伦理准则。旨在让公众对生物化工有一个清晰的认识，了解在生物化工中存在哪些伦理问题，以便对今后的生物化工发展历程提供可借鉴的帮助。

第三节主要介绍了精细化工相关的基础知识、精细化工行业生产及后续使用中存在的伦理问题，旨在让读者对精细化工行业有一个更清晰的认识。精细化工行业无疑使人们的生活更加便利，但是如果企业生产操作不当或者消费者后续使用不当，会对生态环境和人体健康产生极大的威胁。因此，这就对精细化工工程师的工作提出了更加严格的要求，精细化工工程师要严格遵守伦理准则，秉承着对公众认真负责的态度保证行业稳定、健康地发展。

第四节主要探讨新材料技术引发的伦理问题，包括在材料研发及生产过程中的健康、环境伦理问题，在产品使用及后续处理中的健康、环境和安全伦理问题。针对这些负面影响，我们应该积极促进公民参与，提高政府监管能力，加强高科技企业社会伦理责任和加强科技工作者的道德伦理建设，利用道德约束和法律惩治的双重手段使新材料化工技术的消极影响最小化，促进其发挥积极影响，引导新材料技术“向善”发展，从而改善人们的生活，带来更多的经济利益。

思考与讨论

1. 我国石油化工的特点是什么？思考石油化工涉及的伦理准则有哪些。

2. 如果你是一名生物化工工程师，你参与研发的一款生物化工药品对人体健康有潜在的风险，但公司为了保障利益要求你对风险保密，你该怎么办？

3. 假如你毕业后进入了一家精细化工厂上班，在入厂工作前你需要做些什么准备以保证自己能安全顺利地完成工作任务？

4. 由于 PFOS 和 PFOA 等全氟有机物具有 POPs 物质的基本特性，一旦因其生产、流通、使用及废弃物的管理不善造成大范围、不可逆的环境污染危害时，其治理的难度可想而知。如果真如一些国际环境专家所预测，PFOS 和 PFOA 等全氟有机物在 5 年内将被列入黑名单，不仅可能对国内环境问题产生一系列的影响，还将影响国民经济的诸多领域和遭遇国际贸易中的技术壁垒等。请依据现有国际形势，对我国控制 PFOS 和 PFOA 等全氟有机物的环境污染和预防人体健康危害工作提出几点建议。

参 考 文 献

[1] 王明明, 方勇. 中国石油和化工产业结构[M]. 北京: 化学工业出版社, 2007.

[2] 黄时进. 新中国石油化学工业发展史（1949—2009）（上册）[M]. 上海: 华东理工大学出版社, 2012.

[3] Kletz T. 石油化工企业事故案例剖析[M]. 王力, 等译. 北京: 中国石化出版社, 2004.

[4] 蔡海东. 化工安全生产中存在的普遍问题及其对策研究[J]. 中国石油和化工标准与质量, 2014, 34(7): 38.

[5] 张辉. 浅析化工安全生产中存在的问题及对策建议[J]. 石化技术, 2015, 22(12): 267-268.

[6] 张晓熙. 国内外石油化工与危险化学品行业安全管理分析[J]. 当代石油石化, 2017, 25(4): 41-46.

[7] 李正风, 丛杭青, 王前, 等. 工程伦理[M]. 2 版. 北京: 清华大学出版社, 2019.

[8] 闫亮亮. 石油工程伦理学[M]. 北京: 中国石化出版社, 2019.

[9] 郁金国. 石油化工工业园项目规划环境影响评价[J]. 资源节约与环保, 2014, (5): 41-42.

[10] 赵书华, 娄梅. 企业伦理与社会责任[M]. 北京: 中国人民大学出版社, 2011.

[11] 杜宝贵. 论技术责任主体的缺失与重构[M]. 沈阳: 东北大学出版社, 2005.

[12] 荀万晓. 生物化工产业发展概述[J]. 河南化工, 2019, 36(11): 14-16.

[13] 文才艺, 吴元华, 田秀玲. 微生物源生物化学农药的研究与开发进展[J]. 农药, 2004, 43(10): 438-441.

[14] 孙家寿. 食品化工生物技术的现状与展望[J]. 现代化工, 1993, (10): 17-22.

[15] 安丰民. 浅谈生物化工发展现状及应用[J]. 数字化用户, 2013, 000(32): 53-54+114.

[16] 古毅强. 食品安全的影响因素与保障措施探讨[J]. 轻工标准与质量, 2020, 171(3): 60-61.

[17] 汪文忠. 食品安全的影响因素与保障措施[J]. 现代面粉工业, 2015, 29(5): 30-31.

[18] 钱旭红, 徐玉芳, 徐晓勇, 等. 精细化工概论[M]. 2 版. 北京: 化学工业出版社, 2000.

[19] 化工部作出精细化工产品分类的暂行规定[J]. 江苏化工, 1986, (2): 6.

[20] 钟秀华, 曲亚斌, 吕芬, 等. 化妆品中甲醇的检测方法探讨[J]. 华南预防医学, 2013, 39(2): 88-90.

[21] 王利民. 合成洗涤剂生产污染治理综述[J]. 中国洗涤用品工业, 2018, (6): 75-78.

[22] 陈新, 杨海真, 黄翔峰. 化妆品生产废水处理技术研究进展[J]. 环境科学与技术, 2010, 33(5): 103-108.

[23] Mckim J M, Arthur J W, Thorslund T W . Toxicity of a linear alkylate sulfonate detergent to larvae of four species of freshwater fish[J]. Bulletin of environmental contamination & toxicology, 1975, 14(1): 1-7.

[24] Dolan J M , Hendricks I C . The lethality of an intact and degraded LAS mixture to bluegill sunfish and a snail[J]. Water pollution control federation, 1976, 48(11): 2570-2577.

[25] 范凤申, 张忠祥, 孙孝然. 直链烷基苯磺酸钠(LAS)的可生物处理性及其对大型溞毒性的试验研究[J]. 环境科学, 1988, 9(6): 2-8.

[26] Wakabayashi M , Kiknuchi M , Kojima H , et al. Bioaccumulation profile of sodium linear alkylbenzene sulfonate and sodium alkyl sulfate in carp[J]. Chemosphere, 1978, 7(11): 917-924.

[27] 袁倩, 张悦. 烷基苯磺酸钠对水生动物的生物效应研究[J]. 城市环境与城市生态, 1999, 12(3): 11-13.

[28] 陈子薇, 马力. 纳米技术伦理问题与对策研究[J]. 科技管理研究, 2018, 38(24): 255-260.

[29] Song Y, Li X, Du X. Exposure to nanoparticles is related to pleural effusion, pulmonary fibrosis and granuloma[J]. European respiratory journal, 2009, 34(3): 559-567.

[30] Duquet D, Trottier E. Ethics and nanotechnology: a basis for action[M]. Québec: Commission de l'éthique de la science et de la technologie, 2006.

[31] Purohit R, Mittal A, Dalela S, et al. Social, environmental and ethical impacts of nanotechnology[J]. Materials today: proceedings, 2017, 4(4): 5461-5467.

[32] Battin T J, Kammer F V D, Weilhartner A, et al. Nanostructured TiO_2: transport behavior and effects on aquatic microbial communities under environmental conditions[J]. Environmental science & technology, 2009, 43(21): 8098-8104.

[33] Sutherland W J, Bardsley S, Bennun L, et al. Horizon scan of global conservation issues for 2011[J]. Trends in ecology & evolution, 2011, 26(1): 10-16.

[34] 王国豫, 龚超, 张灿. 纳米伦理: 研究现状, 问题与挑战[J]. 科学通报, 2011, 56(2): 96-107.

[35] Wolfson J R. Social and ethical issues in nanotechnology: lessons from biotechnology and other high technologies[J]. Biotechnology law report, 2003, 22(4): 376-396.

[36] 陈继永, 卢欣欣. 新能源汽车锂离子电池的安全问题分析与探索[J]. 时代农机, 2019, 46(11): 63-64.

[37] McGinn R. Ethical responsibilities of nanotechnology researchers: a short guide[J]. NanoEthics, 2010, 4(1): 1-12.

第 4 章　环境工程伦理

环境伦理学是关于人与自然关系的伦理信念、道德态度和行为规范的理论体系，是尊重自然的价值和权利的新的伦理学。环境工程是人为减少工业化生产对环境影响的工程手段，依托环境工程的伦理，保证人类的生存和社会的可持续发展。在环境工程活动中的伦理问题中，人类会面对环境工程中的利益与公正问题、风险与安全问题，以及相关环境工作人员的职业伦理规范问题。其中的关键是发展与环境保护之间的对立统一问题，这就要求环境工程从业者在其中取得平衡，最终在社会经济发展和人类可持续发展中起到十分重要的作用。

本章将重点讨论环境伦理的应用、现代工程中的环境伦理存在的问题、环境工程伦理问题的产生及环境工程师所面临的挑战与风险，通过案例分析和相关数据调研，为环境工程师在环境工程中基于道德准则和职业规范等做出符合各方利益和可持续发展要求的决定提供一定的参考。

4.1　环 境 伦 理

引导案例：墨西哥湾原油泄漏事件

墨西哥湾是全球著名的海洋油气富集区，是美国三大油气产区之一，为美国的油气产量及经济增长做出了突出贡献。2010 年 4 月 20 日晚，美国墨西哥湾“深水地平线”钻井平台在短短 10 s 内发生了两次大爆炸，随后升起一团熊熊燃烧的大火，并于 2010 年 4 月 22 日沉入墨西哥湾，该事故导致 11 人死亡，7 人重伤。两天后，位于海面下 1525 m 处的受损油井开始漏油。直至 7 月 15 日，新的控油装置成功罩住水下漏油点，漏油井被永久封堵，再无原油流入墨西哥湾，大约泄漏 320 万桶原油。

此次原油泄漏造成了巨大的经济损失和环境污染，美国潜水石油开采的损失约达 1.35 亿美元，数千人失业，墨西哥湾地区渔业、旅游业均受到直接打击，救灾花费约达 10 亿美元。泄漏的原油可以在短期内清理，但是墨西哥湾沿岸的生态环境恢复则需要数年。墨西哥湾原油泄漏事件已成为美国历史上最严重的生态灾难。大量泄漏的原油，加上后期海风和暖流加速了海面油污的扩散，使近 1500 km 长的湿地和海滩被毁，至少 2500 km^2 的海水被石油覆盖，成批海鸟被困在油污中而中毒死亡，对生物多样性有重要影响的冷水珊瑚礁大面积死亡，多种物种灭绝，严重破坏了墨西哥湾的生态平衡。

墨西哥湾原油泄漏事件只是众多环境公害案例中的一例，经济的发展给环境带来了不可逆的破坏。要解决全球性、普遍性的生态危机，必须首先从根源对人与自然的关系进行哲学的反思，重新审视人类在地球自然生态系统这个大的共同体中的存在方式，探索新的能与自然和谐共生的存在方式，以环境伦理为指导，建设资源节约型、环境友好型社会，构建生态文明。从人类文明的演进过程来看，有什么样的文明形态，就必然有与之相适应的伦理观念。反过来，伦理观念也能折射出相应的文明形态。以人类中心主义为核心价值观的工业文明陷入了生态困境，时代呼唤新的文明。环境伦理主要在价值理念、人的存在方式的层面思考人类文明，对解决生态问题有决定性意义，并将与生态哲学、生态经济学等一起开启人类又一个新时代——生态文明时代。

4.1.1 环境伦理学的产生与发展

环境伦理学是关于人与自然关系的伦理信念、道德态度和行为规范的理论体系，是尊重自然的价值和权利的新的伦理学。真正的环境伦理学主张拥有道德地位的存在物不只限于有意识的存在物，必须承认某些非人类存在物的道德地位。同时，环境伦理学还是一门革命性的新兴伦理学科。这种革命性表现在它对人类中心主义提出了挑战，以及对非人类存在物赋予内在价值，并把道德关怀的对象从人这一物种扩展到其他物种和整个生态系统。

1. 环境伦理思想的产生

环境伦理思想的形成与人类工业文明的进程紧密相关。西方早期的资源保护运动造就了今天的环境保护主义思想。19 世纪，美国经济高速发展，然而美国人对自然资源的漠视态度和掠夺式开发使森林大面积消失，野生动物迅速灭绝，由此引发了美国的资源保护运动。最早对资源无限论提出批评的人是马什（Marshe），他在 1864 年出版的《人与自然》中预言，人们若不改变把自然当作是一种消费品的观念，便会招致自己毁灭。此后，一批美国哲学家、文学家和博物学家开始对工业社会的人与自然关系进行了批判性反思。代表人物之一是梭罗（Thoreau）。超验主义者强调精神，强调个人的重要性，即相信自己，梭罗在理解人和自然的关系问题上超越了超验主义，并以全新的目光看待自然。梭罗用大量的时间在大自然中漫游并观察自然，把超验主义抽象的自然观发展成为一种自然意识。他坚信，文明人可以从荒野中找回文明社会失落的东西，可以从荒野中获得一种敬畏生命的谦卑态度，健全的社会需要在文明与荒野之间达成一种平衡[1]。

19 世纪，西方关于环境保护主义的运动仍是从人类自己的角度出发，他们所关注的重点仍是一部分人道德的沦丧，他们认为：对人类而言，人类对动物的残忍并没有侵犯动物的权利，而是这种残忍本身的错误。这种思想也只是一种仁慈主义思想，更多的仍是以人类为中心，缺少整体主义上的生态学意识和哲学上的严密思考，但是他们的思想仍然值得后辈学习和思考，虽然他们的出发点仍是人类本身，但是关于道德伦理起于人、服务于人的观点，他们突破性地迈出了第一步，从西方伦理学的角度来看，他们这种思想是环境伦理思想的开端，具有明显的革命主义色彩。19 世纪末，美国人关于资源管理和保护问题始终存在着功利主义资源管理与超越功利主义的资源保护两条不同的认识路线。平肖（Pinchot）是功利主义的代表人物，提出“科学管理，明智利用”的保护原则。缪尔（Muir）是非功利主义的代表人物，是侧重美学价值的自然保护主义者[2]。

2. 环境伦理学的形成

随着环境伦理思想的萌芽，19 世纪西方很多学者就如何正确认识和处理人与自然的关系进行了孜孜不倦的探索，环境伦理学就是在这一历史背景下逐渐形成的。法国人道主义思想家施韦泽（Schweitzer）和美国利奥波德（Leopold）提出的环境伦理思想为环境伦理学的产生奠定了思想基础。随着全球污染的加剧及生态学、哲学等多学科的发展，环境伦理学经过不同时期学者的探索，直到20世纪末期逐渐形成完整的环境伦理体系。

1）环境伦理学形成的历史背景

19世纪中期，激进的天赋权利论者和仁慈主义者还停留在只关心动物，研究者们仍未跳出人类中心主义的框架约束，直到伊文斯（Evans）首次提出完整的环境伦理学观点。1894年，伊文斯关于人类伦理学的研究成果第一次发表在《大众科学月刊》，在这篇文章中，他纠正了前人处理人与自然关系中的“人类中心主义预设”，就像哥白尼提出日心说，纠正了人类对天体的认识一样，对人类而言意义重大。这种思想在他的《进化论伦理学与动物心理学》一书中有更加详尽充分的体现和表述，他主张立足于动物心理学，以科学事实为依据，进一步讨论了人与动物的共性。伊文斯认为，除人类外的万事万物都拥有我们无法侵犯的内在权利。他的这一观点彻底超越了前人，他将权利与义务这一概念赋予了自然界的所有生命，甚至包括沙土、泥石等客观存在。

施韦泽在环境伦理方面对人类做出了不可忽视的贡献。1915年，在非洲行医期间，一个问题困扰他多年，伦理体系中最坚实的基础是什么？他给出的答案是“敬畏生命”。这是一种以所有生命都具有生存意志为基础的价值理论。施韦泽认为之前的所有伦理学的最大缺陷是仅处理人与人的关系，道德只涉及人与人的行为。他认为只涉及人与人的关系是不完整的伦理学，无法表现出伦理的充分功能，完整的伦理要求对所有生物行善。施韦泽将伦理的范围扩大到一切生命，要求人类对一切生命承担责任，这种以伦理的态度对待其他生物的态度与一般意义上主张保护动物的思想有根本性的差别，它要求人类立场发生根本性的转变。在施韦泽看来，敬畏生命的伦理原则在本质上与爱的伦理原则是一致的。由于“敬畏生命”的伦理学，人类与宇宙万物建立了一种精神层面的联系。我们由此体验到的内心生活给予我们一种精神的、伦理的文化意志及能力。施韦泽认为：善的本质是保护生命、促进生命，使生命实现最高程度的发展；恶的本质是损害或毁灭生命，阻碍生命的发展。敬畏生命的基本伦理思想是：一切生命都是神圣的，人必须像敬畏自己的生命那样敬畏所有的生命。他的伦理思想不是寻求某种外在的行为规范，而是一种内在的德性追求，本质上是一种精神信念。施韦泽的伦理思想开创了生物中心论的环境伦理学，并在以后的生物中心论伦理学中得到继承和发展。20世纪30年代，这种思想传到美国，受到这种环境伦理思想的影响，生态学家、伦理学家、哲学研究者等在内的一批激进主义者开始正视人与自然的关系，正视包括人在内的万事万物的权利与义务。1965年施韦泽去世时，环境主义运动正开始沿着他所预言的环境伦理学扩展的方向大刀阔斧地进行着。

利奥波德作为环境伦理的开创者之一，进一步完善了施韦泽的“生物中心主义”思想，他在环境伦理方面为人类所做出的贡献至今少有人能够超越。1935年，利奥波德阐述了大地伦理学的目的是要把人类的角色从大地共同体的征服者改造成大地共同体的普通成员与公民。这不仅暗含着对共同体中每一位成员的尊重，还暗含着对这个共同体本身的尊重。1949年，他在《沙乡年鉴》一书中表达了一种几乎是不朽的关于人和土地的生态及其伦理观，表明了他在环境伦理学上取得的主要成就。在《沙乡年鉴》中，他持续思索着人类与他们生存其上的大地之间的关系，试图重新唤起人对自然应有的爱与尊重。此外，它还传达出一种精神层面的内容：当伦理的界限从个体扩展到共同体后，每一件有助于保护生命共同体完整、稳定和美丽的事情都是正确的，反之不利于生命共同体发展的事情就是错误的。生命共同体本身的利益才是确定其构成部分相对价值的标准，这是裁定各部分之间相互冲突的要求的尺度。克里考特（Callicott）称利奥波德为现代环境伦理学之父或开路先锋，他认为利奥波德是将自然存在物及整体的大自然环境写进伦理学体系中的伦理学作家。从20世纪中期开始，人类逐渐发现了潜藏在富裕、快速发展生活中的危机——征服大自然带来的各种危害，因而利奥波德的《沙乡年鉴》逐渐被人们所重视。正如书中所言，初级的野外活动者似乎只懂得消耗基础资源为他们带来满足，而高级的野外活动者却能为自己创造满足，而且几乎不消耗那些基础资源，至少在某种意义上可以这么讲。在休闲的过程中，运输系统不断完善发达，但人的感知能力并没有获得与之对应的成长，这使野地的价值可能沦丧。在休闲娱乐的发展过程中，并不是为了建造通向野地的纵横交错的道路，而是要使人类获得对自然的心灵感受。《沙乡年鉴》中大地伦理思想被人们所认识和接受，标志着环境伦理的正式确立。环境伦理学建立的意义在于研究人类与自然环境系统互动关系的道德本质及其规律，探索人们对待自然环境系统的行为准则和规范，保护自然环境系统生态平衡，以达到使人类能在良好生态环境系统中生存和发展的目的[3]。

2）环境伦理学形成的经济背景

环境伦理学形成的经济背景是工业化带来的环境污染和生态破坏。环境问题开始于18世纪40年代的第一次工业革命。钢铁、化工等重工业项目的蓬勃发展促进了煤炭、石油行业的大规模开采，各种工业废气、废水及固废不加节制地排放，环境污染随之产生。随着石油、煤炭的燃烧，各种有毒有害气体如二氧化硫、二氧化氮、一氧化碳等在污染环境、破坏生态平衡的同时，也对人们的身体健康产生很大的安全隐患。英国作为最早实现工业革命的国家，其煤烟污染最为严重，水体污染也十分普遍。除英国外，在19世纪末期和20世纪初期，美国的工业中心城市如芝加哥、匹兹堡、圣路易斯和辛辛那提等，煤烟污染也相当严重。至于后来居上的德意志帝国，其环境污染也不落人后。德国工业区的上空长期被灰黄色的烟幕所笼罩，严重的煤烟使植物枯死、晾晒的衣服变黑，即使白昼也需要人工照明。并且，在空气中弥漫着有害烟雾的同时，德国工业区的河流也变成了污水沟，如德累斯顿附近的穆格利兹河，因玻璃制造厂所排放污水的污染而变成了“红河”，包括哈茨地区在内的另一条河流则因铅氧化物的污染毒死了所有的鱼类，饮用该河水的陆上动物也中毒死亡。在明治时期的日本，开采铜矿所排出的毒屑、毒水使田园荒芜、几十万人流离失所。

伴随环境污染同时发生的还有资源的匮乏，大自然被过度开采，造成了生态环境被进一步破坏，大自然对人类的各种惩罚接踵而至，瘟疫、沙尘暴、海啸等在18世纪造成了大量欧洲人员伤亡。到20世纪初，那些对污水特别敏感的鱼类在一些河流中几乎绝迹，如鲟鱼和鲑鱼。到20世纪中期，在主要的工业发达国家爆发了震惊世界的“八大公害事件”（表4.1），标志着环境问题达到了第一次高潮[4]。

随着第三次工业革命的快速发展，人类补偿性消费惯性和年轻一代及时行乐的心态极大地刺激了对物欲的追求，为社会生产发展提供了极大的内在需求动力，推动了经济社会的高速发展和进步。科学技术领域的进一步发展为应用技术的发展提供了基础，在相对被动的自然界和自然资源面前，人类的行为几乎达到了疯狂和忘乎所以的程度。整个人类活动对自然界产生的负面影响已经从整体上威胁到人类的发展。随着自然的过度开发及不合理的使用，

表 4.1　环境问题的第一次高潮（八大公害事件）

事件	时间/年	地点	对人的危害	原因
马斯河谷烟雾事件	1930	比利时	数千人患呼吸道疾病，一周内导致 60 多人死亡	工厂排放的以二氧化硫（SO_2）为主要污染物的废气造成空气污染
光化学烟雾事件	1940～1960	美国	1955 年，因呼吸系统衰竭死亡的 65 岁以上的老人达 400 多人，许多市民患红眼病	汽车尾气（CO、C_xH_y、NO_x）在紫外线作用下产生的光化学烟雾（O_3、醛、PAN 等）
多诺拉烟雾事件	1948	美国	小镇患病人数达 6000，症状为咽喉痛、咳嗽、头痛、呕吐等，20 人死亡	工厂排放高浓度的 SO_2 等有害气体及金属粉尘，严重污染了大气
伦敦烟雾事件	1952	英国	居民呼吸困难、眼睛刺痛、咳嗽、哮喘、头痛，约 4000 人死亡	冬季取暖和工厂燃煤排烟，形成的硫酸烟雾在逆温条件下久积不散
骨痛病事件	1955～1972	日本	截至 1968 年 5 月，神通川平原地区患病人数达 258 人，其中死亡 128 人。患者关节痛、全身骨痛难忍、骨骼软化萎缩、骨折	锌冶炼厂排放含镉（Cd）废水，污染神通川水体，鱼体内 Cd 含量增加；含 Cd 水浇灌农田，生长出含 Cd 稻米，导致人 Cd 中毒
水俣病事件	1956	日本	1956～1974 年，共有 100 名被认定的水俣病患者死亡，症状为精神失常、耳聋眼瞎、全身麻木、抽搐直至死亡，水俣镇受害居民约 1 万多人①	氮生产企业排放含汞废水，汞进入食物链转化为剧毒的甲基汞，使人中毒
四日市哮喘事件	1961	日本	哮喘等呼吸道疾病患者有 6376 人①	工厂每年排放粉尘、SO_2 总量达 130000 t，烟雾中含铝、锰等金属粉尘
米糠油事件	1968	日本	患者眼皮发肿、全身起红疹、肌肉疼痛、肝功能下降甚至肝坏死。到 1977 年，死亡 30 多人，到 1978 年，正式确认的患者有 1684 名	生产食用油过程中管理不善，有机毒物多氯联苯（PCBs）混入米糠油，导致人 PCBs 中毒

①为 1972 年日本环境厅统计数据。

自然对人类的“报复”越演越烈，各种环境污染问题由地方性的小范围污染逐渐扩大为区域性的环境问题。在工业文明下，人们把自然当作可以任意摆布的机器、可以无穷无尽索取的原料库和无限容纳工业废弃物的垃圾箱。这些做法违背了自然规律，超出了自然界能够承受的上限。当人们为了满足自己不断增长的欲望而对自然进行掠夺式开发和破坏性利用时，自然界则以自身的自然性和破坏性，向人类施行了严厉的报复——由局部的生态问题扩大至全球性的生态失衡和生态危机。在 20 世纪末期，又爆发了一系列影响更大、范围更广、经济损失巨大、生态破坏严重的环境问题（表 4.2）。环境问题的第二次高潮使环境污染由局部逐渐走向大众，一跃成为事关整个人类发展和生死存亡的全球性问题。人类和自然环境之间这种日益紧张的关系，像以往一样依靠科学技术的力量、利用机械和物质的方法去解决已经不现实。人们对环境问题的重视由蒙昧走向觉醒。

表 4.2　环境问题的第二次高潮

事件	时间/年	地点	危害	原因
“阿摩科·卡迪兹”号油轮泄油	1978	法国	藻类、海鸟灭绝，工农业、旅游业损失大	油轮触礁，220000 t 原油入海
三里岛核电站泄漏	1979	美国	直接损失 10 亿多美元	核电站反应堆失水

续表

事件	时间/年	地点	危害	原因
墨西哥液化气爆炸	1984	墨西哥	1000 多人死亡，4000 多人受伤	液化气供应中心站储气罐爆炸
博帕尔毒气泄漏	1984	印度	2.5 万人直接死亡，55 万人间接死亡，20 多万人永久残废	约 45 t 异氰酸甲酯泄漏
威尔士饮用水污染	1985	英国	200 万居民的饮用水被污染，44 人中毒	化工公司排酚入河
切尔诺贝利核事故	1986	乌克兰	31 人直接死亡，9 万余人由于放射性物质远期影响而毙命	4 号反应堆爆炸
莱茵河污染	1986	瑞士	污染带流经河段的鱼类死亡，沿河自来水厂关闭	化学公司仓库起火，大量硫、磷、汞等有毒物质入河
莫农格希拉河污染	1988	美国	100 万居民的生活受到严重影响	石油公司油罐爆炸，大量原油入河
“埃克森·瓦尔迪兹”号油轮漏油	1989	美国	海域严重污染	800 多万加仑原油泄漏

参考案例：博帕尔毒气事件

1984 年 12 月 3 日凌晨，约 45 t 致命的化学蒸气在印度的博帕尔泄漏。这些化学品来自美国联合碳化物公司所属的一家农药厂。工厂原有一个泄漏报警系统，但被厂长关闭了。1 h 内，致命的气体就覆盖了整座城市。这起事故造成 2.5 万人直接死亡，55 万人间接死亡，20 多万人永久残废。幸存者所生的孩子也受到了毒物的影响，博帕尔的许多孩子出生时身体畸形，无法像健康孩子一样成长。

3）环境伦理学形成的社会背景

从 20 世纪 50 年代到 90 年代，各种环境问题的出现如地表损毁、资源枯竭、生物多样性缺失、公害事故频发等，引发了人对环境关系问题的思考，使人类在环境保护方面取得了不菲的成就。环境伦理学的确立过程可分为三个阶段：第一阶段是受到环境污染直接或间接影响的人类及各种民间环保组织呼吁保护环境的自发运动。正如上述事例，人类与自然的矛盾越演越烈，人类中心主义的思想并不能解决暴露出的环境问题，同时越来越多的环境问题引发了人类更多关于环境伦理学方面的思考。第二阶段是各国政府为环保制定的各种全球性或区域性法律法规，如《国际捕鲸公约》、《国际植物保护公约》、《保护大西洋金枪鱼国际公约》等，同时还有各种保护区的建立，如很多国家的国家森林公园都是这一时期建立的。第三阶段是环境伦理学的形成[5]。

20 世纪 70 年代，亨特（Hunter）创建了“绿色和平”环保组织，该组织采用和平的形式引起公众在道德伦理上的思考，“绿色和平”宣称：人与环境最重要的关系不是人与人的关系，而是人与地球的关系，人类也并非自然的中心，更不是所有生命体的主宰者，万事万物都有其存在的权利，整个地球都是“我们”身体的一部分，我们要像尊重自己那样尊重环境、尊重自然。华特生（Watson）分别在 1977 年和 1979 年成立了“地球之力”和“海洋守护者协会”，这两个组织的观念是：从道德和伦理的角度来看，暴力行为是不对的，但是仅依靠非暴力行为的呼吁和呐喊是乏力的，难以实现整个环境伦理学的变革。他所遵循的理念是自然法则高于一切，生物存在必有其意义，不应被法律所否定。

1984 年，以斯普林特纳克（Springnack）为代表的绿党筹备会在圣保罗市举行，这次会议标志着美国的绿色政治运动拉开了序幕。斯普林特纳克的代表理论是深层生态学，作为一种激进的环境主义，深层生态学理论体系从一开始就以反人类中心主义世界观的姿态出现，而且态度十分鲜明。奈斯（Naess）指出：“‘深层’强调了我们追问‘为什么’、‘怎样才能’这类别人不过问的问题。例如，我们为何把经济增长和高消费看得如此重要？通常的回答是指出没有经济增长会产生的经济后果，但是从深层生态学的观点来看，我们对当今社会能否满足如爱、安全和接近自然的权利这样一些人类的基本需求提出疑问，在提出疑问时，我们也就对社会的基本职能提出了质疑。”所以，奈斯说：“我用‘生态哲学’一词来指一种关于生态和谐或平衡的哲学。它强调不仅仅从人出发，而应该从整个生态系统（生物圈）的角度，从人与自然有机体的关系出发，把人与自然看作是统一的整体，来认识、处理和解决生态问题[6]。”

利奥波德在《大地伦理学》中写道，道德是对行动自由的自我限制，这种自我限制源于这一认识：“个人是一个由相互依赖的部分组成的共同体的一名成员”。因而，大地伦理学要把人类的角色从大地共同体的征服者改造成大地共同体的普通成员与公民。这不仅暗含着对共同体中每一位成员的尊重，还暗含着对这个共同体本身的尊重。隐藏在这一论断后面的是利奥波德的这样一种认识：尽管从某种意义上讲，人只是“生物队伍”中的一个普通成员，但从另一种意义上讲，他们所拥有的影响自然环境的巨大技术能力又使他们与其他成员迥然不同。随着人所掌握的技术力量越来越强大，人类文明也越来越需要用大地伦理来加以约束。大地伦理的目的就是帮助大地在技术化了的现代人的控制下求得生存。因为只有当我们把大地看作一个我们属于它的共同体时，我们才会带着热爱和尊重使用它。

随着环境伦理学的进一步发展，罗尔斯顿于 1988 年出版了《环境伦理学：大自然的价值以及人对自然的义务》一书，该书通过伦理拓展将人类的道德范畴扩展至自然生态系统，结合马克思主义辩证唯物观，将伦理学思想整合，论证了自然与人类道德、自然与文化之间的辩证关系，批判了西方现代资本主义和“现代性”价值观。1990 年，罗尔斯顿创建“国际环境伦理学会”并出任第一任会长。罗尔斯顿继承与发展了利奥波德的“大地伦理学”理论，他把道德权利扩展到整个自然界。他主张把价值深入到无人的荒野中，而不只是以人的需要和感受为依据，这种观点突破了传统的以人为立脚点的价值论，并且系统地论证了自然物所具有的内在客观价值，并在“自然价值”的基础上形成了他的环境伦理理论——自然价值论[7]。随着环境危机的加剧，人类的环保理念终于正式形成。20 世纪 90 年代中后期，各种全球环境运动层出不穷以及受到后现代主义思潮的影响，环境伦理学的思想逐渐完善，直到罗尔斯顿的自然价值论的提出，标志着环境伦理学的正式形成。

3. 环境伦理学的发展

20 世纪 80 年代，在环境伦理学的发展中还兴起了两个学派，分别是生态女性主义和社会生态学。法国的女性主义者奥波尼（Eaubonne）在 1974 年提出生态女性主义思想，这一思想直到 90 年代初才被人们重视，她表达的观点是：社会对自然的控制与支配和对女性的控制与支配有着必然的联系，二者来自于男性的偏见。女性对自然的态度更多的是一种关爱，因此应该赋予女性更多的权利，让她们来矫正男性的偏见，进而才有解决环境问题的前提。布克金（Bookchin）作为社会生态学的创始人，在 1980 年的《自由生态学：等级制的出现与消解》一书中，表达了对社会制度改革进而达到环保目的的思想，他认为人类的社会制度导致了人类对环境采取了征服和主宰奴役的态度，如果要从根本上解决环境问题，应该实行地方分权式的整治模式，保证基层民众有效的民主参与，并据此改造政党组织。社会生态学与环境保护运动关系密切，也称为政治生态学或绿色政治。20 世纪 90 年代，环境伦理学的理论体系构建日益多样化和系统化，表现出多学派发展和不同思想碰撞的趋势，其间具有代表性的学者和著作见表 4.3。

表 4.3　20 世纪末环境伦理学的发展

人物/组织	时间/年	成果	意义
泰勒	1986	《尊重自然》	标志着生物中心论伦理学的成熟与系统化
罗尔斯顿	1986	《哲学走向荒野》	进一步创新和完整生态中心论伦理学
诺顿	1988	《为何要保存自然的多样性》	当代人类中心主义新代表思想
环保组织	1989	《地球伦理季刊》	作为大众化刊物在国际上宣传可持续发展
罗尔斯顿	1990	国际环境伦理学会	极大地推动了环境伦理学的发展

正如施韦泽所言，敬畏生命。所谓伦理，除了自身，仍要敬畏自身以外的生命意志。和其他生命一样，人类也是地球生物共同体的成员。施韦泽虽然阐述了生物中心主义中环境伦理的主要内容和实践意义，但缺乏使人们接受这一理论的充分证明。20 世纪 90 年代，泰勒（Taylor）进一步完善了施韦泽的生物中心主义环境伦理观，泰勒不满足于施韦泽提出的对待自然的道德态度，他进一步提出了相应的环境伦理规范，从而使生物平等主义得到可具体操作的行为规范，他认为在生物中心主义的理论基础上，我们应该将敬畏自然作为自己的行为准则。

这一时期的环境伦理思想表现出两个特点：第一，随着思想的进步，人们开始反思和重新审视环境伦理学，为环境伦理学的发展寻找新的方向和灵感。富尔茨（Fultz）的《栖息于地球——海德格尔、环境伦理学与形而上学》、帕尔默（Palmer）的《环境伦理学过程思想》等都表现出人们拓宽环境伦理思想的探索。第二，环境伦理学逐渐成为全球的共同意识。环境问题的根本性决定了它的全球性。因此，实现不同国家和地区的环境伦理资源共享、构建全球视野下的环境伦理学是全世界环境学家的期盼和努力的方向。席尔瓦（Silva）的《佛教的环境哲学与环境伦理学》表现出人们努力对全球环境伦理学做出的尝试。

4.1.2　西方环境伦理学的主要流派

西方环境伦理学研究的一个主流方向是用传统的规范伦理学理论为研究环境问题提供思想基础，并尝试在此基础上提出新的理论思路和方案。经此方式，传统的规范伦理学理论也在新的问题域中焕发了生机。第二次世界大战后，随着应用伦理学在西方兴起，环境伦理学作为其重要分支也日益繁盛。自第一次工业革命后，环境伦理学作为伦理学科的一个分支开始蓬勃发展。这种繁荣和兴盛的主要原因是自工业革命以来人类在发展过程中所遭遇的环境危机。针对环境危机，人们用不同的方式给予整个环境问题在伦理学和哲学上的解答。由于人们的思想观念和认知程度受历史、哲学、社会意识形态、经济发展和科学技术的影响，环境伦理学在不同时期具有不同的核心内容[8]（图 4.1）。

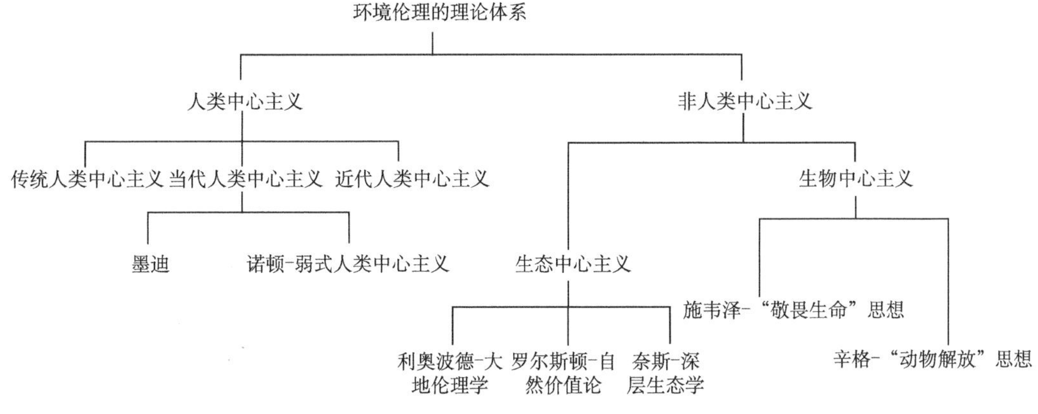

图 4.1　环境伦理的理论体系

1. 人类中心主义思想

西方国家早期受到人类中心主义思想的影响，他们认为人是自然界的主宰，伦理原则也只能适用于人类，人类利益才是人类行为的基本中心，人类的权利高于自然法则，自然界及其他的非人类生命只是服务于人的工具。因此，早期的人类中心主义思想可以分为三个阶段：传统人类中心主义思想、近代人类中心主义思想和当代人类中心主义思想。

1）传统人类中心主义思想

传统人类中心主义要追溯到柏拉图（Plato）的“理念论”及苏格拉底（Socrates）的“神创论”。神学的人类中心主义成为西方宗教信奉的理念，这一观点认为人是高于自然、高于一切的，将人类从整个自然界独立出来，人对自然界的统治是绝对的、无条件的。直到哥白尼提出“日心说”，不但改变了那个时代人类对宇宙的认识，而且从根本动摇了欧洲中世纪宗教神学的理论基础，从此自然科学开始从神学中解放出来。

2）近代人类中心主义思想

近代人类中心主义思想的代表是笛卡儿（Descartes）的“二元论”，在笛卡儿时代，如果说一切都是依照自然规律来运动，会面临一些宗教上的问题。人的思想和行为是不是也像行星运行轨道一样在自然规律下运动？笛卡儿为了既保证人的自由意志又保持自然发展规律，提出了二元论，把人的肉体和灵魂进行切割。在他看来，人类是凌驾于万事万物之上的存在，因为人类具有不朽的灵魂，而其他生命只有躯体，能够代表这一思想的观点是“我思故我在”。这种思想是将自然环境看作人类的工具，忽视了自然环境对人类发展的基础作用，必然导致人类对自然的肆意破坏，坚持相似观点的还有德国哲学家康德（Kant），他认为只有具有理性的生命才具有内在的价值，才应该受到道德的关注，在他看来，除人类外的动物不具有语言表达的能力，因此属于非理性生命，所以人类对包括自然界的其他生命具有统治地位。

3）当代人类中心主义思想

当代人类中心主义思想主要体现在美国哲学家诺顿（Norton）的观点中，诺顿坚持“弱式人类中心主义理论”，他认为当代人类中心主义必须坚持在理性分析的基础上，坚持环境主义者联盟，大自然具有改变及转化人类价值观和世界观的作用。同时弱式人类中心主义思想又为批判开发自然的价值提供了必要的基础：首先，它为环境伦理学家拓宽了一个世界观的领域，提供了一个人类行为要与自然界和谐相处的理念；其次，弱式人类中心主义思想将价值赋予在人类的体验上，这为价值观念的形成提供了基础，但这种思想并没有将对环境和伦理学的思考拓宽到非生命体系，即整个自然有机整体，所以这种“泛理性”的思想否认了人与自然相互依存、相互制约的关系，否认了自然界的内在价值，否认了自然界对人类发展的基础作用，忽略了整个自然有机体之间的内在联系。

2. 非人类中心主义思想

20 世纪 60 年代后，由于工业革命的影响，全球经济高速发展，但同时工业化进程的快速进行使环境破坏同样加剧，全球生态问题越来越严重，人们开始逐渐意识到环境的重要性，地球生态系统是人类文明的基石，日照、细菌真菌、气候、海洋、陆地等整个自然界的生态系统与人类的存亡和发展息息相关，因此人类的关注点从之前人类中心主义思想开始逐渐转向关注自己的生存环境，从人类自身存亡的角度认识自然界的存在价值逐渐成为全球的共识。因此，人类对人与自然关系的思考促进了非人类中心主义思想的形成，这一时期的非人类中心主义思想的代表是生物中心主义思想和生态中心主义思想。

1）生物中心主义思想

（1）施韦泽的“敬畏生命”思想。生物中心主义思想的代表观点是施韦泽的“敬畏生命”。该伦理观念认为人类应该尊重包括人类在内的一切生命的权利。正是由于人类对其他生命的尊重，才能将人与自然的关系升华为一种有教养的精神关系，才能赋予不同生命存在的意义。施韦泽认为：只有将人类与自然界的其他生命之间的道德关系写进伦理学的范畴，才是符合人类价值观的伦理学，因为只有它才具有使人在自己的行动中放弃利己主义利益的力量，并且在任何情况下都能促使人把实现个人精神和道德的完善作为人类文明的根本目标。但该思想过分强调了个体的存在价值，缺乏对自然有机体的整体思考。

（2）“动物解放”的生物中心主义思想。20 世纪 70 年代，在西方生态哲学伦理中进行了一场动物解放运动，其代表思想在辛格（Singer）的《动物解放：我们对待动物的一种新伦理学》一书中有较为详细的阐述，这一思想表述为：人类应当以平等的态度看待人与动物之间的关系，应当解放动物。动物具有感觉的能力，因此在利益的重要性上它与人类是平等的。同时，辛格反对把智力的高低作为人与动物之间不平等的根据，批判人类剥夺动物权利的种种借口，进而从功利主义和感觉论的角度得到“人与动物之间是平等的”的结论。当然，他的思想中仍然承认人与动物之间利益的差别性，他提倡的仍然是关心的平等概念。所以，人与动物平等的要求“不是有关事实的论断，而只是一种道德理念”。它的目的是将动物从不平等的被奴役中解放出来，让动物成为人一样的利益主体。与辛格的观点一致，雷根（Regan）着重从动物权利的性质为动物解放运动提供道德根据。他继承并发扬了康德的哲学思想，他认为：人之所以具有天赋价值，是因为人是生命的主体。然而生命的主体除了人还包括动物，动物也在不同程度上具备部分主体特征，因而没有理由否认动物的天赋价值和权利，人不能将动物当作为人类服务的工具，而必须以尊重它们权利的方式对待动物。然而他的思想和辛格一样，仍然认为动物的不同种类之间存在权利和利益的差别性。不可否认他们的思想在修复人类与动物之间关系中的重大意义，但其思想仍然停留在只关心动物的权利，只是微观上的伦理讨论，缺乏整体上的研究。

2）生态中心主义思想

与生物中心主义理念仅仅强调个体的价值和权利不同，生态中心主义思想更加强调整个自然生态有机体的共同利益和权利。这一理论体系包括奈斯的"深层生态学"、利奥波德的"大地伦理学"和罗尔斯顿的"自然价值论"。

（1）奈斯-深层生态学。作为深层生态学的最早提出者，奈斯主张自然客体存在自身价值，应当具有和人一样的存在和发展的权利。关于环境问题的哲学研究有深浅的不同，深层生态学之所以"深层"就在于它研究了浅层生态学刻意回避的问题。为此，深层生态学提出了一种新的伦理原则，这种原则有别于传统意义上对人与自然的关系的理解，它不主张统治自然，而主张生态中心平等主义，其核心观念是每一种存在的生命形式在生态系统中都具有发挥正常作用的权利。深层生态学的主要观点包括两个：①自我实现原则。这里的自我是与大自然融为一体的自我，而非狭义的自我本身。自我实现的过程，也就是扩大自我理解，缩小自我与其他存在物疏远感的一个过程，将一切存在物的利益看作自我利益的过程。②生态中心平等主义原则。这一原则指出：自然界中的一切存在物都具有繁衍生息和在"自我实现"过程中实现自我的权利，它们具有平等的内在价值，与动物权利论相比，它更加关注生态共同体而非其中某个单独个体。

（2）利奥波德-大地伦理学。作为大地伦理学的提出者，利奥波德认为环境伦理的概念应由生物扩展到包括空气、土壤、植物等在内以及由它们组成的大地，主张人类应该尊重包括生物在内的整个自然界，应该尊重整个自然界的内在价值。大地伦理学反对动物解放论中将快乐和痛苦当作善恶标准的观点。恰恰相反，它认为痛苦或快乐与善恶毫无关系，这表现出一种现实主义的态度。正如利奥波德所说："某件事或行动，当它趋向于保护生物大家庭的完整性、稳定性和美观，那它就是对的，而有相反的趋向，则是错的"。他提倡非人类中心的生态整体论的方法论，把生态系统看成一个不可分割的整体，把道德关怀的范围扩大到整个生态系统，这是一种生态整体主义论。

（3）罗尔斯顿-自然价值论。随着环境伦理学的进一步发展，人们发现将权利概念作为环境伦理学的基础是有困难的。罗尔斯顿指出权利在自然界中是不起作用的，只有在文化习俗范围内，权利在主体性和社会学上才具有真正的意义，因为"价值"一词更具有导向作用，所以他认为应当用"价值"代替"权利"一词。以罗尔斯顿为代表的自然价值论观点认为大自然具有客观价值，认为生态系统除了具有工具价值，同样具有内在价值和作为有机体的系统价值。罗尔斯顿的自然价值论认为，个体只是整体的一部分，有机共同体比个体更重要，价值是自然本身就具有的，它不以任何人的意志为转移，价值不仅存在于人类社会中，而且存在于一切生物和无生命的自然物中，特别是它同样存在于整个生态系统中。作为大地伦理学进一步的发展和概括，自然价值论强调的是一种整体主义的环境伦理，这种思想为我国现代的环境伦理学的发展及处理人与环境的关系提供了借鉴[9]。

4.1.3　中国的环境伦理学

1. 我国传统文化中的环境伦理思想

在我国古代虽然没有现代意义上的环境伦理学概念，但是孔子、老子等在思考宇宙变化、人与自然的关系和万事万物之间的联系时，也传达出了深刻的关于环境伦理的哲学思考。从中国的传统环境伦理思想思考，有助于我们更好地理解环境伦理学。

儒家是春秋时期孔子创立的古代哲学思想流派，他的"仁"学思想充分表达了人与自然的系统关系，具有广泛的生态智慧，对我们建立现代环境伦理学有重要意义。"天生万物"思想是环境伦理学的哲学基础，"天"既是万物之始，代表自然，又是人生存之本，又为人所用，天生万物代表了自然界的大德，换言之，自然本身就是善，作为万事万物起源的"天"是神圣的、有生命的和需要敬畏的，这种思想与现代伦理学中的敬畏生命不谋而合。"制天命而用之"表达了古人认识自然规律，从而使自然为人所用的思想，通过人类活动使自然"尽其美，制其用"，这种思想表达出人与自然和谐相处的美好期盼，与现代的维护生态平衡的思想有异曲同工之妙。"仁爱万物"表达了古人尊重生命的伦理学智慧，也是古人对自然关系的哲学思考。

包括道家、道教、方术在内的道学作为中国古代哲学的代表之一，对建立现代环境伦理学也具有重要的参考意义，它从哲学的角度提供了深刻且完善的生态智慧。老子提出的"道"的概念代表了道家哲学的核心，提出了"道生万物"的宇宙生成论，并确定了"天人合一"的宇宙观、"道法自然"的哲学。道法自然是环境伦理学的哲学基础。庄子的"天与人一也"思想阐述了人类行为应当遵循自然的发展规律，这样就可以达到"与天地合"的境界。掌握天地"无为"的规律，也就可以把握道的根本，从而实现人与自然的和平共处，以此调和万事万物，从而达到"天人合一"，这表达出人与自然和谐相处的思想。早在两千年前，老子就提出了深刻的环境伦理思想，"尊道贵德"表达了他万物平等的自然哲学智慧。"天地与我并生，而万物与我为一"，这是道家思想中万物平等的理论依据。"万物莫不有"代表道家的自然价值思想。老子以"道"代表了自然，更加注重自然的价值及自然与人的和谐共处，用"有"与"无"的思想从价值观的角度评价了自然价值，应当合理地处理人与自然的矛盾，实现自然的内在价值和外在价值的统一。道家的"无为而治"传达出一种社会生态伦理理念，老子认为在国家治理中应当施行"无为而治"，用"天道"引导"人道"，将"无"作为治理社会的基本原则。在政治上，实行以民为本，均富平等；反对战争，渴望太平。在生活方式上，他主张"崇俭抑奢"。在生活上，道家学者追求以美为目标、人与自然和谐相处的生活理想；在表达对未来的美好憧憬中，主张美好而简单的自然之美。道家的这种回归自然，在自然中体验美、欣赏美的态度对于今天树立正确的生态文明价值观、建设中国特色环境伦理体系有重要意义[10]。

佛教创建于公元前 6 世纪至前 5 世纪的古印度，公元前后传入中国，与我国的儒家和道教并称为"三教"，律藏、论藏与经藏是佛教思想论述的汇总。其中一些著名的论述如众生平等、我佛慈悲、普度众生等思想对今天的生态伦理和环境保护思想的拓展具有重要的参考意义。佛教的生命观是一切众生皆有佛性，在其观念中，认为自然界中所有的生命都是一样的，唯一的区别是修行的状态不同导致存在的形式不同，随着修行，包括花草树木在内的一切具有佛性的生命最终都会达到“佛”的境界。所有的生命都是宝贵的，因而佛教反对杀生，主张尊重和保护生命。“依正不二”“中道缘起”代表了佛教的环境哲学思想。佛教中“依正不二”的观念表达出一种整体哲学，认为“菩提本无树，明镜亦非台”，一物不仅是它本身，还包含了其他事物，用来比喻所有事物之间的相互联系，这种关系表明自然是一个有机整体。佛教中的“众生平等”既是佛教的教义，也表达出了佛教的环境伦理观念。

西方环境哲学存在西方“形而上学，主客二分”思维方式的缺陷，而中国传统文化并不存在主客二分的思维，在处理人与自然关系中，中国传统文化与环境哲学具有天然的亲和性。以上三个思想流派代表中国传统文化中的环境思想，其中如“天人合一”“仁爱万物”等观念蕴含着丰富的生态思想，有助于建立当代中国特色环境哲学，进而使中国传统文化中的“天人合一”观念焕发出新的时代精神。

2. 环境伦理在我国的现状

环境伦理学建立的目的在于指导实践，除了我国传统的环境伦理学观念外，如何将西方伦理学与我国的实际国情相结合用于指导实践，也是不得不正视的问题。正如罗尔斯顿指出的“生存于文明社会的每一个人都应诗意地栖息于地球”一样，他的生态伦理思想可以分为三个基本内容：自然价值论、生态整体论和实践观。罗尔斯顿将生态哲学理论与实践相结合的生态伦理思想，对我国构建生态文明、可持续发展及重新处理人与自然的关系提供了理论支持及现实启示。

1）环境伦理学中国化的研究现状

西方环境伦理学包括施韦泽的“敬畏生命”、利奥波德的“大地伦理学”及罗尔斯顿的“自然价值论”等。近年来，中国学者对西方的伦理哲学思想提出了质疑并重新阐述。夏承伯在《生态中心主义的理论特质与道德旨趣》中提到，深层生态学的基础是自我的直觉与经验，这种思想抛开了人的主体性概念，单纯地从自然主义角度阐述自然价值，因而在理论认知方面具有明显的局限性。王诺在《追问深层生态学》中提到，深层生态学中重要的语言术语存在不规范与不严谨的问题，如深层生态学中“生态中心主义”一词容易造成观念上的矛盾和思想混乱，“中心主义”暗含人类中心主义的逻辑思维。所以，从根本上看，西方的“中心主义”明显存在形而上学的逻辑思维方式，中国特色环境伦理学要做的应该是克服西方形而上学思维造成的困境，从而建立人与自然内在统一的环境伦理理论。

鉴于西方环境伦理自身的理论缺陷，以及我国国情的需求和时代精神的呼唤，国内学者开始自觉构建具有中国特色的环境伦理理论体系。环境伦理学本土化有重要的时代意义，中国特色环境伦理应该直面我国国情，在研究和反思现代问题的基础上，创造性地发展民主政治和市场经济。王桂兰在《生态意识是人文精神的时代内涵》中说到，生态意识是新时代的人文精神，并对生态意识的时代内涵做了详细的阐述。刘福森在《环境哲学本土化的哲学反思》中提供了环境伦理中国化的理论依据。他认为学者不应该局限于西方环境哲学的研究路径和思维方式，而应当立足中国传统文化、立足我国国情对环境伦理学进行阐述。因为西方环境伦理学不是所有民族都适用的“一般环境伦理学”，而是在西方的文化背景和思维方式下建立的西方环境哲学，不具有普遍适用性。所以，我国必须立足我国国情和我国社会发展需求提出的战略目标，进行中国特色社会主义生态文明建设[11]。

2）中国的环境伦理研究和教育现状

在漫长而悠久的人类发展史上，人类生存和发展需要的各类财富和资源都是向自然界索取的，但是人们坚信地球会有取之不尽、用之不竭的资源。因此，自然界自然而然成为人类索取与控制的对象，而非人类伦理所关怀的对象。这直接导致的结果是地球上的自然环境遭到严重破坏。如今严重危害人类生存、阻碍经济发展的重大社会问题中已包括了环境问题。为了改善环境，我国已将环境保护确立为一项基本国策，并且下达了多项法令法规，采取了多种类型的科技手段、行政措施，但是并没有从根本上遏制环境问题，人类继续对自己赖以生存的环境进行污染和破坏。可以看出，更应该提高的是人类的道德和伦理意识。当环境问题日益严峻时，人类需要根据可持续发展战略，调整自己的世界观、价值观和生活方式等。必须建立一种全新的环境伦理——人与自然和谐共处，从深层探索环境问题产生的原因与解决的方法，从而为环境保护提供充分的理论支撑。

环境伦理教育事业[12]加快内涵发展的核心是彻底解决好以下问题：为了谁发展，谁来主导发展，怎样实现发展，所以必须既要牢固树立为国家和社会发展服务的理念，又要充分体现个人全面发展的诉求，这是事关环境伦理教育发展方向的两个最基本的价值取向，国家经济、政治、社会、文化和生态的发展是不容回避的教育责任，要将人的全面发展作为人类发展进步的最高追求，遵循教育发展内外协同的逻辑规律，坚持环境伦理教育与经济社会发展和生态保护的协同提升，坚持环境伦理教育与人全面发展的有机统一，坚持环境伦理教育与整体教育事业的协调一致。此外，环境伦理的基本理论和主要内容要通过环境伦理教育向全社会推行。环境道德教育是环境伦理教育的一个重要环节，环境道德教育一般是指通过一定的社会构建，为推动人类社会的繁荣富强、文明进步、环境优美，为实现环境公平公正，促进人与自然的协同进化，而有组织、有计划地对全体社会成员传授环境道德意识和培养环境道德素质的活动。环境道德教育的基本内容是环境伦理和道德知识的传授。环境伦理和道德知识主要包括基础知识和专业知识。环境道德素质是环境行为的基础，培养环境道德素质是环境伦理教育的重要组成部分，如创建绿色大学是发展环保事业和实施可持续发展战略的一项重要实践。

4.1.4　环境伦理的应用

面对日益严峻的生态环境问题，人类开始反思自身的社会实践行为。环境伦理思想正是基于全人类对这种实践后果的反思而提出的一种伦理体系，其目的是提升人类保护环境的意识，在实践中指导环境保护行为。环境伦理来自于实践，应当回归实践，指导实践，接受社会实践的检验。自 20 世纪 80 年代环境伦理学在我国传播以来，环境伦理逐渐在政治、经济、科技和文化等各个社会领域发挥作用，渗透到社会民众的衣食住行中。环境伦理学在处理人与自然的关系时发挥着越来越重要的作用，在国家决策、个人生活、企业活动及科技应用等活动中具有指导意义，其应用范围包括社会应用及实践应用。

1. 环境伦理的社会应用

根据环境伦理的自然价值观和权利观，应确立既有利于人类又有利于自然的道德标准，以及与其相适应的环境伦理的基本原则。环境伦理的基本原则可以作为社会应用的理论指导，在我国可持续发展、环境法治建设方面发挥借鉴作用。

环境伦理促进了生态系统的可持续发展。环境伦理的道德标准是评判与自然环境相关的人的行为的是非曲直的尺度和准绳。社会伦理是维持社会秩序的重要手段之一。环境伦理不仅要以环境道德规范调节人与人之间的社会关系，还要调节人与自然的生态关系。因此，环境道德不能局限于有利于人的尺度，更应包括有利于生态的尺度，即环境道德应将人与人之间的关怀扩展到关爱自然环境。由环境道德可以得出环境伦理的基本原则：人类持续生存原则、保护地球生命力原则和生态公正原则。环境伦理原则对可持续发展具有理论支持意义。

可持续发展强调持续性原则、共同性原则和公平性原则。持续性原则的核心是人类的经济和社会发展不能超越资源和环境的承载能力。共同性原则强调可持续发展必须全球人民共同行动，这是由地球生态系统的整体性和环境要素互相依存性决定的。公平性原则不仅包括本代人的公平和代际间的公平，更强调人与自然之间的公平性。因此，我们不仅应具备关爱自然的环境道德，还应坚持可持续发展原则，调整生产、生活方式，不能盲目生产、过度消费。

环境伦理同样促进了环境法制的建设和完善。环境法律法规是当代法律制度的重要组成部分，它的显著特点是用法律的形式规范了人们在环境事务方面的权利和义务。一般的环境法所体现的环境伦理原则主要包括三个方面：①维护人、其他生命及自然界的价值和权利；②维护经济与社会发展的公正性和公平性；③维护经济社会协同合作、共同发展。当代环境伦理中维护人的价值和权利强调人类要理智地约束自己的行为，在尊重自然界和其他生命的价值和权利的同时，自己也获得尊重。尊重公民的环境权包括尊重公民的享有权和参与权，同时也包括承担保护环境的责任和义务。

2. 环境伦理的实践应用

改革开放后，我国各项经济建设工作取得了举世瞩目的成就，但是有时也会忽视在经济快速发展背后的环境危机。党在十七大、十八大、十九大等重要会议中强调生态建设的重要性，并提出包括生态建设在内的“五位一体”的发展理念。罗尔斯顿作为环境伦理学之父，他的环境伦理理论对我国实现人与环境和谐发展、建设生态环境的目标具有重要的借鉴意义。除此之外，罗尔斯顿的环境伦理理论对社会的政策制定与经济的可持续发展有重要的参考价值。第二次工业革命后，全球经济高速发展，环境问题冲突日益加剧，为了人类自身的前途命运，我们必须处理好人与环境的关系，尊重自然，敬畏生命，而罗尔斯顿的思想对应对全球的环境危机具有指导意义。在罗尔斯顿的《哲学走向荒野》中，他认为荒野是指没有人类活动或者未经人类驯化的、具有野性的生命。并且在他的观点中，他将荒野价值分为社会利益价值、个人利益价值、有机体价值等层面。他详细论述了环境伦理学思想在政府、商业、个体的生活领域及濒危物种的保护等方面的应用，当然除了这几个方面的应用外，对我们今天解决各种环境问题也有一定的帮助。

在指导政府决策过程中，环境伦理的应用准则包括：①在整个人类活动中自然价值高于一切，人类的所有活动都应以生态价值为主；②尽可能多地丰富非对抗性价值的种类；③制定相应的政策保护自然的整体价值，让残存的荒野远离人类的利益市场；④禁止为了一部分人的私利对自然进行不可恢复的开发行为；⑤增加选择的机会，提高实现个人偏好价值的可能性；⑥对自然价值的量化分析要慎重，并且保证自然价值的明确化；⑦在不消耗什么的情况下，保护少数人的利益，将非消耗性的少数人利益放在多数人利益之前；⑧不能低估发散的价值；⑨不能为了人们的欲望让经济扩张进入到荒野决策中；⑩政府决策者应当发现新的自然价值或荒野的潜在价值。这些在政府决策过程中的指导准则对我国处理现代人与环境的可持续发展仍有重要的借鉴意义，继承并发展适合我国国情的中国特色环境伦理学有助于更好地建立人与自然和谐发展的有机生态体系。

环境伦理学除了在政府决策中的作用外，在企业活动中的作用也不可忽视。企业是经济活动的基本主体，因而企业的生产经营对于可持续发展和建设生态文明至关重要。随着全球环境保护事业的发展，清洁生产、绿色消费成为主流，同时绿色贸易壁垒也在不断增加。因此，树立绿色形象并在生产实践中践行环境伦理学原则成为当代企业的必然选择。

参考案例：中原油田中的环境伦理学应用

中原油田是中国石油化工集团公司下属的第二大油气田，总部位于河南省濮阳市。主要勘探开发区域包括东濮凹陷、普光气田和内蒙古探区。其中东濮地区是石油开采的主要地带，该地区属于断气田，地形平坦、地质结构复杂是该地区的主要特征，该地区油藏分布不均，开采难度较大，并且需注水开采，考虑到当地的环境保护问题，在这种情况下开采油田具有一定的难度。

1972年，油田勘探初期，该公司就成立了环保检测站，用于发现和处理油田开采过程中的环境问题，并且中原油田以安全、科学环保、可持续发展为宗旨，大力宣传相应的环境伦理知识和法律法规，根据国家要求，制定适合企业内部发展的环保措施，其中中原油田根据环境伦理学中“废弃物的无害化和最小量化”原则制定了《中原油田固体废弃物管理办法》等环保细则，同时帮助当地农户进行农田复耕工作，将当地的环境破坏最小化，以此来保护当地的生态平衡。同时，中原油田定期组织员工培训、开展讲座，制定奖惩措施以保护自然环境。

随着“低碳环保”理念成为人类的共识，中原油田坚持执行中国石油化工集团公司制定的《中国石油化工集团公司环境保护白皮书》，以党的可持续发展理念为宗旨，开展“碧水蓝天”专项活动。整个中原油田开采过程中坚持的环境伦理学思想有：固废的无害化和最小量化原则、污染物处理向经济效益转化原则、环境的预防和监督机制原则，同时坚决摒弃“先开发，后治理”的思想，采取“防患于未然”的策略，彻底摒弃传统工业中不好的环境管理理念。同时，在油田开采过程中，坚持进行当地环境的修复实验，进行环境污染评估和治理，修复农田面积80%以上。在科学技术应用方面，中原油田一方面坚持发展循环经济、研发生态技术，另一方面推行实施清洁生产[13]。

中原油田在整个勘探、开采及生产过程中遵循“自然价值论”原则和国家制定的环保措施，并且灵活运用环境伦理学的相关知识，在开采的同时注重保护当地的生态环境，这一点是值得肯定的。但是我国的环境伦理实践与应用还存在很多不足之处，如何以发展的眼光看待环境保护，真正实现人与自然的可持续发展，并将其应用于实践仍然有待进一步探索，新时代中国特色社会主义生态文明建设是关乎人民福祉、关乎民族未来的长远大计。

目前，人类的各种活动中商业活动成为改变环境的重要因素之一，不可否认在整个人类历史进程中商业活动为社会发展做出的贡献，但随着各种商业贸易的进行，商业活动对环境也不可避免地产生影响，单纯以盈利为目的的商业活动必然导致生态失衡，所以对于企业，在商业活动中，不仅要以盈利为目的，更要承担起一些责任，对利害关系人负责，这里的“利害关系人”不仅指的是人类，还包括生态环境。环境伦理学主要围绕人与自然的价值关系、人对自然有无伦理责任等议题展开。正如罗尔斯顿“自然价值论”所表述的那样，环境伦理学存在的意义是为了处理好人与自然的关系，规范人类自身的社会责任、价值观和行为，实现人与自然的可持续发展。这些理论思想的形成与不断完善为全球范围内加强环境保护、降低环境风险提供了哲学依据和方法论指导，所以为了保持人与生态的可持续发展，在各种商业活动中应当遵循一定的环境伦理学准则：①人类不能因环境问题的复杂性而逃避、推诿责任；②实事求是，不要用虚假宣传等手段欺骗自己或迷惑大众；③道德性的要求高于合法性，对待自然的行为和态度要以伦理和道德作为企业行为准则，而不是钻法律的空子；④举证责任准则，认识到在环境决策上举证责任的转变，即宁可过分强调某一行动对自然的危害，也不可忽视，要提前预测风险；⑤全方位准则，将整个道德判断标准扩展到商业活动对其有影响的整个事件，即企业要从整个人类发展的角度出发，不可仅考虑个人或公司的利益；⑥考虑未来的准则，制定相应的环境政策时，要考虑暂时的公司决策对若干年后整个公司或社会的影响；⑦施加给他人的风险应低于自己愿意承担的风险，如不可将工厂的污染强加给他人，而自己不承担污染带来的危害；⑧齐心协力准则，要求每个企业加入环保队伍，制定所有企业都遵守的规定，共同为人类社会的发展增砖添瓦；⑨坚持敢于怀疑的原则，只有敢于质疑现有的环保政策，才能推陈出新；⑩绿化原则，不能以消耗绿色为代价进行盈利活动，为人类保留商业活动外的绿色环境。

除了在国家决策和企业活动中的环境伦理学应用外，公众同样是环境伦理社会实践的主体之一。公众接受环境道德教育和实践，提高环保素质，选择低碳绿色生活方式，成为践行环境伦理的重要环节。人类作为生态系统中价值最高的角色，有责任将关注的焦点从自我转向生态系统中的其他非人类的生命共同体，从自私自利转向利他主义，关心非人类物种的生存环境，可持续发展的生态关系需要大众的共同努力。虽然有环境法律对个人行为进行约束，但是法律仍存在一定的漏洞，因此践行可持续发展同样需要个人高尚的道德品质，在个人生活中主动遵守一定的环境伦理道德准则。

在罗尔斯顿的观点中，人类作为地球的栖息者，应该具有如下的环境伦理实践：①增加环境价值的种类，人类作为自然界中金字塔顶的存在，应该做的不是随意改造环境，而应该诗意地栖息在地球，从理性和道德的角度研究自然问题，揭示自然的内在价值；②接纳自然界中的非人类存在物，人类无法解释除人类外的 500 万种其他物种为何能够和人类和平栖息于地球，但它们的存在自有其意义，每一个存在必有其内在价值，这是自然的选择，人类应该接受并与它们和平共处，共同保护赖以生存的地球；③欣赏并讲述地球上客观的生命故事，引导人类作为地球栖息者而使故事变得丰富多彩，人类应当主动承担相应的责任，探寻自然进化的规则，禁止人为干扰自然进化的方向；④感受地球环境的变化，作为本地环境的栖息者，人类要努力维护我们共同的生存环境。

4.1.5 环境伦理的意义

环境伦理是在人类反思生态环境问题的基础上产生的一种新的道德规范，它把道德关怀的对象扩展到人以外的存在物，把道德实践延伸到人与自然的关系中，从尊重规律入手以恢复人与自然应有的生态秩序，通过对价值、良知等的追问论证了人与自然所应保持的关系，是人类环保活动从意识领域向实践领域转化的一个“精神调控器”。环境伦理的意义在于将上述环境伦理的立场、观点和方法应用于人们的实际生产生活中，从而引导人们在思维方式上对自然的保护发生根本性的转变，唤起人们的生态良知，明确对待自然的生态责任。

1. 实现思维方式的转变

20 世纪中期，随着环境污染的日益严重，环境问题日益成为困扰人类生存和发展的一个突出问题，特别是西方国家公害事件的不断发生，对经济社会发展造成严重影响，对人类现实生存构成严重威胁，最直接地刺激了人类对这种资源消耗型的经济发展模式的深刻反思，并进而演化为一场以“环境与发展”为主题的思想运动。在此背景下，环境和生态成为引发各种社会矛盾的核心问题，而围绕环境和生态问题的争论则引发了一系列重大的思想变革，人类需要转换思维方式，重新认识人与自然的关系并端正自然观，彻底反思政治理念与经济结构，运用新的思维方式寻找解决危机的方法和路径。环境伦理正是以全新的眼光来解释世界，把自然、人和社会所构成的整个世界视为一个辩证发展的整体，从而在整体主义的理论框架中重新认识自然的价值，使自然获得应有的“权利”和道德关怀。环境伦理一方面突破了道德只调节人与人之间关系的传统理论，另一方面使人类重新审视自己在世界中的位置。环境伦理第一次把道德关怀的对象扩展到了整个自然界。这不仅是道德关怀对象数量的增加，更重要的是人类观念的一次大转折。这种新的思维方式是对西方和东方思维的整合与发展，一方面，要具备西方科学理性分析的合理因素，在科学的基础上进行系统、严密的分析；另一方面，要保留东方内省、直观的思维方式，把握整体。环境伦理要求人们摆脱人类中心主义的狭隘观念，实现当代思维方式的整体性、优化性和共赢性转变[14]。

环境伦理正成为环境保护强有力的思想武器，它引导了人类思维方式的转变，把人类的道德视野扩展到了自然领域，从而能用更宽广的视角重新确认人类生活的价值和意义，成为解决生态危机必不可少的重要组成部分。环境伦理意识超越了个人主义和狭隘民族主义，追求人与自然和谐的价值理念，创立一种能促进社会、经济与环境协调发展的新型世界观、价值观和方法论，这是一场传统哲学的革命，也是传统伦理学的重大革命。

2. 唤醒人类的生态良知

生态良知是指人类自觉地把自己作为生物共同体的一员，把自身的活动纳入生物共同体的整体活动，并在此基础上形成的一种维持生物共同体和谐发展的深刻的责任感，以及对自身行为的生态意义的自我评价能力[15]。在人与自然的关系中，人一向把自己奉为凌驾于自然界之上的主体，自然成为任人宰割的客体。这种片面的主体意识遮蔽了人类固有的“爱万物”天性。在无限追求物质利益的过程中，人类忘记了“自己是谁”。环境伦理从良心、良知出发，唤醒了人类尘封已久的“本性”——敬畏万物、民胞物与、取之有度，唤醒了人类“天人合一”“仁爱万物”的生态良知。

生态良知的唤醒改变了人类对世界的态度，使人们从“能够从这个世界获取什么”转向“我们能够和必须为这个世界做些什么”。生态良知是衡量一个国家或民族文明程度的重要标志。这种良知意味着树立科学的生态消费观；关爱生物、善待生命；将生态道德意识贯穿在整个生活行为中。生态良知的觉醒不是将沉睡在人类心灵深处或存在于潜意识中的“生态情结”唤醒，而是要通过各种行之有效的措施培养和提高人们的生态意识。意识是主观对客观的反映，它的产生需要思维感觉器官，需要反映对象，更需要社会的引导和教育。“我们的时代是充满责任感的时代”，这是针对人与自然关系状况所发出的呼吁，也是生态良知觉醒所要达到的目标。只有每一位公民都具备生态良知和生态意识，才能实现建成生态文明社会的目标。

3. 环境伦理与生态文明建设

文明是指通过人类改造世界的积极成果所体现出来的人类社会生活的进步过程和状态[16]。在人类社会约 400 万年的历史进程中，人类文明经历了三个发展阶段：原始文明、农业文明和工业文明。300 年的工业文明在人类历史的长河中只能是昙花一现，一系列的全球性生态危机表明大自然再也没有能力支撑工业文明的高歌猛进，人类不得不开始反思人与自然的关系，从而发展出一种与工业文明相对立的生态文明理念。时代的转折因此而到来，生态文明也将成为人类新文明。人类文明的演化史也是人与自然关系的变迁史，如图 4.2 所示。

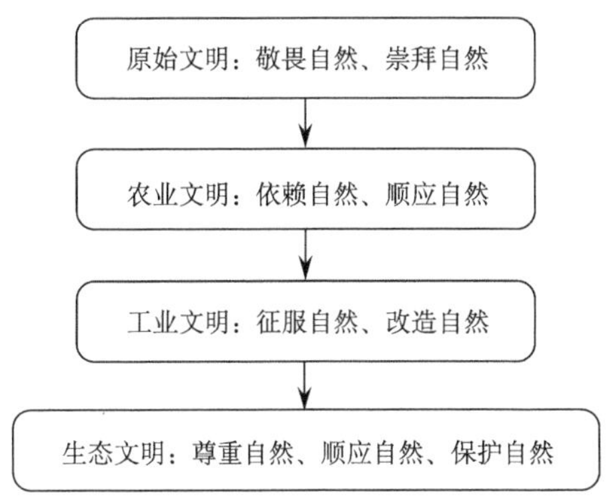

图 4.2　人类文明发展阶段

原始文明时代是人类社会文明发展史上最为漫长的时期，属于人类文明发展的初期，由于当时科学技术和生产力水平低下，人们对自然的开发和支配能力极其有限。这一时期，人类的环境伦理观来源于对自然的依附、恐惧和崇拜，自然主导人类、人类活动受自然制约支配是这一时期环境伦理观最为显著的特征。随着农耕技术和种植技术的发展，作为自然之子的人类已经拥有了利用、改造和征服自然的现实力量，人类社会由原始文明进入到农业文明时代。这一时期，人类改造自然的能力仍十分有限，对自然的利用与征服的范围较小，因此人类仍然依赖于自然，仍然肯定自然对人类的主宰，并没有造成严重的生态失衡。这一时期人类的环境伦理观是“天人合一”，主张尊重自然，关爱自然存在的一切生灵，人与自然的关系基本和谐。

从英国工业革命开始，劳动手段获得突破性变革，人类文明从农业文明进入工业文明。

这是一个生产力一日千里急速发展的时代，同时也是一个令人忧虑、引人深思的时代，最典型的特征是广泛采用机器进行生产，机器成了物质文明的核心。在人与自然的关系方面，随着生产力的发展和科学技术的进步，人类认识自然和改造自然的能力获得巨大发展，人们已不再主张顺从自然，而是以自然的“征服者”和“主宰者”自居。从此，“人类中心主义”成为这一时期的主导环境伦理价值观，人与自然被绝对对立起来。正是由于这种绝对对立，人类遭遇了一场又一场的生态灾难。面对全球严重的生态问题，全世界的人们对原有思维模式和价值尺度进行反思，开始有意识地探寻新的发展模式。1992 年联合国环境与发展会议的召开，使可持续发展思想由共识变为各国的行动纲领，提出了构建新的文明。1995 年，美国学者莫里森在《生态民主》一书中提出了“生态文明”的概念。

生态文明作为全新的文明形态，在对工业文明进行反思的基础上逐步形成和发展，其核心理念是实现人与自然、人与社会及人自身的和谐统一，具有完全不同于工业文明的内涵和特征。所谓生态文明是指人类在反思全球性生态危机的背景下，在改造客观物质世界的过程中，以环境伦理价值观为指导，以达成人与自然和谐发展为目标，建设有序的生态运行机制和良好的生态环境所取得的物质、制度、思想方面成果的总和，是在新时势下实现人类社会与自然和谐发展的新文明[17]。其目的是要解决人类经济活动的需求与自然生态系统供给之间的矛盾，主要体现在物质、制度和思想三个层面上。

在物质层面，生态文明要求人们要改变传统的生活方式和消费模式，主张倡导在自然生态系统承载能力范围内的可持续发展的社会生产方式和消费方式。在制度层面，生态文明致力于自然生态系统和人类社会共同体的协调发展，提倡“资源—产品—再生资源”的循环经济发展模式，以及构建发展绿色环保科技的科技体制。在制度层面，生态文明主张通过建立一系列的生态制度实现环境保护制度化，主要体现在两方面：一方面通过强制性的制度安排约束个人和组织的生态环境行为，如环境立法、生态税的征收及排污权交易制度等；另一方面通过宣传、教育等非强制性的制度安排提高个人及组织的生态环境意识，特别是一些环保知识及环保法规的普及等。在思想观念层面，生态文明以生态价值观和生态伦理观为指导，实现人与自然的和谐共生，放弃物质主义、消费主义对人、自然、人与自然关系的物化和异化，以及对人的存在方式的主导和对人的发展方向的误导。它强调人对自然的伦理责任和义务，倡导构建人与自然、人与社会和谐共存、整体发展、可持续发展的价值观、伦理观和道德行为准则。生态文明的特征有自然性与自律性、和谐性与公平性、基础性与可持续性、整体性与多样性、开放性与循环性、伦理性与文化性[18]。

生态文明建设是一项综合性的系统工程，需要在政治上保障，在经济上规范，在文化上普及和渗透，在社会上优化。也就是说，建设生态文明除了运用传统的一般手段，还需要跳出传统思维模式，站在新的高度和角度进行思考，即站在伦理道德的角度进行思考。生态文明作为一种新的文明形态，必然需要新的伦理体系的支撑，而环境伦理作为当代生态危机和环境革命的产物，其本质是尊重自然、善待自然，强调人与自然的和谐，对于生态文明建设，环境伦理必将为其提供重要的道德基础和建设手段，对形成生态文明的核心价值观具有重要作用，它也将在为生态文明的服务中实现自身的发展和完善。

4. 中国的生态文明建设

以史为鉴，可以知兴替。在我国走向生态文明的道路上，西方国家带给了我们很多启示。

随着西方发达国家的工业化程度达到顶峰，环境污染、生态破坏和资源短缺成为全球性问题，发达国家首先出现了生态危机并爆发了一系列的环境保护运动，其后，西方学者提出相关重要理论和观点，西方国家主导召开世界人类环境会议，制定环境保护文件及公约。但是，发达国家的生态文明建设并没有率先兴起，国家发展战略也未明确提出，这主要是由于西方国家的线性思维惯性、推行环境利己主义和侵犯发展中国家环境权利。发展中国家在保护地球生态环境的过程中扮演着重要的角色，关键是要从本国的环境与发展的具体情况出发，走可持续发展的道路，不能走西方国家“先污染，后治理”的老路。

生态兴则文明兴，生态衰则文明衰。余谋昌认为，在农业文明时代，中国取得了世界最高成就，拥有世界话语权[19]。但是到了工业文明时代，在农业文明道路惯性的作用下，中国被迫成为先进工业化国家的商品倾销地和原料供应地，失去了世界话语权。未来世界是生态文明的世界，未来的世界话语权是生态文明的话语权，生态文明建设是关系中华民族永续发展的根本大计，因此建设生态文明是中华民族伟大复兴中国梦的重要组成部分，这既是伟大的历史使命，也是中国重建世界话语权的重大战略机遇，同时也预示着中国人民将对维护地球生态系统稳定做出重要贡献。

2007 年 10 月，党的十七大正式提出了生态文明理论，并将生态文明与经济、政治、文化、社会文明一起确立为全面建设小康社会的奋斗目标。十七大以来的生态文明建设注重污染治理，积极倡导“资源节约型、环境友好型”社会，贯彻落实坚持以人为本、全面协调可持续的发展观，为中国特色社会主义生态文明翻开了新篇章。党的十八大以来，党中央高度重视生态文明建设，已把生态文明建设纳入中国特色社会主义现代化建设的总体部局，并将其置于与政治、经济、文化和社会建设同等重要的地位，提议加快推进生态文明顶层设计的同时坚持和完善生态文明制度体系，形成了统筹推进“五位一体”的社会主义现代化建设新格局。十九大报告再次强调：建设生态文明是中华民族永续发展的千年大计。必须树立和践行绿水青山就是金山银山的理念，坚持节约资源和保护环境的基本国策，像对待生命一样对待生态环境。随着历届党的领导集体对生态文明建设的大力推进，我国生态环境质量持续好转，但成效并不稳固，稍有松懈就有可能出现反复，犹如逆水行舟，不进则退。生态文明建设正处于压力叠加、负重前行的关键期，已进入提供更多优质生态产品以满足人民日益增长的优美生态环境需要的攻坚期，也到了有条件有能力解决生态环境突出问题的窗口期[20]。在实现了第一个百年奋斗目标，向第二个百年奋斗目标迈进的新征程上，补齐生态短缺的短板、打好污染防治攻坚战是当务之急，然而这根“硬骨头”依旧难啃。习近平总书记的生态文明思想系统分析了中国可持续发展的基本国情，制定了生态文明建设路线图和时间表，山水林田湖草沙一体治理，碳达峰、碳中和步步递进，生产方式和生活方式变革环环相扣，形成了生态文明建设立体推进的大格局、大战略。在中国共产党的领导和全国各族人民的紧密团结下，生态文明将逐步成为我们的竞争新优势[21]。

参考案例：环境保护吹哨人——缪尔

缪尔 1838 年生于苏格兰东洛锡安。1849 年，缪尔移居美国，就读于威斯康星大学，但并没有从这所大学毕业，他决定进入“荒野大学”学习，从印第安纳走到佛罗里达，整个旅途长达 1600 km。

1863 年 3 月，萨姆特堡战争的第三年，林肯总统签署美国第一项征兵法案，但缪尔对大炮和战争毫无兴趣，为了避免应征入伍，他独自逃往加拿大的荒野，不知不觉来到一片白兰花的花丛中，如此让人着迷的鲜花使他在花丛中坐下来并高兴得流下了眼泪。正如他在前往墨西哥湾时所说，我们这个自私、自负的创造物的同情心是多么狭隘！我们对所有其他存在物的权利是多么盲目无知。1864 年 3 月，他跨越国境前往加拿大，从此开始了他的“荒野大学”之旅。美国或许失去了一名反对奴隶制的士兵，但缪尔却成为人类历史上第一位环境保护的“吹哨人”。

1868 年 3 月，缪尔抵达旧金山，在得知有个叫约塞米蒂的地方后，随即前往。他被约塞米蒂山谷深深地吸引住了，他写道：没有哪个人造的殿堂可以与约塞米蒂相比，它是大自然最壮丽的神殿。缪尔崇拜自然的力量，他曾经在雷雨天把自己绑在被风吹得左右摇摆的树端，感受大自然的力量。要知道他这样做，一个闪电过来就可以让他一命呜呼，这种近似疯狂的举动更可以让众人看出他对自然的狂热。1871 年，美国政府在缪尔的建议下，采取森林保护政策。1890 年，在他的参与下巨杉国家公园和约塞米蒂国家公园建立。1892 年，缪尔创立了全球最早的大自然保护组织——塞拉俱乐部。1901 年，缪尔出版了《我们的国家公园》。除了行动上对美国环保事业的支持，缪尔的思想也影响了美国政府对环保的态度。1903 年，通过他和罗斯福深入的思想交流，美国政府开始重视并大力支持环保事业，这使美国的自然保护进程跨入新的阶段。从整体上看，缪尔的环保思想是出于一种深层次的环境伦理理念，而非环境破坏后再进行的补救，在绝大多数人沉浸于工业革命带来的高速发展的快乐时，缪尔作为环保的倡导者，做出了超前的环保措施，是环保先锋。为了纪念他为美国自然保护做出的贡献，罗斯福总统将红杉海岸峡谷命名为“缪尔国家森林公园”。

在缪尔的思想中，除了承认动物的权利外，还将生物和环境有机地联系起来，这是人类历史上第一次将个人权利与环境相联系的文字记载，表明人类环境思想的萌芽。缪尔对其他动物的观点是：“尚未发现任何证据可以证明，任何一个动物不是为了它自己，而是为了其他动物而被创造出来的，当我们试着把任何一件事物单独抽取出来时，我们却发现它与宇宙中的其他事物都纠缠在一起”。他的思想还是一种人类中心主义理念，其在后期著作中对自然生命的刻意回避，以及刻意与功利主义的自然保护主义者划分界限[3]，也证明了他的环境保护理念仍没有跳出人类中心主义的限制，但不可否认的是作为美国环保运动的先驱，他向人们展示了自然的壮美与慷慨，他的文字吸引了成千上万的人走向自然、热爱自然并捍卫自然，在美国自然环境遭遇掠夺式破坏时，他发出的“环保第一声”标志着环境伦理思想的出现。

4.2　工程中的环境伦理

引导案例：瓦依昂大坝事故

1943 年，意大利为了获得重建所需的电力供应，在亚德里亚电力协会的游说下，国会决定在意大利东北部阿尔卑斯山区修建一座当时世界上最高的大坝——瓦依昂大坝，见图 4.3，1956 年大坝正式开始施工。瓦依昂大坝的独到之处在于采用了双曲拱结构。独特的结构设计使载荷施加在坝拱上，减轻了梁的载荷，不但改善了受力条件，可以承载更强的负荷，而且可以将坝身造得很薄，节省了工期和用料。然而，瓦依昂山谷的地质构造却存在缺陷，数千万年前的海洋地貌形成了现在的石灰岩和黏土相互层叠的结构，石灰岩层间的黏土层在受水浸润时极易形成泥浆，使岩层间的摩擦力降低，存在导致滑坡的隐患。施工刚开始，工程人员就发现左坝肩岸坡很不稳定，根据瓦依昂河谷地质结构，有学者提出有产生深部滑坡的可能性，但设计师认为深部滑坡不可能发生。1959 年秋天，瓦依昂大坝竣工，1960 年 2 月水库开始试验性蓄水，原本相对稳定的岩层在巨大的水压下开始渗水，坡体开始变得不稳定。同年 10 月，当水位到达 635 m 时，左岸地面出现一道长达 1800～2000 m 的裂缝，随后发生了局部崩塌，塌方体积达 700000 m^3，坝前出现高达 10 m 的涌浪。1963 年 10 月 9 日，瓦依昂水库南坡一块南北宽超过 500 m、东西长约 2000 m、平均厚度约 250 m 的巨大山体忽然发生滑坡，大量的土石涌入水库，随即又冲上对面山坡，达到数百米的高度。横向滑落的滑坡体在水库的东、西两个方向产生了高达 250 m 的涌浪，将上游 10 km 以内的沿岸村庄、桥梁悉数摧毁；共有 1900 余人在这场灾难中丧命，700 余人受伤，造成了严重的生态破坏。从技术上说，瓦依昂大坝的设计却又是成功的，经受住了 8 倍设计值的冲击仍安然无恙。然而，我们不能只从技术角度孤立地分析大坝本身，还要看到工程是否能与人和自然和谐相处。

图 4.3 瓦依昂大坝

瓦依昂大坝事故是人类没有全面深刻理解自然规律就贸然行动的典型案例，类似的情节仍然在世界范围内上演，只不过一些工程所表现出来的负面效果需要较长时间的积累才能显现出来。自然界的运行有自身的规律，人类活动首先应该遵循自然规律，然后在遵循自然规律的基础上改变自然。现代工程活动需要依靠科学，但不能只依靠科学，因为科学在处理问题时有初始条件和边界条件，超越了它就必然出现错误，各类工程皆同一理。重要的是要认识到科学不能完全解决我们面临的社会问题和生态问题，还需要人文关怀和社会科学的引导，因为技术上的成功只是工程评价的必要条件，只有同时满足了社会和生态的成功才是真正好的工程，这需要我们用整体的眼光和系统的思维去对待工程[22]。

4.2.1 现代工程中的环境伦理

工程建设是对环境造成最直接影响的人类行为之一，也是对环境造成最大伤害的人类活动之一，工程建设中所产生的环境问题首先应当进入环境伦理学的研究视野。环境伦理学是有关人类和自然环境之间的道德关系的伦理学，可以作为我们改善人与自然关系的理论基础，因此我们还需要对工程与自然的关系有清晰的认识。在现代工程中，工程建设既是经济强大的重要手段，也是环境保护工作的重点对象，而环境保护又需要以强大的经济实力为基础，因此工程建设与环境保护具有一荣共荣、一损俱损的互动依存的发展关系。在理清了二者关系的基础上，进一步探究工程建设与环境保护良性循环的方法，以期达到工程对环境影响的最小化，实现人与自然的和谐共生。我国是发展中国家，一方面，要发展经济，就需要建设，大兴土木在所难免；另一方面，要持续发展，实现人与自然的和谐相处，就不得不重视环境的保护。两者皆不可偏废，是辩证统一的关系。这就需要明确工程建设中应有的环境伦理思想，将环境伦理观念深入工程建设。

1. 现代工程对环境的影响

随着工业化进程的深入，人们对自然资源的需求不断增加，对资源的随意挥霍使人与自然的矛盾开始尖锐起来。

工程建设带来的环境问题主要包括生态破坏和环境污染两大类。最常见的有以下几种（图 4.4）：①大量的能源和天然资源消耗。例如，建筑工程需要消耗大量的木材和水，这些本身已经对环境造成间接的破坏，同时它还需要消耗大量的汽油、柴油、电力等能源。②建筑垃圾、废弃物、化学品或危险品堆积。工程施工过程中每天都会产生大量废物，这些垃圾、废弃物的处理对环境造成了更大的压力。此外，部分化学品或危险品不仅会对环境有影响，也会对人们的身体有危害。③工地产生的污水造成水污染。施工污水、工地生活污水等如果没有经过适当的处理就排放，会污染海洋、河流或地下水等水体。④噪声和振动的影响。施工过程中

图 4.4　现代工程对环境的影响

必然会产生大量噪声，而且施工中需要使用机动设备，设备所产生的噪声和振动会对附近的居民形成干扰。⑤排出的有害气体或粉尘污染空气、威胁人们的健康。工程建设施工机械所排放的废气中的二氧化碳会引起温室效应，施工中产生的大量尘埃等会影响附近的居民。

20 世纪初的资源保护主义和自然保护主义之争，围绕不同的价值观和保护目的，向人们强调了工程活动中保护自然资源的重要性，无论保护的目的是为了更好地开发利用，还是保护自然生态体系本身，环境伦理的观念都开始逐渐深入人心。工业化进程对环境造成的极度破坏、资源消耗最终会影响到人类自身[23]。我国是发展中国家，需要大规模的建设，能源却十分紧张，近年来经济高速发展，给自然资源造成了巨大的压力，我们显然不能走西方资本主义国家“先污染，后治理”的老路。要实现人与自然和谐相处，就要以“生产发展、生活富裕、生态良好”为发展目标。为了在现代化建设中保持经济社会持续发展的同时，又保持健康环境的持续发展，我们应该思考工程建设中应具有的环境伦理学思想。

环境的影响必然也是一个长远的过程，我国目前正处在经济建设的大发展中，不仅要通过工程建设发展经济，更要实现人与自然的和谐相处和社会的可持续发展，同时对工程与环境的关系提出新的更高要求。在工程建设中，我们要充分认识到环境是有生命的，是与我们同呼吸共命运的生命体，不能以人类中心主义心态去开发利用自然。同时，对非人类中心主义的观点也应该有所取舍，发展中国家停止对环境资源的合理利用显然是不可取的，反之自然的工具价值与内在价值并重是值得我们借鉴的。再者，中国传统的生态思维中也不乏让现代人引以为鉴的内容，如道家所提出的遵循万物演化的规律，维护自然界的和谐秩序，要求我们按自然规律办事，如都江堰对洪水采取了引导疏通，而不是围堵拦截的方式，充分体现了中国人在保护环境问题上的按自然规律办事的古老智慧。因此，在工程建设中，引入环境伦理的观念对建立人与环境的平衡具有重要意义。

2. 工程建设与环境保护的关系

工程建设与环境保护作为一个事物的两个方面，存在相互依存的关系。一方面，只要是工程建设，势必需要环境作为支撑，可以说一项工程是一个以人类自身的活动不断与环境进行物质、能量和信息交换的过程。另一方面，工程在建设过程中会对环境产生影响，如果不保护环境，工程建设就失去了其赖以生根的基础，也丧失了其建设的物质来源。可见工程建设与环境保护是密不可分的。从工程建设所需要的环境支持来看，首先如果没有既定的环境，离开了人类赖以生存的环境空间，工程建设将变得无立锥之地；其次工程建设所需要的一切物质资源无一不是从环境中索取。从工程建设对环境的影响来看，没有工程不会对环境产生影响，只是这种影响可以为正，也可以为负。一旦环境被严重地损害、掠夺，被掠夺的环境反过来又可能对工程系统的发展造成直接或间接的损害。

在工业化加速发展的今天，工程建设中的环境保护问题越来越突出和重要，工程实施中自然环境会受到不同程度的破坏，直接影响人们的生活和生命安全，必须要在工程建设和环境保护之间找到平衡点，努力协调两者的关系。

工程建设的决策管理者通常会将经济利益放在首位，将技术可行性作为内在的驱动力，追求工程的优劣，只考虑项目与经济的关系，忽视工程与生态环境之间的关系。正是这种以牺牲生态环境为代价换取眼前利益的行为，使生态环境日益恶化。但实际上，经济发展离不开良好的生态环境，而优美的生态环境是加快经济增长的基础，恶劣的生态环境会使经济难以发展。因此，只看眼前利益而无长远考虑的工程会为社会的发展埋下隐患。

工程活动常会对环境造成一定程度的破坏，如何衡量这一尺度需要有个客观的标准。而不同的工程由于操作条件的差异，难以归纳出统一的标准。在这种情况下，我们除了运用环境评价的技术标准外，还需要运用环境伦理学标准处理工程中的生态环境问题。然而，环境伦理学的理论思想各不相同，如何将这些理论用于支持工程中对待环境的行为，最根本的是要看这些理论的核心问题是什么，抓住了这个关键要素，就可以清楚地理解各种理论为什么如此主张，在具体的工程活动中就可以运用这种思路处理生态环境问题。

在工程活动中通常运用一般的环境伦理理论和思想来指导工程实践。事实上，环境伦理思想和理论在很大程度上就是建立在对工程活动的伦理反思基础上的。它的诸多原则的建立也是基于人征服、改造和控制自然的工程活动。因此，无需建立专门的工程环境伦理，工程中的环境伦理问题只需要相应的环境伦理原则和规范就可以得到解决。把自然环境纳入道德关怀的范畴，确立人对自然环境的道德责任和义务，既是环境伦理学领域最重要的议题，也是工程环境伦理最重要的方面。

自然的价值体现了人与自然的互动，内在具有人的属性，是一个不断变化的动态整体，那么自然的价值可以理解为各种自然物的价值，而且各种自然物的价值也是相互影响的。人类也可以通过展现自然价值实现自身的价值，从而更好地呈现自然的价值[24]。自然具有满足人类需求的外在工具价值，同时也有不依赖于人的内在价值，内在价值是工具价值的基础。人类中心主义之所以不承认自然具有内在价值，是因为从伦理学视角来看，内在价值与道德权利是密切联系的，即如果我们承认了自然事物拥有内在的价值，也就理所当然地认可了自然事物的道德权利，也就是我们有道德义务维护自然事物，使它能够实现自身价值[25]。

我国作为发展中国家不可能像西方生态学所推崇的那样，采取极端的生态保护主义，完全抹杀人类与非人类的界线，不管是否对人类有利或有害，人只能盲目地服从于生态系统的完整性，事实上，这样的环境保护政策已经体现出了一定的环境法西斯主义的倾向。无论如何，发展才是我们的主旋律，我们不能也不可能像某些西方资本主义国家那样，在雄厚的经济基础上谈环境保护问题，我们要在积极建设的前提下谈环境保护。因此，工程建设与环境保护的关系应当是共生共荣、一损俱损、互动发展的。

3. 工程建设与环境保护的共同发展

要实现工程建设与环境保护的共同发展，具体来说，就是要在工程建设过程中体现出环境伦理意识，使保护环境成为工程活动的重要目标，也就是形成现代工程中的环境伦理。由于保护环境的诉求或依据不同，在各种利益的冲突下，结果就会大相径庭。因此，如何把环境保护行动在道德和法律的层面确定下来，使其变成工程共同体的责任和义务，这就需要工程共同体成员对环境伦理和环境法的基本思想和理论有所认识。人们要以良好的环境伦理意识促进工程建设的可持续发展。用伦理道德规范约束工程建设，使工程更好地符合人类的需要，促进人与自然和谐相处；同时要研究工程发展对伦理道德的影响，不断应对新情况，解决新问题，更新道德观念，完善行为规范[26]。

以四川省阿坝州雪山隧道和青海省雁口山隧道工程为参考案例，公路工程建设是国民经济发展和社会进步的内在要求，但是公路的修建势必消耗资源、改变地形地貌和原有的自然环境，建设和运营过程还可能产生各种污染，并且这种影响是长期的。随着时间的推移，这两项工程对环境的影响逐渐加深，如图 4.5 所示[27]。

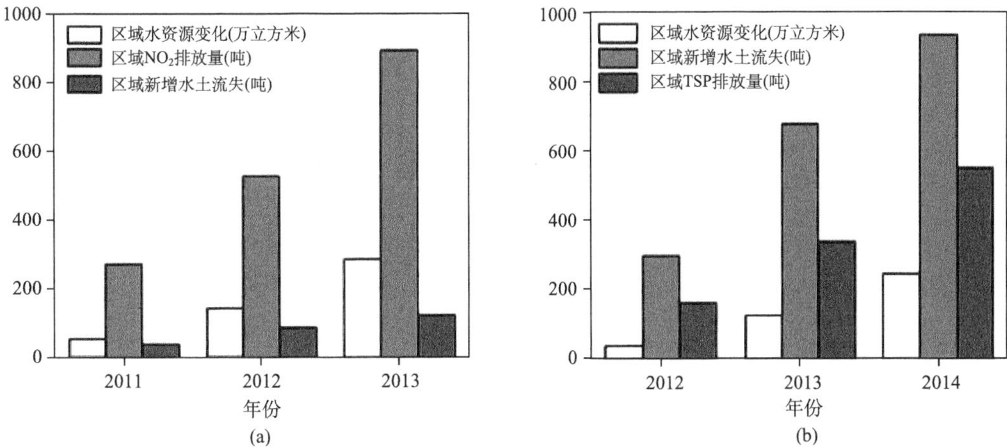

图 4.5　四川省阿坝州雪山隧道（a）和青海省雁口山隧道（b）的环境影响评价

此外，还有很多公路建设会因选线不当造成对沿线生态环境的破坏，会因工程防护不当造成水土流失、坡面侵蚀与泥沙沉淀，会因公路带状延伸破坏路域的自然风貌，会因施工过程造成环境污染，会因营运车辆及行人对公路及周边造成污染等。如何在必需的工程活动中缓解经济与环境的冲突，需要在工程的决策规划、施工管理等环节加入环境道德评价，这些措施既是技术性的，也是环境道德所要求的。西双版纳勐仑镇的创建是我国建设生态文明乡镇的良好典范。勐仑镇位于勐腊县西北部，是生态保存最完整的地区之一，主要有热带雨林、热带季风雨林和南亚热带季风常绿阔叶林等，当地以旅游循环经济的理念为指导，本着“保护中营造、营造中保护”的基本思路来建设环境友好型旅游小镇。旅游循环经济作为一种产业经济形态，延伸产业链，改变过去采取以关停污染企业为主的传统方法实现对环境的治理，增加就业；发展旅游循环经济要求技术不断进步，倡导生态旅游、绿色消费，增强产品的科技含量，提高绿色健康指标标准；发展旅游循环经济，促进人与自然的和谐相处，实现自然、人类及旅游的供需平衡，统筹资源环境保护和经济快速发展；在资源或能源利用上，改变传统的重“开源”轻“节流”的方式，实现开源节流并重，构建效益最大化和代内、代际、区际之间的公平发展；发展旅游循环经济，在生态效益的基础上实现社会效益，是一种“三赢”经济，发挥旅游调整城镇产业结构的加速器功能，引导人们向第二、第三产业转移，见表 4.4[28]。

现代工程活动对规划和建设项目实施后可能造成的环境影响有专门的环境影响评价环节，能够对工程活动进行分析、预测和评估，提出预防或者减轻不良环境影响的对策。例如，德国工程师协会有专门的手册，内容包括技术和经济的效率、公众福祉、安全、健康、环境质量、个人发展，以及生活质量等方面。我国 2006 年发布的申请“注册环保工程师”的执行办法也规定了相关考核认定的条件，内容涉及工程活动中的水污染防治、大气污染防治、固体废物处理处置和物理污染防治等方面，但是这些要求基本上是技术性的。

表 4.4　勐仑镇历年各产业相关经济指标

年份	按可比价格计算的生产总值/万元			
	第一产业	第二产业	第三产业	总计
2001	2046.6	462.6	3764.8	6274.6
2002	2177.5	578.5	4258.9	7014.9
2003	2506.8	515.0	4473.7	7495.5
2004	2570	259	5556	8385

人的生活质量需要多方面来充实，虽然物质需求是基本，但是不是最终的指标，尤其是在达到一般生活水平时，环境指标可能更为重要，中国各大城市面临的严重大气污染与工程活动有直接的关系，需要我们对工程活动的各个环节进行必要的伦理审视，同时在工程活动中加入环境伦理的内容。国家统计局、北京市统计局和中国社会科学院京津冀协同发展智库联合开展了京津冀区域发展指数研究，构建了一种协调、绿色、创新、开放、共享的新发展理念，建立的一系列评价指标为现代工程活动的进行提供了良好的示范作用，见表 4.5。

表 4.5　京津冀区域发展指数的部分评价指标体系

<table>
<tr><th>一级指标</th><th>二级指标</th><th>三级指标</th><th>权重</th></tr>
<tr><td rowspan="8">协调发展</td><td rowspan="3">区域协调</td><td>省（市）级人均 GDP 差距</td><td>3</td></tr>
<tr><td>县（市、区）级人均 GDP 差距</td><td>3</td></tr>
<tr><td>省（市）级人均一般公共预算支出差距</td><td>2.5</td></tr>
<tr><td rowspan="2">城乡协调</td><td>城乡居民人均可支配收入差距</td><td>3</td></tr>
<tr><td>城镇化率</td><td>2.5</td></tr>
<tr><td rowspan="3">精神文明物质文明协调</td><td>文体娱乐业固定资产投资与地区生产总值之比</td><td>2</td></tr>
<tr><td>居民文教娱乐服务支出占居民家庭消费支出比重</td><td>2</td></tr>
<tr><td>互联网普及率</td><td>2</td></tr>
<tr><td rowspan="11">绿色发展</td><td rowspan="3">节能减排</td><td>单位 GDP 能耗</td><td>2</td></tr>
<tr><td>单位工业增加值用水量</td><td>2</td></tr>
<tr><td>单位 GDP 二氧化硫排放量</td><td>1</td></tr>
<tr><td rowspan="2">空气质量</td><td>全年空气质量二级以上天数比重</td><td>1.5</td></tr>
<tr><td>$PM_{2.5}$ 平均浓度</td><td>2.5</td></tr>
<tr><td rowspan="2">绿色投资</td><td>节能环保支出占一般公共预算支出比重</td><td>2</td></tr>
<tr><td>环境污染治理投资占地区生产总值的比重</td><td>2</td></tr>
<tr><td rowspan="4">生态建设</td><td>人均城市绿地面积</td><td>2</td></tr>
<tr><td>湿地面积占辖区面积比重</td><td>1</td></tr>
<tr><td>人均水资源量</td><td>2</td></tr>
<tr><td>地表水劣 V 类比例</td><td>2</td></tr>
</table>

注：数据来自国家统计局（京津冀五年发展成效显著，区域发展指数持续提升）。

工程中的环境伦理不仅考虑人的利益，还要考虑自然环境的利益，更要把两者的利益放到系统整体中考虑。通常，工程活动中，人的利益是工程的首要目标，自然作为资源和场所常被排斥在利益考虑外，被考虑也只是因为它看起来会影响或危及人自身。现代工程的价值观要求人与自然利益双赢，即使在冲突的情况下也需要平衡，这就需要我们把自然利益的考虑提升到合理的位置。

4. 现代工程的环境伦理原则

根据工程价值观的需求，我们在进行工程活动时对环境有相关的道德义务。这些道德义务通过原则性的规定成为现代工程必须遵循的规则及评价行为的标准，见图 4.6。

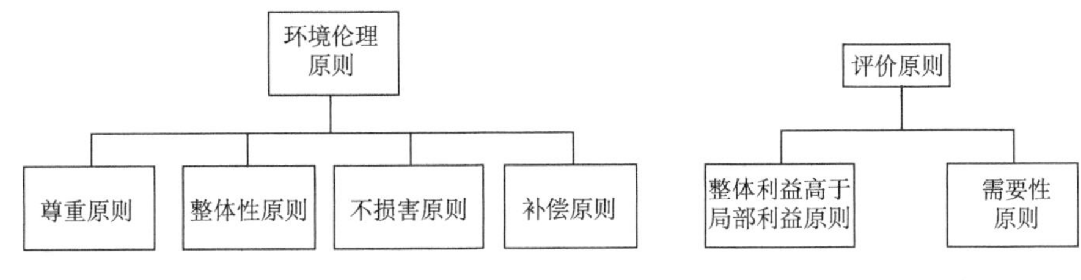

图 4.6　工程的环境伦理原则

现代工程活动中的环境伦理原则主要由尊重原则、整体性原则、不损害原则和补偿原则四部分构成。

（1）尊重原则。一种行为是否正确取决于它是否体现了尊重自然这一根本性的态度。人对自然环境的尊重态度取决于我们如何理解自然环境及其与人的关系。尊重原则体现了我们对自然环境的首先态度，因而成为我们行动的首要原则。

（2）整体性原则。一种行为是否正确取决于它是否遵从了环境利益与人类利益相协调，而非仅仅依据人的意愿和需要。人与环境是一个相互依赖的整体。开发利用自然资源时必须充分考虑自然环境的内在价值，如果只考虑人类的利益则会破坏生态的整体性，最终损害人类自身。环境伦理把促进自然生态系统的完整、健康与和谐作为最高意义的善，这是对整体性原则的遵循。

（3）不损害原则。一种行为如果以严重损害自然环境的健康为代价，那么它就是错误的。不损害原则隐含着这样一种义务：不伤害自然环境中拥有自身善的事物。如果自然拥有内在价值，它就拥有自身的善，它就有利益诉求，这种利益诉求要求人们在工程活动中不应严重损害自然的正常功能。这里的“严重损害”是指对自然环境造成的不可逆转或不可修复的损害。不损害原则充分考虑了正常的工程活动对自然生态造成的影响，但这种影响应当是可以弥补和修复的。

（4）补偿原则。当一种行为对自然环境造成了损害，那么责任人必须做出必要的补偿，以恢复自然环境的健康状态，这一原则要求人们履行这样一种义务：当自然生态系统受到损害时，责任人必须重新恢复自然生态平衡。所有的补偿性义务都有一个共同特征：如果他的行为打破了自己与环境之间正常的平衡，那么就必须为自己的错误行为负责，并承担由此带来的补偿义务。

这里，我们需要考虑自然环境受到损害的两种不同情形。第一种情形是：损害环境的行为不仅违反环境伦理的上述原则，而且违反了人际伦理的基本原则。例如，工程造成的污染不仅违反了环境伦理，也违反了人际伦理的公正原则，其行为显然是错误的。第二种情形是：

破坏环境的行为虽然违反了环境伦理，但是是一个有效的人际伦理规则所要求的，当自然的利益和人类的利益存在冲突时，需要我们对原则运用有一个先后的排序。

我们可以依据一组评价标准对何种原则具有优先性进行排序，并通过运用排序后的原则判断我们行为的正当性，这一组评价标准由更基本的两条原则组成。

（1）整体利益高于局部利益原则。人类一切活动都应服从自然生态系统的根本需要。

（2）需要性原则。在权衡人与自然利益的优先顺序时应遵循生存需要高于基本需要、基本需要高于非基本需要的原则。

当自然的整体利益与人类的局部利益发生冲突时，可以依据原则（1）解决；当自然的局部利益与人类的局部利益，或者自然的整体利益与人类的整体利益发生冲突时则需要依据原则（2）解决。例如，当自然的生存需要与人的基本需要发生冲突时，以前者优先，只有在一种相当罕见的极端情况下，即人类与自然环境同时面临生存需要且无任何其他选择时，人的利益才具有优先性。

环境伦理的观念确立后，人类与环境之间将存在一定的利益冲突，但这是人与自然关系的进步，这表明我们在解决环境问题上引入了伦理维度，是处理人与自然关系上的进步。

4.2.2　工程师的环境伦理

工程是一种复杂的社会实践活动，涉及技术、经济、社会、政治、文化等方面，尤其是现代工程，是工程共同体的群体行为，其中的每个组成部分应该承担环境伦理责任。

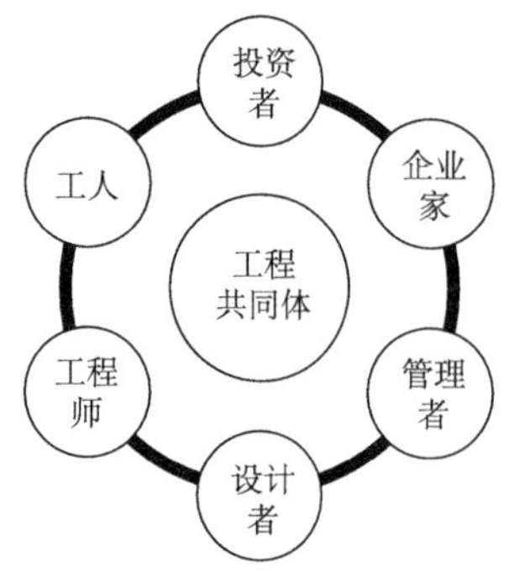

图 4.7　工程共同体的组成

工程共同体是以共同的工程范式为基础形成的以工程的设计建造、管理为目标的活动群体，包含多类成员，见图 4.7。因此，工程的环境影响与工程共同体关系密切，要保证工程活动不损害环境，甚至有利于环境保护，就必须针对工程共同体在工程活动过程中的地位和角色，理清工程共同体、工程与环境之间的关系，赋予工程共同体以相应的环境伦理责任。这样的责任既是群体责任也是个体责任，应该包括以下几个方面[29]：

（1）评估、消除或减小关于工程项目、过程和产品的决策所带来的短期的、直接的以及长期的、直接的影响。

（2）减小工程项目和产品在整个生命周期对环境和社会的负面影响，尤其是使用阶段。

（3）建立一种透明的、公开的文化，在这种文化中，关于工程对环境以及其他方面的风险信息（客观、真实）必须和公众有公平的交流。

（4）促进技术的正面发展用来解决难题，同时减少技术的环境风险。

（5）认识到环境的内在价值，而不要像过去一样将环境看作是免费产物。

（6）合理解决国家间、代际的资源分配问题。

（7）促进合作而不是竞争。

工程共同体的环境伦理主要指工程活动应考虑环境与人类社会对生产活动的承受性，判断工程行为是否会造成环境污染、资源损失以及对人类社会的影响，最大限度地保持自然界的生态平衡。在这方面，国际性组织环境责任经济联盟（CERES）为企业制定了一套工程共同体的行动指南，它涉及对环境影响的各个方面，如保护物种生存环境，对自然资源进行可持续性利用，减少制造垃圾和能源使用，恢复被破坏的环境等。该原则意味着工程共同体将以改善环境为目标，并对其工程行为造成的环境影响负责。

工程决策是减少环境破坏的根本性环节，在工程活动中企业往往会遵从经济价值、企业目的、实用目的，并非遵从环境伦理原则，这表明环境伦理观念在当今社会经济发展和工程决策中的必要性。要将环境伦理所倡导的人与环境协同的绿色决策理念真正纳入政策、规划和管理各级，需要通过制定有效的法律条例和综合的环境经济评价制度。

工程设计是工程活动的起始阶段，决定着工程可能产生的各种影响，工程实践中的许多伦理问题都是在设计中埋下的。通常，设计者会遵循一般的原则如功能满足原则、质量保障原则、工艺优良原则、经济合理原则和社会使用原则等。然而，所有这些都是围绕产品自身属性来考虑的，而产品的环境属性很少被涉及。现在的工程设计更加重视环境标准，将工程的物质需求与环境目标并行考虑。现在的工程设计已经开始突破人类中心主义观念，并能认识到人与自然的依存关系，人能改变环境，但仍是环境的一部分，人类通过工程展现技术水平时，也应当具有道德精神，在利用环境的同时尊重环境。

对于工程师，他们既是工程活动的设计者，也是工程方案的提供者、阐释者和工程活动的执行者、监督者，而且还是工程决策的参谋，在工程共同体中起着至关重要的作用[30]。工程师在工程的设计、实施中不仅要对工程本身、对雇主利益、对公众利益负责，还要对自然环境负责，使工程技术活动向有利于环境保护的方面发展，因此对工程师而言环境伦理尤为重要。随着工程对自然的干预和破坏能力越来越大、后果越来越危险，工程师需要发展一种新的责任意识，即环境伦理责任。

传统的工程伦理认为工程师应当将对雇主忠诚作为首要义务，但是这种评价机制侧重于工程领域内部，忽视了工程师与公众、工程与环境的关系，环境伦理责任作为崭新的责任形式，要求工程师突破传统伦理的局限，对环境有一个全面长远的认识，并承担环境伦理责任，维护生态健康发展。如今的评价标准，需要工程师把工作做完善，促进经济发展，同时避免环境破坏。工程师的环境伦理责任包含了维护人类健康，使人免受环境污染和生态破坏带来的痛苦和不便；维护自然生态环境不遭破坏，避免其他物种承受其破坏带来的影响。从伦理的角度来看，工程师担负的责任与其所拥有的权利和义务是相等的。工程师的环境伦理责任不仅赋予工程师责任和义务，还同时赋予了相应的权利，使其能在必要时站在对自然环境有利的一方。

环境伦理学虽然从哲学的层面为工程师的环境伦理责任提供了理论基础，但这并不能保证他们在工程实践过程中采取相应的行为保护环境。因为工程师在工程实践活动中具有多重角色，对任何一个角色都负有伦理责任，如对职业的责任、对雇主的责任、对客户的责任、对同事的责任、对环境和社会的责任等，当这些责任彼此冲突时，工程师常会陷入伦理困境，因而需要相应的制度和规范来解决此类困境。每个工程项目都有自己的特定目标和实施环境，面对问题时的情境各不相同，工程师在处理这类棘手问题时仅凭直觉和良心是不够的，需要学会运用环境伦理的原则和规范处理问题，在无明确规范的情况下，可以运用相关法律法规解决。

环境伦理规范是工程师在面临环境责任时可以遵循的行为指导，因此工程师环境伦理规范对现代工程活动意义重大。它不仅能为工程师在解决工程与环境的利益冲突方面提供帮助和支持，还可以帮助工程师处理好对雇主的责任，以及对整个社会的责任。当一个工程面临潜在的环境风险时，或者工程的技术指标已达到相关标准，而实际面临尚不完全清楚的环境风险时，工程师可以主动明示风险。对于工程师伦理责任的研究，19 世纪初英国陆续制订了一些环境法规，很早就重视用法律规范工程师的环境行为，工程师在履行环境伦理责任时，规范的导向作用对工程师的生态行为有很强的约束性。澳大利亚工程师协会制定的《工程师环境原则》将可持续发展的职业道德作为最核心的内容[31]。为了更好地履行保护环境的责任，工程师应该持有恰当的环境伦理观念，以此规范自身的工程实践行为，以达到保护环境的目的。这些规范不只是某些工程行业的规范，而应该成为所有工程的环境伦理规范，工程师依据它指导和规范具体的工程实践活动，结果必然会使工程活动中的环境损害大大降低。

以天津港爆炸事件为例，2015 年 8 月 12 日天津港瑞海公司发生特别重大火灾爆炸事故，事故造成 165 人遇难，8 人失踪，798 人受伤，304 幢建筑物、12428 辆商品汽车、7533 个集装箱受损。截至 2015 年 12 月 10 日，已核定直接经济损失 68. 66 亿元人民币。

国家规定，危险化学品仓库选址应选在距离交通干线、公共建筑物至少 1 km 的空旷地区，并处于下风口，而该爆炸案例中的危险品 7 号货柜方圆 1 km 范围内有 2 个住宅区、沿海高架桥及开发区，这明显是违规的。在这次天津爆炸案例中，工程师们在为公司设计危险物品的储存时对环境的影响并没有考虑太多，对企业的安全设计考虑得不够细致，并没有意识到会产生巨大的安全问题。由此看出，工程师在工程设计中，要把工程是否影响人类及自然的和谐发展作为评判性标准，不仅考虑企业的利益，还应该考虑人与自然的和谐稳定[32]。

目前我国尚未出台工程师的环境伦理规范，但欧美等工业化国家的行业环境伦理规范可以为我们提供工作指南。随着工程师环境责任意识的增强，最终会促使人们在工程活动中把合自然的规律性与人的目的性目标结合起来，从而带来更多环境友好的工程[33]。

参考案例：兰州水污染事件

2014 年 4 月 10 日，兰州市威立雅水务公司检测发现其排水中苯含量高达 118 μg/L，严重超标。此后曾升高至约 200 μg/L，最高时超出国家标准 20 倍。2014 年 4 月 11 日，威立雅水务公司在进行了 4 次检验后，最终确认 4 号自流沟第二水厂入水口、第二水厂出水口自来水苯含量严重超标。2014 年 4 月 11 日 12 时，这则消息经媒体报道，立刻造成了群众恐慌，引发了一场抢水风波。

2014 年 4 月 13 日，兰州市召开自来水苯超标事件第二次新闻发布会，会上通报称，导致此次污染事件的原因是兰州威立雅水务公司两水厂之间的自流沟内水体受到了污染，并初步查明周边地下含油污水是引起自流沟内水体苯超标的直接原因。初步判断，自流沟周边地下含油污水形成的原因有二：一是原兰化公司一渣油罐曾于 1987 年 12 月 28 日发生物理爆破事故，有 34 t 渣油渗入地下；二是原兰化公司一出口总管曾于 2002 年 4 月 3 日发生开裂着火，泄漏的渣油及救火过程产生的大量消防污水渗入地下，该通报说明这条自流沟早已被含油污水污染。

关于事故背后的纠责问题应该被关心，当地政府履行职责不到位，威立雅水务公司也难辞其咎，兰州市政府于 2007 年将全市自来水业务承包给威立雅水务公司，却没有对“超期服役”设施进行任何改造，给全市供水埋下安全隐患。因此，相关工程人员应当反思用水设施是不是得到了及时的更新和维修，当地政府和自来水公司的检测是否到位。

4.3　环境工程的伦理问题

引导案例：南昌市麦园垃圾填埋场选址事件

江西省南昌市每天处理垃圾约 3500 t，其中约 70%依靠填埋处理。麦园垃圾填埋场坐落于南昌市经开区，是当地唯一一座生活垃圾填埋场，在其周边遍布着工厂、学校、住宅小区等人群较为密集的建筑。麦园垃圾填埋场始建于 1997 年，三面环山，开口向南，设计使用年限为 31.5 年。麦园垃圾填埋场是依照生活垃圾日处理量 1000 t，年处理量按 3%~5%递增的标准进行建设的，但是现在每天需要处理的垃圾高达 2600 t，这远远超过当初设计时所承载的处理量。另外，垃圾填埋处理方式受气候影响较大，在气压较低、早晚温差较大等特殊天气条件下，容易使垃圾堆积后自然散发的臭气弥漫四周，难以快速消散。麦园垃圾填埋场因设计不足，导致在垃圾处理过程中产生恶臭气味，严重影响了周围几十万人的生活。为缓解麦园垃圾填埋场的处理压力，南昌市政府决定将麦园垃圾填埋厂升级改造为日处理生活垃圾 2400 t 的垃圾焚烧发电厂。

垃圾填埋场的选址存在哪些问题？据此案例，环境工程伦理问题为什么发生？参与承担此项目的环境工程师忽略了哪些问题？不当选址会对社会和公众造成怎样的影响？环境工程师应该遵守哪些职业伦理规范？

4.3.1　环境工程伦理问题的产生

1. 环境工程的演变与特征

20 世纪 50 年代末，中国提出了资源综合利用的观点。60 年代中期，美国开始了技术评价活动，并在 1969 年的《国家环境政策法》中规定了环境影响评价的制度。至此，人们认识到控制环境污染不仅要采用单项治理技术，还要采取综合治理措施和对控制环境污染的措施进行综合的技术经济分析，以防止在采取局部措施时与整体发生矛盾而影响清除污染的效果。在这种情况下，在环境污染防治领域，各学科经过长期的孕育和发展过程，终于在化学、环境化学及其他学科的基础上，形成了一门全新的学科——环境工程。环境工程学是在人类解决环境污染问题和全球环境问题的过程中逐步形成和不断发展起来的，以解决环境污染问题为目标的一门新兴学科[34-36]。随着人类生产和生活的进一步发展，环境污染从分散的点污染或局部污染发展为广泛的区域性污染，从而逐渐走向区域性综合防治的道路，使环境系统工程和环境污染综合防治技术迅速发展起来[37-39]。

环境工程是研究和从事防治环境污染和提高环境质量的科学与技术，是人类为了减少工业化生产和人类生活过程对环境的影响而采取的治理污染的工程手段，它依托于环境工程学中的污染控制理论、技术、措施和政策，通过工程手段改善环境质量，保障人类的生存与健康，保障社会的可持续发展。主要内容包括大气污染防治工程、水污染防治工程、固体废物处理与利用及噪声控制等。环境工程也研究综合防治环境污染的方法与措施，并运用系统工程的方法，从区域整体出发，寻求解决环境问题的最佳方案[40-42]。

环境工程同时也是人类在与环境污染做斗争、保护和改善生存环境中逐渐形成的。中国在开采和保护水资源方面，早在公元前 2300 年左右就发明了钻井技术，促进了村集市的形成。此后，为保护水资源，又建立了以刀守井的制度。就排水工程而言，中国在公元前 2000 多年前就建造了陶管的地下排水管。约公元前 6 世纪，古罗马人开始建造地下排水管。明朝以前，中国就开始使用明矾净化水。19 世纪初，英国开始采用砂滤法对自来水进行净化，并在 19 世纪末使用漂白粉进行消毒。就污水处理而言，英国于 19 世纪中叶开始建立污水处理厂，并于 20 世纪初采用活性污泥法进行处理。自此，卫生工程、给排水工程等逐渐发展起来，形成了一个技术性学科。关于空气污染控制，为了消除工业生产产生的粉尘污染，1885 年美国发明了离心除尘器。进入 20 世纪后，除尘、调节空气、改造燃烧室、净化工业气体等工程技术逐步推广应用。对于固体垃圾的处理，历史更久远。早在公元前 300~1000 年，古希腊就开始采用填埋法处理城市垃圾。20 世纪，固体废弃物的处理与利用研究不断取得成果，出现了利用工业废渣生产建材等工程技术。关于噪声控制，在中国和欧洲一些国家的古建筑中，墙壁和门窗的布置都考虑到了隔音问题。到了 20 世纪，人们开始广泛地研究噪声控制问题。20 世纪 50 年代开始，噪声控制的基本理论开始确立，环境声学开始形成。20 世纪以来，以化学、物理、生物学、地质、医学等理论为基础，运用卫生工程、给排水工程、化学工程、机械工程等技术原理和手段，解决了废气、废水、固体废物、噪声等多个问题，使单一的治理技术得到了较大的发展，逐步形成了单元式的治理技术操作、单元式的治理过程，以及某些水体和大气污染的治理工艺系统。

2. 环境工程伦理问题的形成

工程活动与生产活动息息相关，任何物质的创造都会消耗资源，在消耗资源的过程中必然会有废弃物的排放。环境保护与经济发展的统一性和对立性是环境工程伦理问题中最大的问题。经济活动是一切其他活动的物质基础，经济关系也是一切其他社会关系的物质基础[43-45]。同时，环境又是社会经济体系的基础，是人类生存与发展的根本。环境污染、生态失衡、人口爆炸、能源危机等全球性问题对人类的生存和发展构成了威胁，其中环境问题主要是指在全球环境或区域环境中出现了不利于人类生存和发展的现象。它是当前世界上人类面临的几个重要问题之一。在环境问题日益突出的情况下，人们越来越重视环境问题，促进了环境科学研究工作的开展。人类是环境的产物，环境是人类改造的对象。人类在与自然的斗争中，运用自己的知识通过劳动不断地改造自然，创造新的生存环境。但是，由于人类认识能力和科技水平的限制，在改造环境的过程中往往会产生一些意想不到的后果，造成环境的污染和破坏。造成环境问题的原因多种多样，但目前所说的环境问题并不局限于环境污染，其主要原因是人类对环境的不适当利用，以及人类社会发展与环境之间的不协调。环境问题的内容也是多方面的，如环境污染、生态破坏、人口激增及资源的破坏与枯竭等(图 4.8)。生存环境质量的重要性在人类的发展过程中早已被重视，并有意无意地通过工程手段来维护和保证生存环境质量。

图 4.8　环境问题

环境工程不仅可以解决环境污染、资源利用等环境问题，还会带来可观的社会效益和一定的经济效益。环境工程伦理是绿色价值观的核心内容之一，它的根本精神是扩展伦理关怀的范围，使人与自然的关系建立在一种新的伦理原则的基础上。它要求我们在与自然(包括动物、植物和生态系统)接触时，要遵守一定的伦理原则，要关心他人、怜悯动物、珍惜生命、尊重大自然。现在环境保护在环境工程中已经成了一种时尚，要想避免这种时尚演变成一种肤浅的时髦，我们必须把它建立在伦理原则和道德理想的基础上。只有当我们是出于伦理原则和道德理想而保护环境时，我们的环境保护事业才能从幼稚和肤浅走向深层和成熟。分析环境工程活动中的伦理问题，与其他工程类似，同样会面临公共安全、生产安全、社会公正、环境与生态安全、工程管理制度的道义性，以及工程师的职业精神与科学态度等问题。

4.3.2　环境工程中的利益与公正

社会正义是一种群体人道主义，即尊重和保障个人合法的生存、发展、财产、隐私权等权利。人与人之间的平等一般指平衡，即调节社会中的各种关系，要坚持社会成员的作用与其权利与义务之间、社会地位之间、贡献与获得之间的相互协调，以实现社会生活的稳定、持续、有序。在环境工程中，由于涉及资源和利益的分配、强势群体和弱势群体、发达国家和发展中国家、主流文化和边缘文化等问题，造成了工程受益方与受害者、委托人与出资人之间的矛盾[46-48]。

工程师视自己为解决关于公共利益问题的人，但在公众眼中，他们的形象往往有所不同。人们宣传了一些破坏人类和环境健康的失败工程，使有些人将工程师视为制造麻烦的罪魁祸首，而非解决问题的能工巧匠。这一问题的根源在于工程师和普通大众所持的伦理观念不同。由于大部分工程师都是追求利益的功利主义者，因此他们相对地忽视了对个人的伤害；又因为工程师都是实证主义者，他们往往忽视或排除那些不能给出理由的观点，如无法测量甚至缺乏经验数据，从而忽视了无形的东西。工程师当然很重视公众，但是他们对于在特定的环境中什么对人有益，怎样处理这样的事情，也有独特的观点。另外，工程师认为他们从事的是应用自然科学，而非应用社会科学。

利益通常用爱好或偏爱得到满足来评价。成本-效益分析就相当直接地应用了功利主义思想，先计算总的成本和总的效益，然后将后者除以前者。功利主义的批评者认为，只要最后的净效果是有利的，功利论者会接受损害。例如，为了获取好处，功利论者会放弃自由自在的生活。功利主义的价值观使美国环保局在计算污染物可能带来的损害后，提出一个百万分之几的“可接受”的风险。在功利主义思想中，行动的成效是它带来了什么，而不是行动本身的质量。如果效益是巨大的，那么一百万人中有一个人受到伤害的代价就可以忽略。然而，当行动关系到自己或他人的福利时，大多数人就不是功利论者了。即使人们天生不是自私的自我主义者,但是许多人会把自己和其所爱的人的利益不公平地置于其他人的利益之上，这也是很自然的。即使我们能够毫无偏见，即使我们的利益没有直接被涉及，成本-效益分析仍有可能被视为不道德的，因为成本和效益有可能被不均衡地分配。有些人将多承受一些牺牲，而有些人将多获取一些利益，许多人都认为这样的分配不公平。

对功利主义持批评态度的人认为，如果一个人不愿自己或爱人在某些特定情况下受到伤害，那么让一百万人中的另一个人受到伤害肯定也是不合理的，因为强加给别人的伤害也是不公平的。如今，要求工程师保护环境而不危害人类健康，可能会在一些工程师身上引起道德上的难题。尽管在利益冲突以及避免欺骗等问题上，工程师们基本上能够在他们胜任的范围内做到与工程章程条款一致，但对于如要求工程师保护环境而不危害人类健康等强有力的条款，许多工程师可能会表示反对。在环境保护的大多数情形下，由于技术的限制，往往会带给人类或多或少的伤害，这是不可避免的事情。保护环境而完全不危害人类健康这种鱼和熊掌不可兼得的事情，使工程师很难在环境工程的利益和公平之间做出权衡。

当前，经济发展与环境保护之间的矛盾日益尖锐，在这种背景下，区域间发生的经济利益关系越来越多地与环境利益关系相伴而生，环境利益关系一般又会影响到区域间一定的经济利益关系。各地区的自然条件、环境的自净能力、人对环境质量的敏感度，以及人与环境的关系状况，都会影响人们批准或限制使用环境的许可程度。明显地，自然环境资源独特的区域特性限制了环境供给的数量和流动性[49,50]。同时，经济与环境的矛盾还面临同一流域内上下游之间的水污染控制问题和生态公益林的生态效益溢出的问题。上游地区付出努力进行环境保护、水污染治理，受益的是下游地区和相关部门；林业部门建设生态公益林，林业部门和林区人付出成本和经济损失代价，相关的受益地区、部门和人却可以免费享受环境改善的效益。在这两类典型问题中，在没有一个合理的利益协调机制和明确的产权划分的情况下，环境保护一方应获得的部分环境租金流失转移到了环境受益一方，产生了不合理的区域利益分配结果[51]。例如，在西电东输中，一是西部地区的“清洁”(相对于广东来说是清洁的能源)电能直接满足了广东电力需求的增长，但并未对广东造成污染、直接产生环境效应；二是按照广东控制大气污染的要求，关闭当地小火电机组将会产生明显的环境影响，最为直接的效应是 SO_2 的减排效应，对减轻广东的酸雨危害有巨大贡献；三是西电东输使广东在控制污染、改善环境质量的同时，大大节约了本地的环境污染治理成本，见表 4.6。

表 4.6　西电送广东带来的 SO_2 减排效应估算和环境成本节约估算[51]

时间/年	西电送广东电力/万千瓦	替代广东火电装机量/万千瓦	减少 SO_2 排放量/万吨	脱硫设备成本节约/亿元	SO_2 治理费用节约/亿元
2005	1000	400(5 万千瓦以下机组)	20	>75	1.2
2010	2000	600 (13.5 万千瓦以下机组)	30	>150	1.8
2020	4000	480 (20 万千瓦以下机组)	24	>300	1.44

为此，国家环境管理体系亟待完善。从理论上讲，国家可以通过征收环境税和排污费的方式获得部分环境租金，并对环境保护的子区域实行专项补贴，还可以建立环境资源使用权的市场交易机制等市场化手段，促使社会环境与经济利益具有相容性和公正性。必须采取措施，运用市场和政府两种手段，实现能源优化配置效益、经济效益和社会效益的合理配置，促进区域间环境利益的合理分配。不搞“谁污染，谁付费”，不搞“谁受益，谁补偿”，对环境利益受到损害的西部地区要给予适当补偿，对积极开展环境保护的给予经济激励，受益地区要分担部分环境成本，为使用清洁能源支付费用。国家要在获得全局效益的同时，加大对未受益地区的财政转移支付力度，并给予制度支持。

环境工程师在面临利益与公正问题时，有时也不是他们非得谋求利益，只是在环境标准与法规中缺少有关规定，他们只是谋求了利益最大化而已。这些依据的缺失反过来也复杂了工程中的利益与公正问题。

与世界许多发达国家一样，我国的环境治理工作一开始也是采取“先发展后治理”的末端治理方式。特别是改革开放初期，一味地强调经济发展的重要性而忽视了自然环境所受到的污染和破坏，直到污染恶化的情况影响到了居民人身健康时才被动地针对单个污染源开展治理工作。然而，我国社会经济的快速发展所产生的污染物质和对环境资源的浪费和消耗速度已经不是控制点源污染所能解决的了，原来的环境治理工作思路是治标不治本的徒劳工作，既消耗了大量的资金又不能切实解决环境问题。自联合国环境与发展会议召开以来，可持续发展的理念得到全世界人们的认同，这一环境法治思想也受到了我国环境法学界的关注。学者们就这一先进理论如何运用到环境法的立法、执法、司法中进行了大量的研究和探讨。我国近些年所颁布的许多环境法律法规都集中体现了这一理念，如《环境影响评价法》《海洋环境保护法》《海岛保护法》《可再生能源法修正案》。然而我国的环境标准规范制定的思路却与整个环境法发展的步伐相距甚远[52-54]。

环境标准是环境执法、环境监测的基础和尺度，因此环境标准的内容应尽可能涵盖环境保护的方方面面。截至 2017 年，我国现行国家环保标准已达 1753 项，地方环保标准更是数不胜数。目前的环保标准虽然涉及大气、水、噪声、土壤、固体废物和化学品、核辐射和电磁辐射等领域，但是与我国环保工作的需求相比，仍有很大差距，在有毒有害物质控制、生态环境保护、人体健康保护、产品安全控制等方面还缺乏相应的标准，尤其是关于人体健康的环境标准还很不完善，在很多领域都是空白。环境法必须防治环境污染和生态破坏，但只有这一点还不够，只有为人民服务、为人类健康着想的环境法才是良法。当前我国环境立法的核心价值在于为公民的健康着想，虽然环境法调整的是环境法的社会关系，即人与人、人与自然的关系，但防止污染、防止生态破坏、保护环境的最终目的还是要从人类利益出发[18]。综观我国各种环境标准，没有确立保障人体健康的核心地位，甚至没有专门针对人体健康内容的环境标准。由于我国环境标准对人体健康的忽视，造成环境标准中人体健康内容的缺失，与以人的健康作为环境执法和环境管理的最终目标相矛盾，最终导致我国环境管理体制中缺乏针对人体健康的执法基础和有效手段，缺乏预防和预警健康风险的环境监测制度，使环境立法、执法、司法机关在人力资源、技术支持、制度建设等方面对人体健康的保障能力存在相当的不足。而我国的环境标准对污染防治的倾斜程度又过大，导致对自然资源的保护力度明显不足。资源具有有用性、稀缺性、区域性等特征，决定了其具有不可恢复性和巨大的商业价值。但是，我国在生态环境保护方面的环境标准还很薄弱，严重影响了我国生态环境保护领域的监管工作[54]。

环境工作者在工程实施过程中遇到相关标准缺失时，应当借鉴国际标准为自己决策提供依据，采取高标准、严要求，始终把环境安全与人民身体健康放到第一位，在利益与公正的抉择中尽自己所能在自身专业性下做出较为正确的判断。

4.3.3 环境工程中的风险与安全

环境工程涉及的公共安全主要是指环境工程建设和运行过程中涉及与受益对象有关的生命、财产、健康和环境的安全问题，是公民最重要的基本权利。公共安全问题主要发生在公共工程运行过程中。安全性是所有工程规范中的一个优先事项，环境工程师必须将公众的安全与健康放在第一位，同时还应重视环境本身的保护。关注安全问题、保障公众安全是环境工程师的首要职责[44]。

现代工业生产活动是人、机器与环境共同存在、相互影响的系统，安全生产保证了系统的可靠性。环境工程中的生产主要涉及自来水厂对水源水进行净化后生产饮用水，以及污水处理厂处理污水，或者再生水厂处理污水后产生可供特定范围内应用的再生水等。

粗放型发展模式在改革开放初期只注重发展速度，而忽视对环境的影响，造成了水资源的严重污染。流经城市的河段蓝藻普遍暴发，三江(辽河、海河、淮河)和三湖(太湖、滇池和巢湖)都受到严重污染，蓝藻暴发频繁。七大水系 100 多个边界断面中，一级水质、二级水质和三级水质的比例分别为 36%、40%和 24%。浙江中部、长江入海口、渤海湾、珠江口赤潮频繁发生，给沿海渔业和海藻养殖带来了巨大的经济损失。超过 90%的地下水受到不同程度的污染，其中 60%是严重污染，约 64%的城市地下水受到严重污染，33%为轻度污染。我国的废水排放量逐年递增，2016~2019 年分别为 536.8 亿吨、556.8 亿吨、571.7 亿吨和 589.2 亿吨。华北地下水重金属超标，局部地区地下水有机物污染严重，饮用水源安全受到极大威胁。更严重的是一些地区城市污水、生活垃圾、化肥农药等相互渗漏，造成地下水环境恶化，更难以解决水污染问题。当前，我国在污水处理资源化方面已经具备了技术力量和经济实力。治理废水资源化，提高水的重复利用率，是今后长期治理污水的工作重点，也是解决缺水问题的根本途径[55-58]。

在居民用水方面，环境问题也频频发生。例如，2016 年 12 月 14 日，江西省宜春市上高县城区供水有异常气味。情况出现后，上高县县委、县政府立即采取措施，经历 4 个小时左右恢复供水。部分群众反映自来水出现异味情况后，当地政府及相关部门做出了积极回应并成立了调查组，启动了环境监测一级预案，全面调查自来水异常事件的原因。根据环境监测部门对上高县自来水水源、水厂、管道等多个地方的取样分析，初步判断上游部分企业非法排污是此次事件的导火索。宜春市在调查后依法迅速关停了 5 家违法企业，并对其中 2 名企业责任人实行行政拘留。此次水污染事件的直接原因是宜丰县工业园区部分企业违法排污，间接原因是宜丰县县政府及县环保局、县工业园管委会，上高县水安办、上高县卫计委等地方和单位监管不力、责任缺失。更重要的是，上高县第二水厂取水口位于宜丰县工业园排水口下游，属于选址不当。另外，缺少必要的水源保护也是一方面原因。

现代化的工业生产活动是一种集体劳动，生产过程需要人与人的协调配合，一个人的失误会对周围的设备、人乃至整个生产过程造成不可逆转的伤害或破坏。同时，还应对生产操作中的协调工作进行严格训练，并严格遵守操作规程和纪律。其中 70%以上的工伤事故都与用人单位的过失(无知、误操作或违章)有关，而造成这些问题的最根本原因是安全意识淡薄，各职能部门、各级领导和各岗位员工都应对施工人员承担安全责任，制定和落实安全技术规程、安全规章制度和安全技术措施，为施工人员提供安全的生产环境和生产条件，组织安全培训和安全知识学习，指导劳动保护用品和防护设备的正确使用，确保安全设施的完善和正常运行，做好应急准备等。有了安全保障，才能使工程师的职业行为有章可循、有法可依，有效提高职业声誉和职业效用。目前，涉及对工程师等生产人员伤害的环境相关工程案件相对较少，主要是生产过程中出现的问题可能对环境和公众造成影响和危害[58]。在公共安全受到威胁时，前线工作人员首先应向雇主、用户或职能部门发出通知，但是由于信息核实、危机公关、公众恐慌等原因，上级部门可能会推迟通知公众处于危险状态。作为负责供水安全的前线环保工作者，掌握着公众安全健康的公众阀，应该将公众的安全、健康和福祉放在第一位，面对专业行为与忠诚雇主或管理者的道德冲突时，做出最正确的选择。

4.3.4　环境工程师的职业伦理规范

现代工程活动使工程师扮演了一个更重要的角色，环境工程自身的技术复杂性和社会联系性，必然要求环境工程技术人员不仅精通技术业务，能够创造性地解决有关专业的技术难题，还要善于管理和协调，处理好与工程活动相关联的各种关系[46,47]。总之，工程活动对社会环境的影响日益增大，要求工程技术人员突破技术视野的局限，自觉地认识到环境工程活动全面的社会意义和长远的社会影响，承担全部的社会责任。所以，现代大工程意识要求环境工程师除了技术能力外，还必须具备在利益冲突情况下做出道德选择的能力，这一能力不仅包括经济价值和技术价值的判断，还包括对工程的道德价值判断；除了专业技术能力外，还包括对雇主的道德选择，对社会公众、对环境以及人类未来的道德判断。工程师这个职业意味着要为大众服务。这一行业要求从业人员严格遵守严格的行为准则，如“无论如何，公众的健康、安全和福祉是第一位的”。在把环境引入工程师的职责对象中时，又增加了一项困难。如果人们只把对当前人类有利作为考虑环境的标准，那么关注环境就可以很好地符合人类福祉的原则。但如果将重点放在动物福利、濒危物种保护和自然系统保护上，这一传统的伦理方针就显得不够了。工程技术不同于其他职业，它直接涉及环境保护。工程师是做工程的人，不管做什么工程。修建大坝需要很多专业技术人员，如会计、律师和地质学家，而真正修建大坝的却是工程师。因此，工程师对环境负有特别的责任。简单地说，工程师是与众不同的。因为这一职责，现代工程显得尤为复杂。

随着国家和经济的发展，大量的工程项目几乎都是由工程技术人员自己完成的。工程技术人员是现代工程活动的核心，工程勘察、设计、施工、运行全由工程技术人员完成。工程师是工程活动的设计者、管理者、执行者、监督者。不同行业的工程师们一般都认为他们是同一种职业，每个工程学科都有自己的道德标准。通过在符合公众利益的机构内部进行公开，工程伦理规范起到了有益的作用。所以，工程伦理规范的作用是鼓励工程师采取符合公众利益的行为。实际上，大多数工程师都认为工程师职业是一种服务性职业，而职业协会的成立是为了服务大众。职业协会对组织内揭发事件的态度表明，职业伦理规范反映的不仅是一种明智的公共关系，还代表着一种合法的希望，即鼓励工程师按照职业道德行事。

在处理工程与环境关系的实践中，离不开对工程师行为的正确引导。一些国家和地区的工程师协会提出了工程师信条或环境守则规范以引导工程师的行为。例如，最早的伦理规范是美国土木工程师协会(ASCE)于 1914 年采用的。四部美国工程规范：ASCE、电气和电子工程师协会(IEEE)、美国机械工程师协会(ASME)和美国化学工程师协会(AIChE)的章程直接涉及环境问题[41-43]。这些年来，频繁修改了 ASCE 规范。根据汉谟拉比法典精神，1914 年版本的 ASCE 规范论述的是工程师与其客户之间以及工程师彼此之间的相互关系。1963 年，ASCE 修改了规范，增加了工程师对一般公众所担负责任的陈述，但没有论述工程师环境责任的强制性规定，只论述了环境的变化会直接对公众的健康、安全和福祉造成不利的影响。ASCE 1977 年的章程第一次包含了“工程师应该负起改善环境以提高人类生活质量的责任”的陈述。1996 年，ASCE 修订的规范包含了更多关于环境的条款。

IEEE 1990 年修订的章程也涉及了环境。准则 1 要求 IEEE 的成员：承担使自己的工程决策符合公众的安全、健康和福祉的责任，并及时公开可能会危及公众或环境的因素。1998 年，ASME 成为第三个将环境准则引入章程中的主要工程社团，准则 8 提到：工程师在履行职业责任的同时必须考虑对环境造成的影响。这个准则并没有要求工程师因为环境因素而修改他们的设计或改变他们的职业工作，只是“考虑对环境造成的影响”。这当然不是说，对环境的考虑应该凌驾于所有其他因素之上，然而其隐含的意思是，允许机械工程师在他们的职业工作中对环境有一定程度的影响。

2003 年，AIChE 修订的伦理章程中包含了有关环境的陈述。该章程的第一条提到：其成员必须在履行职业责任的过程中，将公众的安全、健康和福祉放在首要位置，并且要保护环境。

澳大利亚工程师协会制定的《工程师环境原则》的基本内容包括“工程师需发展和发扬可持续的职业道德”、“工程师应认识到工程的相互制约性”、“工程师开展工程应遵循可持续发展的职业道德”、“工程师的行动应统一化，有目标性并具职业道德，记住对公众的责任”和“工程师应当从事并鼓励职业发展”等五个方面的内容。其中“可持续发展的职业道德”是《工程师环境原则》的核心内容，它规定：①认识到生态系统相互依存及其多样性形成了我们生存的基本条件；②认识到对于人类制造的变化，环境的吸收同化能力有限；③认识到未来一代的权利，任何一代不应该为增加财富而有损于后代；④在工程实践中确定一种明确的行为协议，以改善、延续和恢复环境；⑤对不可再生的能源的使用应开发替代能源；⑥在所有工程活动中，通过废物最少化和再循环促进不可再生能源的最佳利用；⑦通过进行可持续管理实践，努力达到原材料和能量的最小消耗，来达到工程目标。

又如，我国台湾地区的《中国工程师信条》中规定了工程师应当“尊重自然：维护生态平衡，珍惜天然资源，保存文化资产”，并且声明：①保护自然环境，充实环保有关知识及实务经验，不从事危害生态平衡的产业；②规划产业时应做好环境影响评估，优先采用环保物资，减少废弃物对环境的污染；③爱惜自然资源，审慎开发森林、矿产及海洋资源，维护地球自然生态与景观；④运用科技智能，提高能源使用效率，减少天然资源的浪费，落实资源回收与再生利用；⑤重视水文循环规律，谨慎开发水资源，维护水源、水质、水量洁净充沛，永续使用；⑥利用先进科技保存文化资产，当其与工程需求有所冲突时，应尽可能降低对文化资产的冲击。

上述《工程师环境原则》和《中国工程师信条》以及其他国家和地区工程师学会、协会制定的工程师伦理守则，富有启发的思想元素，对此我们可以增删补益，构建适合我国国情的“中国工程师环境伦理信条”，对工程师行为进行伦理引导。所以，“中国工程师环境伦理信条”应该包括：热爱自然，尊重生命，保护环境，节约资源，使工程技术活动向有利于保护环境和维护生态平衡的方向发展；履行生态伦理学的最基本规范，如公正原则(代内公平、代际公平)、清洁生产原则、可持续发展原则等。由于工程师专业分工很细，工程师“环境伦理信条”的确立有待专业工程师协会组织联合生态学家、伦理学家去构建和完善[39]。

1985 年 11 月 5 日，在新德里召开的第 6 届年度全体大会上，经世界工程组织联盟(WFEO)的工程与环境委员会批准，于 1988 年由位于布宜诺斯艾利斯的 WFEO 总部编写了一份有关环境伦理的综合规范。

工程师的环境伦理规范

WFEO 工程与环境委员会明确而坚定地相信人类的幸福及其在这个星球上的永存将取决于对环境的关爱和保护，原则声明如下：

致所有工程师

当你在执行任何职业行动时：

（1）尽你最大的能力、勇气、热情和奉献精神，取得出众的技术成就，从而有助于增进人类健康和提供舒适的环境（不论户外还是室内）。

（2）努力使用尽可能少的原材料与能源，并只产生最少的废物和任何其他污染，来达到你的工作目标。

（3）特别要讨论你的方案和行动所产生的后果，不论是直接的或间接的、短期的或长期的，对人类健康、社会公平和当地价值系统产生的影响。

（4）充分研究可能受到影响的环境，评价所有的生态系统（包括都市和自然的）可能受到的静态的、动态的和审美上的影响，以及对相关的社会经济系统的影响，并选出有利于环境和可持续发展的最佳方案。

（5）增进对需要恢复环境的行动的透彻理解，如有可能，改善可能遭到干扰的环境，并将它们写入你的方案中。

（6）拒绝任何涉及不公平地破坏居住环境和自然的委托，并通过协商取得最佳的、可能的社会与政治解决办法。

（7）意识到生态系统的相互依赖性、物种多样性的保持、资源的恢复及彼此间的和谐构成了我们持续生存的基础，这一基础的各个部分都有可持续性的阈值，是不容许超越的。

牢记：战争、贪婪、穷困、无知、自然灾害、人为污染与破坏资源，这些都是不断损害环境的主要原因。作为工程师职业的积极成员，在深入促进发展时，必须运用自己的才干、知识和想象力帮助社会消除这些丑陋现象，提高所有人的生活质量。

从社会公众的角度看，环境工程师的行为直接影响人类的生存与发展。在保护自然环境、生态系统、保持人与自然和谐发展方面，环境工程师应承担生态伦理责任。由于采用的技术或实施过程的不合理性，环境工程师可以通过环境保护工程来改善环境。不管是环境工程师还是其他工程师，都有责任准确、有效地评估和解释新工程或新技术可能产生的后果，以避免对社会和生态环境造成危害。但总有一些企业、机构或个人枉顾这些，如河北省秦皇岛市西部生活区垃圾焚烧发电项目环评报告中的公众意见调查表出现造假行为。其中，100 份表中 15 份为虚构的被调查者，65 份出现不实署名。承担此次调查任务的中国气象科学研究院在此过程中存在不负责任、弄虚作假的情况。这份 2009 年 3 月做出的多达数百页的环评报告显示，“通过建设项目环评信息公告、发放调查表、召开公众参与评估等形式，调查结果表明，100%公众支持本项目的建设和选址”。此造假行为遭到当地村民的一致反对，调查表中所列的不少被调查者表示自己未参与此次调查或意见与本人真实意见不符合。另外，环评报告上未提及垃圾焚烧厂对周围农田的影响，而把农田说成是园地。

环评造假屡见不鲜，一方面是环评相关人员缺乏基本的专业知识，另一方面是行业对环境和实际利益的错误权衡，相关人员缺乏远见，为短期利益铤而走险。当环保工作者面对自己的专业问题和利益相关者的冲突时，他们在处理环境问题时，往往会陷入进退两难的境地，大多选择了伤害环境、损害自己的做法。此外，对雇主违背道德的指示予以拒绝是十分正确的态度，但应采取更有策略的方法予以拒绝。作为雇员的工程师要摆事实、讲道理、陈明利害。如果雇主一意孤行，工程师必须坚决拒绝。总而言之，一方面，工程师对雇主负有忠实义务；另一方面，这并不意味着工程师应该完全服从雇主的需求和指示，工程师要有自己的职业发展愿望和道德标杆，要有自己的职业发展规划和道德指针，不可愚忠或盲从。

环境工程师作为环保职业人员应担负职业伦理责任。环评人员的有意无意出现漏洞也是造成环境问题的一大原因，由于环境影响评价的预测和防护措施等环节有一定的不确定性和边界无法准确确定的问题，环境工程师只有严格遵守环境工程师的职业伦理规范，严守底线思维，在具体的执行过程中需要相关人员具有高度的社会责任感和职业精神，始终使自己的工程决策符合公众的安全、健康和福祉，并及时公开可能会危及公众或环境的因素，这样才能更有效地避免不必要的损失。

本 章 小 结

环境伦理学的发展在近代由蒙昧走向觉醒，作为绿色价值观的核心内容之一，环境伦理学的根本内容是拓宽伦理学的关怀范围，合理处理好人与自然的关系，在新的伦理基础上建立更加完善健全的人与自然关系，并且要求我们在遵守伦理原则的基础上，关心自然，关爱生命，尊重与爱护我们共同的生存环境——地球。环境伦理的思想应当具体化，表现在政治、经济、社会制度等人类的实际生活中，因为环境伦理是一种实践伦理，只有当它转化为实际的行动时，才具有真正的生命力，而将其付诸实践，需要人类共同的努力。

环境伦理在发展过程中，不仅揭示了人与自然的伦理关系，更重要的是实现了人们思维方式的转变，在遵循自然界客观规律的前提下最大限度地适应自然界，唤起人类的生态良知，促进人类社会构建一套人与自然和谐共生的生态文明体系。生态文明是人类文明发展的新阶段，环境伦理为生态文明建设提供了丰富的理论资源，正成为环境保护强有力的思想武器，是党和政府持续推动生态文明建设的重要依据。

现代工程对环境的影响越来越大，工程的环境伦理责任就显得更加重要，在可持续发展和生态文明的社会发展观指导下，发展经济与环境保护相得益彰已经成为社会的共识，对工程环境伦理问题的思考也在不断加深。因此，现代工程首先需要人们改变征服和改造自然的思想，充分理解自然规律，在尊重自然规律的前提下，通过工程活动实现人与自然的协同发展，建立起一个人类与自然共赢的工程活动价值评价体系，走绿色工程的道路。

环境伦理学从理论的层面为工程师的环境伦理责任提供了理论基础，但并不能保证他们在工程实践过程中采取相应的行为保护环境。工程师在工程活动中担负着多重责任，如对职业的责任、对雇主的责任、对顾客的责任、对环境和社会的责任等，当这些责任发生冲突时，就需要相应的制度和规范来解决困境。

环境问题在高速发展的现代社会中越来越得到重视，这不仅是人类环境意识觉醒的体现，也是人类生存发展必须面对的问题。环境工程是环境科学的分支，主要研究如何保护和合理利用自然资源，运用科学的方法解决日益严重的环境问题，提高环境质量，促进环境保护和社会发展；主要从事防治环境污染、提高环境质量的科学与技术研究。环境工程与生物生态学、医疗卫生学和环境医学有关，也与环境物理和环境化学有关。环境工程还处于起步阶段，该学科领域仍在发展，其核心是环境污染源治理。

环境工程不仅可以解决水体污染控制、生活用水供给、大气污染控制、固体废物处置、噪声污染控制、放射性污染控制、热污染控制、电磁辐射控制等环境问题，还会带来十分可观的经济效益与社会效益。在环境工程活动中的伦理问题中，人类会面对环境工程中的利益与公正问题、风险与安全问题，以及相关环境工作人员的职业伦理规范问题，其中的核心是发展与环境保护之间的对立统一问题，这就要求环境工程在其中取得平衡，最终在社会长足进步和人类可持续发展中起到十分重要的作用。

思考与讨论

1. 人与自然的发展关系应该是怎样的？从目前的发展看，环境伦理观的主要规范有哪些？
2. 如何将环保理念引入个人的环保行动中？
3. 西方的环境伦理思想对我国的环境伦理学发展有何借鉴意义？如何将其应用于实践？
4. 从生态文明的角度分析新型冠状病毒肺炎事件给我们带来哪些反思和启示。
5. 根据身边的实例，你认为我国生态文明建设存在哪些优势和劣势。
6. 如何看待日本工业化过程中在不同时期制定不同的环境政策？对工程师有哪些影响？
7. 一个好的工程应当如何满足环境道德要求？
8. 为什么瓦依昂大坝工程在技术上是成功的，但是在生态上是失败的？
9. 环境工作者在遇到经济效益与人民健康相冲突时应该如何选择？
10. 身边人员造假环评报告，环评工作者应该如何处理？
11. 个人环保观念和工作理念相冲突时该如何协调？

参考文献

[1] 余谋昌, 雷毅, 杨通进. 环境伦理学[M]. 2 版. 北京: 高等教育出版社, 2019.
[2] 纳什. 大自然的权利: 环境伦理学史[M]. 杨通进, 译. 青岛: 青岛出版社, 2005.
[3] 利奥波德. 沙乡年鉴[M]. 舒新, 译. 北京: 北京理工大学出版社, 2015.
[4] 郭春梅, 赵朝成, 陈进富, 等. 环境工程概论[M]. 北京: 中国石油大学出版社, 2018.
[5] 罗尔斯顿. 环境伦理学: 大自然的价值以及人对大自然的义务[M]. 杨通进, 译. 北京: 中国社会科学出版社, 2000.
[6] 许欧泳. 环境伦理学[M]. 北京: 中国环境科学出版社, 2002.
[7] 杨英姿. 伦理的生态向度: 罗尔斯顿环境伦理思想研究[M]. 北京: 中国社会科学出版社, 2010.
[8] 林红梅. 当代世界环境伦理学理论之比较[J]. 学术交流, 2006, (3): 123-126.
[9] 戴梅. 罗尔斯顿的环境伦理实践思想研究[D]. 苏州: 苏州科技大学, 2014.
[10] 张福珍. 生态文明视野中的生态伦理观思考[D]. 淮北: 淮北师范大学, 2010.
[11] 卢风, 余怀龙. 近五年国内环境哲学研究现状和趋势[J]. 南京工业大学学报(社会科学版), 2018, 17(1): 13-22.
[12] 成强. 环境伦理教育研究[D]. 青岛: 中国海洋大学, 2015.
[13] 王梦孜. 基于环境伦理视角下中原油田环保措施研究[D]. 北京: 北京化工大学, 2015.
[14] 任鑫. 系统哲学视域下的环境伦理研究[D]. 呼和浩特: 内蒙古大学, 2016.
[15] 李培超. 环境伦理[M]. 北京: 作家出版社, 1998.
[16] 谢泽梅. 环境伦理视野下的我国生态文明建设研究[D]. 成都: 成都理工大学, 2013.
[17] 戴凤霞. 生态文明视域下环境伦理价值观的建构研究[D]. 赣州: 江西理工大学, 2011.
[18] 内蒙古自治区环境保护宣传教育中心. 生态文明建设和环境保护基本知识[M]. 北京: 中国环境出版社, 2016.
[19] 余谋昌. 建设生态文明, 重建中国的世界话语权[J]. 绿叶, 2014, (5): 73-78.
[20] 周鑫. 习近平新时代中国特色社会主义生态文明思维论析[J]. 山西师大学报(社会科学版), 2019, 46(1): 7-12.
[21] 习近平代表党和人民庄严宣告[J]. 中国农业会计, 2021, (8): 98.
[22] 孙博. 西方环境伦理学发展三个阶段的哲学诠释[D]. 哈尔滨: 哈尔滨工业大学, 2014.
[23] 娄方龙. 关于现代水利工程中的生态问题探讨[J]. 地产, 2019, (21): 12.
[24] 王云. 生态整体主义思想及其现实价值研究[D]. 北京: 中国地质大学(北京), 2015.
[25] 唐竹. 道德的双重作用与自然界的权利、利益和价值[J]. 自然辩证法研究, 2004, (1): 82-85.
[26] 徐生雄. 大工程观视域下工程伦理原则和规范思考[D]. 昆明: 昆明理工大学, 2017.
[27] 但山林. 高海拔环境敏感区域隧道建设环境影响评价方法及应用研究[D]. 武汉: 武汉理工大学, 2019.
[28] 李秋艳, 李庆雷, 明庆忠. 环境友好型旅游小镇建设的案例研究[J]. 环境与可持续发展, 2008, (5): 54-57.
[29] 肖显静. 论工程共同体的环境伦理责任[J]. 伦理学研究, 2009, (6): 65-70.
[30] 李伯聪. 关于工程师的几个问题: "工程共同体" 研究之二[J]. 自然辩证法通讯, 2006, 28(2): 45-51.
[31] 王彦伟. 我国危化品仓储企业安全生产的伦理探析[D]. 株洲: 湖南工业大学, 2017.
[32] 刘小立. 工程活动中的伦理责任问题研究[D]. 武汉: 武汉理工大学, 2014.

[33] 陈首珠, 韦纹娟. 新时代中国环境工程师的生态伦理责任研究[J]. 华中科技大学学报(社会科学版), 2020, 34(2): 26-30.
[34] 林海龙, 李永峰, 王兵, 等. 基础环境工程学[M]. 哈尔滨: 哈尔滨工业大学出版社, 2014.
[35] 吴忆宁, 李永峰. 基础环境化学工程原理[M]. 哈尔滨: 哈尔滨工业大学出版社, 2017.
[36] 赵由才. 环境工程化学[M]. 北京: 化学工业出版社, 2003.
[37] 蒋展鹏. 环境工程学[M]. 2 版. 北京: 高等教育出版社, 2005.
[38] Sawyer C N, McCarty P L, Parkin G F. 环境工程化学(影印版)[M]. 4 版. 北京: 清华大学出版社, 2000.
[39] Vesilind P A, Gunn A S. 工程、伦理与环境[M]. 吴晓东, 翁端, 译. 北京: 清华大学出版社, 2003.
[40] 蒋展鹏. 环境工程学[M]. 2 版. 北京: 高等教育出版社, 2005.
[41] 虎业勤. 工程伦理[M]. 郑州: 河南人民出版社, 2019.
[42] 金文森, 江政宪. 工程伦理[M]. 台北: 五南图书出版股份有限公司, 2009.
[43] 李正风, 丛航青, 王前, 等. 工程伦理[M]. 2 版. 北京: 清华大学出版社, 2019.
[44] 王晓禹, 张承中. 环境工程学[M]. 北京: 高等教育出版社, 2011.
[45] 胡洪营, 张旭, 黄霞, 等. 环境工程原理[M]. 3 版. 北京: 高等教育出版社, 2014.
[46] 景天魁. 社会公正理论与政策[M]. 北京: 社会科学文献出版社, 2004.
[47] 宋佳雨. 《卑劣灵魂》的环境公正生态批评阐释[D]. 成都: 四川师范大学, 2014.
[48] 郑思齐, 万广华, 孙伟增, 等. 公众诉求与城市环境治理[J]. 管理世界, 2013, (6): 72-84.
[49] 肖巍, 钱箭星. 环境治理中的政府行为[J]. 复旦学报(社会科学版), 2003, 000(3): 73-79.
[50] 张晓. 中国环境政策的总体评价[J]. 中国社会科学, 1999, (3): 88-99.
[51] 丁晓玲, 宋洁尘. 析西电东送背景下区域环境利益分配的扭曲[J]. 重庆工商大学学报(西部论坛), 2005, 15(4): 18-22.
[52] 李海靖. 我国环境标准制度存在的问题与对策: 以风险规制为视角[D]. 北京: 北京大学, 2012.
[53] 张晏, 汪劲. 我国环境标准制度存在的问题及对策[J]. 中国环境科学, 2012, 32(1): 187-192.
[54] 赵国栋. 我国环境标准制度研究[D]. 济南: 山东大学, 2010.
[55] 冯尚友. 水资源持续利用与管理导论[M]. 北京: 科学出版社, 2000.
[56] 王浩, 王建华. 中国水资源与可持续发展[J]. 中国科学院院刊, 2012, 27(3): 352-358.
[57] 王熹, 王湛, 杨文涛, 等. 中国水资源现状及其未来发展方向展望[J]. 环境工程, 2014, 32(007): 1-5.
[58] 哈里斯, 普里查德, 雷宾斯, 等. 工程伦理: 概念与案例[M]. 5 版. 丛杭青, 沈琪, 魏丽娜, 等译. 杭州: 浙江大学出版社, 2018.